博碩文化

開始鍛鍊 Fluter 技能，從這本書開始

Flutter 勇者之書
跨平台程式開發的新手入坑首選指南

陳虔逸（Yii Chen）、 謝忠穎（Dorara Hsieh）著

從基礎語法到進階特性

讓你輕鬆掌握 Flutter 跨平台開發的每一個細節

從零開始教學
Flutter 新手到高階
無須經驗輕鬆上手

實際案例引導
完整的應用範例
詳細講解程式碼

專注核心觀念
深入介紹 Flutter
基礎功能

圖文並茂講解
透過視覺化使學習
過程更加輕鬆愉快

2023
iThome鐵人賽
優選

iThome
鐵人賽

作　　者：Yii Chen 陳虔逸、Dorara Hsieh 謝忠穎
責任編輯：林楷倫

董 事 長：曾梓翔
總 編 輯：陳錦輝

出　　版：博碩文化股份有限公司
地　　址：221 新北市汐止區新台五路一段 112 號 10 樓 A 棟
　　　　　電話 (02) 2696-2869 傳真 (02) 2696-2867

發　　行：博碩文化股份有限公司
郵撥帳號：17484299　戶名：博碩文化股份有限公司
博碩網站：http://www.drmaster.com.tw
讀者服務信箱：dr26962869@gmail.com
訂購服務專線：(02) 2696-2869 分機 238、519
（週一至週五 09:30～12:00；13:30～17:00）

版　　次：2024 年 12 月初版一刷

建議零售價：新台幣 720 元
I S B N：978-626-414-035-5
律師顧問：鳴權法律事務所 陳曉鳴律師

本書如有破損或裝訂錯誤，請寄回本公司更換

國家圖書館出版品預行編目資料

Flutter 勇者之書：跨平台程式開發的新手入
　坑首選指南 / 陳虔逸 (Yii Chen), 謝忠穎
　(Dorara Hsieh) 著 . -- 初版 . -- 新北市：博
　碩文化股份有限公司, 2024.12
　　面；　公分. -- (iThome鐵人賽系列書)

　ISBN 978-626-414-035-5(平裝)

　1.CST: 系統程式 2.CST: 電腦程式設計

312.52　　　　　　　　　　　　113018000

Printed in Taiwan

博碩粉絲團　歡迎團體訂購，另有優惠，請洽服務專線
　　　　　　(02) 2696-2869 分機 238、519

給想成為 Flutter 開發勇者的你

在這個跨平台應用開發已經普及的時代，Flutter 無疑是最受歡迎的技術選擇。身為一位在行動開發領域耕耘多年的工程師與創業者，同時也是 Firebase 的 Google Developer Expert，我很榮幸能為這本《Flutter 勇者之書》寫序。本書由台灣 Flutter 早期採用者 Yii 與 Dorara 共同執筆，他們不僅在技術領域有傑出表現，更致力於推廣 Flutter 技術，為台灣 Flutter 生態系的蓬勃發展貢獻良多。

本書不僅完整涵蓋了 Flutter 開發的基礎知識，更深入探討許多進階主題。從 Widget 架構、狀態管理、到效能優化，作者們都提供了扎實的理論基礎和實用的程式碼範例。在生成式 AI 成為產業焦點的當下，書中也特別加入了整合 Google 與 Firebase 生成式 AI 模型的專章，展示如何在 Flutter 應用中善用 AI 的力量，這樣的前瞻性內容為本書增添了更多價值。此外，對於測試、CI/CD 等現代開發實務的探討，更讓這本書不只是入門指南，更是能夠陪伴開發者持續成長的實戰手冊。

作者們採用循序漸進的方式編排內容，搭配豐富的實例說明，讓讀者能夠輕鬆掌握 Flutter 開發的各個面向。無論你是剛接觸 Flutter 的新手，還是想要提升技能的現職開發者，這本書都能為你指引明確的學習方向。

在行動應用開發日新月異的今天，掌握 Flutter 這項技術無疑是一項重要的投資。這本書不只教你如何寫程式，更教你如何思考和解決問題，這正是成為優秀開發者的關鍵。透過這本書，你不僅能學習到 Flutter 開發的精髓，更能感受到作者們對技術的熱情與執著。

如果你想在 Flutter 開發的道路上更進一步，這本書絕對是你不可或缺的良師益友。願這本書能夠指引你，在 Flutter 的世界中開創屬於自己的冒險故事。

Richard Lee

TNL Mediagene 技術長
Google Developer Expert - Firebase

彼得潘平常主要從事 Swift iOS App 的教學和開發，然而在教課時常遇到學生沒有 Mac 無法練習的問題，因此最近也開始研究可用任何電腦開發，可運行在手機、電腦、嵌入式裝置的 Flutter 跨平台 App。

彼得潘在自學 Flutter 的過程中，參考許多不錯的學習資源，像是 Flutter 官方的文件、英文版的教學書籍和影片等。至於中文的資源，雖然也有許多不錯的教材，但是版本都有點過時，跟新版的 Flutter 寫法有著不小的差異。

因此當彼得潘看到【Flutter 勇者之書】時，覺得十分開心，終於有搭配新版 Flutter 和 Dart 的中文書籍了。讀完此書後彼得潘發現它涵蓋極為豐富的內容，透過主題式的寫法和大量精簡易懂的範例幫助讀者掌握 Flutter 的相關知識，從基礎的 Dart 程式語法、使用 widget 製作 App 畫面，資料儲存，網路串接到進階的狀態管理、單元測試、效能優化都有著墨。

閱讀此書後將對 Flutter 開發的全貌有一定的了解，讀者可再進一步針對有興趣的主題深入研究，推薦此書給想快速掌握 Flutter 開發技術的朋友。

彼得潘

Swift iOS App 和 Flutter App 程式設計課程講師 & Blog 作者

身為一名技術從業者，我始終認為，跨平台開發不僅僅是一個技術挑戰，更是對開發者思維的全新鍛鍊。在這個領域中，Flutter 憑藉其卓越的性能與靈活性，迅速贏得了開發者的喜愛。今天，我很榮幸能推薦這本《Flutter 勇者之書：跨平台程式開發的新手入坑首選指南》。這本書不僅是對 Flutter 深入淺出的介紹，更是每一位 Flutter 開發者踏上這條冒險之路的必備指南。

隨著 Flutter 版本的持續更新與生態的不斷成長，本書所推薦的最佳實踐與開發範式，正是基於目前最新的行業趨勢與 Flutter 社群的前沿成果。作者們精心挑選並總結了現階段 Flutter 開發中最有效、最實用的方法，確保讀者不僅能夠掌握基礎知識，還能緊跟技術潮流，快速適應 Flutter 生態的不斷變化。

本書的作者 Dorara Hsieh 和陳虔逸，都是業界資深的技術專家，擁有豐富的 Flutter 開發經驗。Dorara Hsieh 是一位 Flutter 開發的推廣者與實踐者，致力於將最新的 Flutter 技術應用到實際專案中；而陳虔逸則以深入淺出的技術講解和案例分析，幫助無數開發者更高效地掌握跨平台開發的核心要領。我與陳虔逸在 2023 年 Google DevFest 上相識，並共同開展了《親子 AI 編程星際之旅》活動，利用 Flutter Flame 結合 Gemini 開發了彗星爆破遊戲。這次合作讓我更加了解了陳虔逸對科技的熱情與深度。兩位作者的共同努力，使得這本書成為了 Flutter 新手入門與進階的絕佳教材。

書中，作者通過清晰易懂的講解，帶領讀者從基礎概念逐步深入，結合大量實戰案例，將複雜的技術細節化繁為簡。不論你是編程新手，還是已有一定開發經驗的技術人員，都能從中獲得豐富的知識與技能。這本書不僅是學習 Flutter 的一盞明燈，更是幫助你在跨平台開發領域成為高手的堅實基礎。

Hamber

Google Developer Expert - Flutter & Dart

Web3 從業者

行動開發、DeFi 和 AIGC 佈道師

在跨平台開發蓬勃發展的時代，很榮幸能為《Flutter 勇者之書》寫下推薦序。

我與 Yii 認識已久，看到他在技術社群中的持續投入。不僅在開發技術精進和技術文章分享，更致力於舉辦 Flutter 開發社群活動，為台灣的 Flutter 技術發展貢獻心力。他對 Flutter 開發的專業，以及將技術知識整理輸出的能力，一直讓人印象深刻。

這本《Flutter 勇者之書》最可貴之處，在於不僅將技術知識清楚拆解，更有豐富的實戰經驗傳授。從基礎概念到進階應用，每一章節都蘊含著實際專案中所累積的寶貴經驗。這樣的內容編排，對於想要真正掌握 Flutter 開發技術的讀者來說，是一份難得的學習指南。

在 Mobile App 開發日益重要的現在，Flutter 的重要性不言而喻。這本書的出版，填補了中文 Flutter 學習資源的空缺。我相信，這本書將成為每位想精進 Flutter 的開發者的重要參考書籍。

推薦這本專業的技術著作，也期待這本書能幫助更多開發者，在 Flutter 的學習道路上，達到更高的境界。

Ted

程人頻道

在這個行動應用開發日新月異的時代，跨平台框架如雨後春筍般湧現，而 Flutter 以其優雅的架構和卓越的效能，迅速脫穎而出，成為眾多開發者的首選。這本書正是陳虔逸對 Flutter 這片技術沃土的深入探索，也是他多年心血的結晶。

我有幸與虔逸共事，親眼見證了他在開發的世界裡孜孜不倦的探索精神。我們一起攻克技術難題，我總能被他對新技術的強烈好奇心所感染。他從不滿足於現狀，總是在專案中積極嘗試創新的解決方案。

對虔逸而言，程式碼不僅僅是冰冷的指令，更是表達創意的媒介。他對程式語言有著近乎狂熱的喜好，對底層原理的探究更是樂此不疲。開發對他來說，早已超越了工作的範疇，成為一種追求卓越的生活方式。

Flutter，在他眼中，更像是一個充滿無限可能的技術樂園。他不僅深入鑽研 Flutter 的技術堆疊，還積極參與 Flutter Taipei 社群，持續與開發者分享技術見解和實務經驗。除了在台灣深耕 Flutter 社群外，他更經常參與國際開發者社群的交流，在全球性的黑客松中擷取新技術的發展趨勢，為 Flutter 生態系統貢獻自己的力量。

這本書不僅僅是一本技術指南，更是一位熱忱的 Flutter 開發者——陳虔逸的心路歷程。書中凝聚了他在 Flutter 開發中的實戰經驗和深刻思考，無論是初學者還是資深開發者，都能從中汲取到寶貴的知識和靈感。

希望這本書能成為你探索 Flutter 世界的鑰匙，開啟一段充滿創造力和發現的旅程。

Howard Chang

Cofounder and CTO at Passion Labs & Cofounder and CTO at UNH3O

這本書適合誰呢？

我們將它取名為 Flutter 勇者之書，像在遊戲闖關一樣，在成為真正的勇者之前我們需要學習、加強基本功。在戰場上其實不需要華麗的技能與招式，我們只使用攻擊、防禦即可，另一個重點就是摸透敵人在想什麼。

本書的假想敵為 Flutter，我們從基礎語法、開發觀念到運作原理的逐層講解，從外層慢慢深入核心，最終化敵為友。當我們越來越了解 Flutter 後，在開發上遇到問題才能冷靜思考，迅速解決問題，打造出使用者體驗良好的應用程式。

內容包含基礎，到後面講解有深度的進階觀念，並搭配原始碼學習。比較特別的是我們不會做出一個應用，但會探討每個觀念的關鍵細節。如果以下幾點狀況你有遇到你有感觸的話那它就非常適合你：

1. 你覺得市面上的 Flutter 書籍年代久遠，內容基礎或是開發方式已經過時了。

2. 你是有原生開發經驗，對 Flutter 有興趣、正在尋找 Flutter 指南的朋友。

3. 最近有求職需求或想朝 Senior 階段邁進的工程師。

4. 希望深入掌握 Flutter 底層原理與進階技巧的開發者。

建議的閱讀步驟

翻開 16.3 章節，與你分享適合練習與開發的實用工具。建議大家使用 DartPad 練習 Dart 語法，使用 Google 最新的線上編輯器 Project IDX 開發 Flutter 應用，以最方便快速的方式開始學習 Dart 與 Flutter。記得！實際寫下程式碼、自己體驗每個環節，是很重要的一點，做與行動是進步的根源。

搭配本書的 GitHub Repository

STEP 1 開啟書籍的 GitHub 專案

https://github.com/chyiiiiiiiiiiii/flutter-brave-book-2024

STEP 2 從 README.md 上瀏覽章節說明

圖 1　書籍的 GitHub 專案

點擊範例連結，前往指定專案

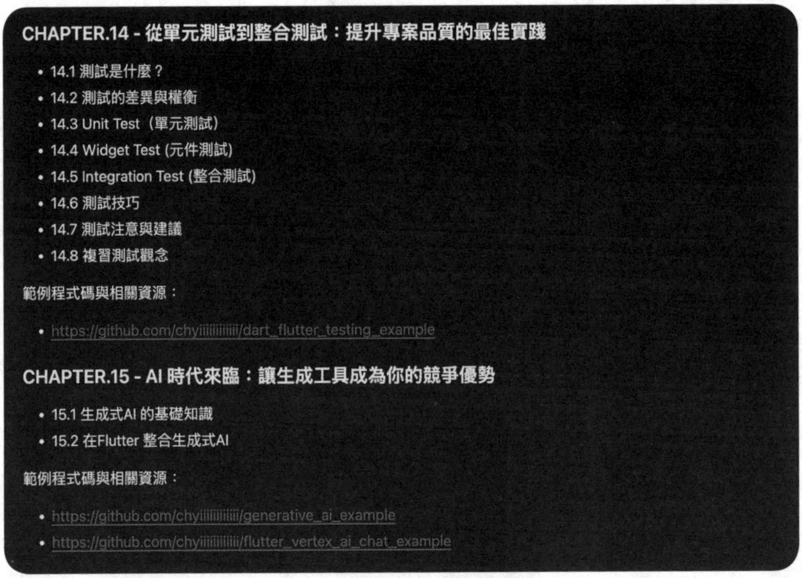

CHAPTER.14 - 從單元測試到整合測試：提升專案品質的最佳實踐

- 14.1 測試是什麼？
- 14.2 測試的差異與權衡
- 14.3 Unit Test（單元測試）
- 14.4 Widget Test (元件測試)
- 14.5 Integration Test (整合測試)
- 14.6 測試技巧
- 14.7 測試注意與建議
- 14.8 複習測試觀念

範例程式碼與相關資源：

- https://github.com/chyiiiiiiiiiii/dart_flutter_testing_example

CHAPTER.15 - AI 時代來臨：讓生成工具成為你的競爭優勢

- 15.1 生成式AI 的基礎知識
- 15.2 在Flutter 整合生成式AI

範例程式碼與相關資源：

- https://github.com/chyiiiiiiiiiii/generative_ai_example
- https://github.com/chyiiiiiiiiiii/flutter_vertex_ai_chat_example

圖 2　瀏覽章節與相關資源

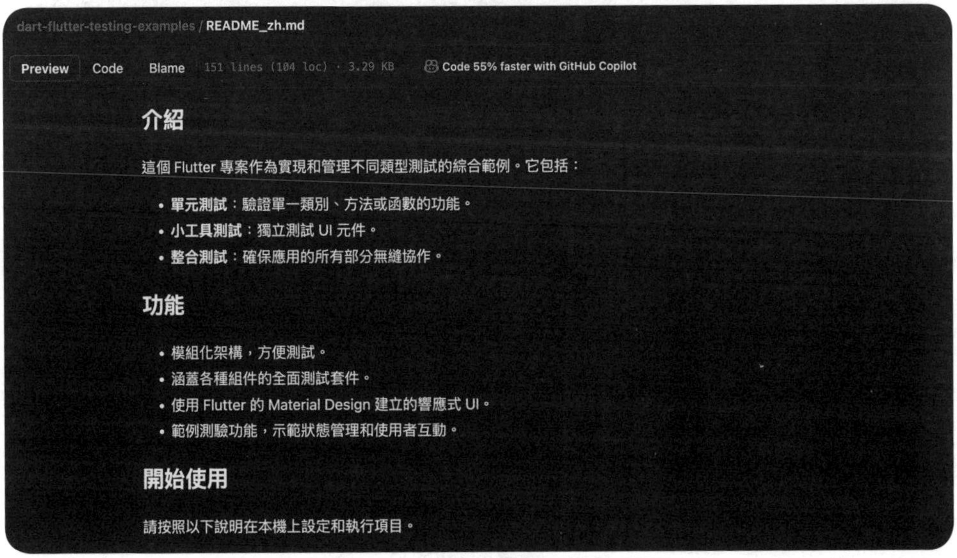

dart-flutter-testing-examples / **README_zh.md**

Preview　Code　Blame　151 lines (104 loc) · 3.29 KB　　Code 55% faster with GitHub Copilot

介紹

這個 Flutter 專案作為實現和管理不同類型測試的綜合範例。它包括：

- **單元測試**：驗證單一類別、方法或函數的功能。
- **小工具測試**：獨立測試 UI 元件。
- **整合測試**：確保應用的所有部分無縫協作。

功能

- 模組化架構，方便測試。
- 涵蓋各種組件的全面測試套件。
- 使用 Flutter 的 Material Design 建立的響應式 UI。
- 範例測驗功能，示範狀態管理和使用者互動。

開始使用

請按照以下說明在本機上設定和執行項目。

圖 3　第十四章的範例專案

歡迎你 / 妳的心得回饋

感謝您購買並抽空閱讀本書,您的意見對我們非常重要,如果有一些心得感想可以掃描下方的 QR Code 填寫表單。大家的分享將幫助我們進一步完善內容,並為未來的讀者帶來更好的學習體驗。

https://www.surveycake.com/s/8MobP

提醒

若表單無法使用,可透過筆者的社群連結或信箱溝通,表單將會迅速修正。

目錄

01 開發之旅的起點：Dart 和基礎功夫

02 搭建成功的開端：設置你的 Flutter 開發環境

03 應用架構設計：建構你的開發藍圖

04 元件與布局設計：為你的畫面注入靈魂

05 動畫魔法：Flutter 應用中的視覺藝術

06　讓 App 有記憶：本地資料存取全解析

07 穿越應用的秘密通道：路由導航全揭密

08 分身術：非同步與並行處理的秘技

09 掌握數據之道：後端通訊與數據解析

10 UI 與數據的分工合作：揭開狀態管理的秘密

11 掌控應用脈動：解剖 Flutter 的生命週期

12 Flutter 三巨頭：Widget Tree、Element Tree、RenderObject Tree

13 DevTools 深度探險：Flutter 應用性能的優化指南

14 從單元測試到整合測試：提升專案品質的最佳實踐

15 AI 時代來臨：讓生成工具成為你的競爭優勢

16 學習無止境：開發者不可錯過的優質教材

01

開發之旅的起點：
Dart 和基礎功夫

Dart

本章學習目標

1. 掌握 Dart 語言的基本語法和內建類型。

2. 理解並運用 Dart 的變數、函式和物件導向基礎。

3. 熟悉 Dart 的特殊語言特性，如 **Records**、**Patterns**、**Enum** 和 **Mixins**。

4. 學會使用 Dart 的擴充方法（Extension Methods）。

5. 理解並應用 Dart 泛型，提高程式碼重用性和類型安全性。

D art 首次亮相的時間點是 2011 年，以一門程式語言來説，他還算相當年輕，所以你可以在他身上看到很多語言融合的特性。在開發初期 Google 的工程師們希望有一門語言可以解決 web 開發中出現的種種問題，首先遇到的問題就是 JavaScript 的動態類型特性，雖然這為開發者帶來靈活的開發環境，但在大型專案中，這種過於靈活的特性也可能成為一把雙面刃，讓錯誤變得難以追蹤，也不容易在編譯前就能檢查出來，很容易會導致開發維護上的成本提高（所以後來也出現更嚴謹的 TypeScript）。再者 JavaScript 的物件導向模型相對簡單，缺乏完整的繼承體系，導致大型、複雜的結構變得難以維護。Dart 的開發者們希望做出一種更強大的物件模型，能夠更好地支持模組化和可擴展的程式設計。

1.1 Dart 內建類型

Dart 語言提供了多種內建類型，讓開發者可以方便地處理不同類型的數據。下面是 Dart 中最常用的內建類型：

1.1.1 數字（Numbers）

- **int**：整數，例如 **42**
- **double**：浮點數，例如 **3.14**

```
int age = 30;
double pi = 3.14159;
```

1.1.2 字串（Strings）

- 可以使用單引號或雙引號建立
- 支持字串插值

```
String name = 'Alice';
String greeting = "Hello, $name!"; // 輸出 Hello, Alice!
```

1.1.3 布林值（Booleans）

- 用來表示邏輯上的真 **true** 或假 **false**

- 通常會跟 **if** 語句一起使用，後面會有更詳細的講解

```
bool isAdult = true;
```

1.1.4 列表（Lists）

- 有序的集合，可以透過 index 查詢列表裡的內容

```
List<int> numbers = [1, 2, 3, 4, 5];
// assert 表示必須要符合這個條件
assert(fruits[0] == 1);
```

1.1.5 集合（Sets）

- 與 List 相似，但 Set 是無序集合，而且不會存在重複元素

```
Set<String> uniqueNames = {'Alice', 'Bob', 'Charlie'};
// 由於 Sets 是無序的，所以可以用 contain 來確認內容是否存在。
assert(ingredients.contains('titanium'));
```

> **關鍵重點觀念**
>
> Set 在某些需要高效能搜尋的情境下可能會很有用，它的搜尋、添加和刪除操作的時間複雜度通常是 O(1)。而 List 的搜尋時間複雜度是 O(n)，需要查詢全部的數據，所以效率較低。

1.1.6 映射（Maps）

- 鍵值對集合

```
Map<String, int> ages = {
  'Alice': 30,
  'Bob': 25,
  'Charlie': 35,
```

```
};
// 透過 Key 來找到對應的值
assert(ages['Alice']==30);
```

1.1.7 空值（Null）

● 表示缺少值，可以為空

```
int? nullableNumber = null;
```

> **提醒**
>
> 需要注意的是，Dart 是一種類型安全（Null Safety）的語言，雖然它支援 dynamic 動態
> 類型，不過更鼓勵使用明確的類型宣告。雖然一開始很難有所體會，但這對於提升程式
> 碼的安全性將有很巨大的幫助。

1.2 變數與類型

類型推斷是 Dart 提高程式碼簡潔性和開發效率的重要機制。通過允許開發者使用
var 關鍵字，Dart 編譯器能夠自動判斷變數的類型，從而減少冗餘的類型宣告。
這不僅使程式碼更加簡潔，還保持了強類型語言的優勢。與此同時，Dart 的空安
全特性進一步增強了語言的可靠性。通過在編譯時識別潛在的空值（Null）錯誤，
Dart 幫助開發者在運行前就察覺這類常見問題。

1.2.1 var 保留字

var 允許 Dart 自動推斷變數類型：

```
var name = "Alice";   // Dart 推斷 name 是 String 類型
var age = 30;         // Dart 推斷 age 是 int 類型

// 下面程式碼會報錯，因為 name 已被推斷為 String 類型
// name = 50;
```

使用 **var** 可以讓程式碼更簡潔，同時保持類型安全。

1.2.2　明確的類型宣告

當你想要明確指定類型時，可以直接使用類型名，但大多數時候是不建議的。如果它的型別可以從被賦值時推斷出來，官方建議直接使用 **var**。

```
// 直接指定型別
String country = "Taiwan";
int population = 23000000;
```

1.2.3　dynamic 和 Object

這兩個類型都可以包含任意類型的值，但是有一些差異：

◈ dynamic

- 是 Dart 中的一個特殊類型
- 預設「禁用類型檢查」，變數可以是任意類型的值，並且在編譯時和運行時都不會觸發檢查
- 適合在需要極大靈活性且不確定變數型別時使用，但可能增加錯誤風險

◈ Object

- 是 Dart 中的所有類型的共同基礎、父類別，支援編譯期間執行類型檢查
- 適合用於類型安全的設計，並且可以安全地使用通用方法

```
dynamic x = "hello";
x = 100;   // 可以改變類型，不會報錯

Object y = "world";
y = 200;   // 也可以改變類型
```

dynamic 更靈活但 **less safe**，而 **Object** 提供了一些編譯時的類型檢查，他如果使用類型所自帶的方法會出錯：

```
// isEmpty是String 這個類型所自帶的方法

Object x = "world";
```

```
print(x.isEmpty); // 報錯出現 error

dynamic y = "world";
print(y.isEmpty); // 成功

var z = "world";
print(y.isEmpty); // 成功
```

1.2.4　final 和 const

用於宣告不可變的變數，如果這個程式碼的變數是不會被更改的，可以宣告為
const 或 **final**，這樣不僅幫助你確認該變數不該被修改，而且還有助於 Flutter 減
少記憶體的浪費：

```
final pi = 3.14159;
pi = 3.14; // 錯誤：final 變數不能被重新賦值

const gravity = 9.8;
gravity = 10; // 錯誤：const 變數是編譯時常數
```

final 可以在**運行時賦值**一次，而 **const** 必須在**編譯時就確定值**。

1.2.5　空安全（Null Safety）

為了減少錯誤改善開發品質，Dart 2.12 引入了空安全特性，在編譯前就可以幫你
抓出你正在寫的程式是否安全。

```
String nonNullable = "This cannot be null";
String? nullable = null;  // 可以為 null

int? nullableNumber;
print(nullableNumber + 5);  // 編譯器會提示錯誤：需要先檢查是否為 null

if (nullableNumber != null) {
  print(nullableNumber + 5);  // 安全
}
```

關鍵重點觀念

使用 ? 來表示一個變數可能為 null，這有助於避免運行時的空指針錯誤。

1.3 函式（Function）

函式在開發時扮演著核心角色，不僅是程式的基本建構區塊，更是體現語言靈活性和強大功能的關鍵元素。Dart 對函式的處理非常靈活，允許將其像其他數據類型一樣進行賦值、傳遞和返回，這大幅增強了 Dart 的表達能力和靈活性。

1.3.1 函式宣告

```
int add(int a, int b) {
  return a + b;
}

// 也可以用箭頭函式簡寫
int multiply(int a, int b) => a * b;
```

1.3.2 可選參數

Dart 支持可選的位置參數和命名參數，意思就是你不一定要滿足全部函式所需要的參數，可以選擇性的填寫：

```
// 可選的位置參數
String greet(String name, [String? greeting]) {
  greeting ??= 'Hello';  // 如果 greeting 為 null，使用預設值
  return '$greeting, $name!';
}

// 可選的命名參數，在使用時必須填上參數名稱
void printPerson({required String name, int? age}) {
  print('Name: $name');
  if (age != null) {
    print('Age: $age');
  }
}

// 使用
print(greet('Alice'));  // 輸出：Hello, Alice!
print(greet('Bob', 'Hi'));  // 輸出：Hi, Bob!
```

```
printPerson(name: 'Charlie');  // 輸出：Name: Charlie
printPerson(name: 'David', age: 30);  // 輸出：Name: David 和 Age: 30
```

1.3.3 函式作為變數傳遞

函式作為變數傳遞可能對初學者來說會比較燒腦一點，因為在傳統的程式設計語言中，變數通常只用來儲存數據（例如整數、字串等），但在 Dart 中，函式也可以被視為一個「值」，並且可以像數據一樣傳遞。這意謂著你可以將函式作為參數傳遞給其他函式，甚至可以將函式賦值給變數，從而靈活地控制程式碼的執行流程。

```
var sayHello = (String name) => 'Hello, $name!';
print(sayHello('Eve'));  // 輸出：Hello, Eve!
```

到這裡我們已經大致介紹完 Dart 語言基礎的一個開始。在後面的部分，我們將探討更多進階特性，如類和物件、非同步程式設計等。不過也不用太擔心，通過掌握現有的這些基礎知識，你已經可以有能力編寫有趣且實用的 Dart 程式摟。

1.4 泛型（Generics）

想像你有一個可以裝東西的盒子（Box），這個盒子可以用來裝不同的物品，比如書、蘋果或玩具。但是，如果你沒有規定這個盒子只能裝某一種東西，就可能有人把書和蘋果混在一起，這樣會變得很混亂！

在程式裡，我們可以用「泛型」來告訴電腦：「這個盒子只能裝一種特定的東西，比如書或者蘋果。」這樣，電腦會幫你檢查，確保你不會放錯東西進去。

```
List items = [];  // 一個盒子
items.add('書');  // 放了一本書
items.add(42);  // 又放了一個數字
```

這樣的寫法很靈活，但問題是，裡面的內容會變得很難管理。如果你只想操作「書」，結果卻還有一個數字在裡面，很有可能會造成錯誤。

使用泛型後，情況會變得清楚且可控：

```
List<String> books = []; // 一個只能裝書的盒子
books.add(' 書 '); // 可以放
books.add(42);     // 會報錯，不讓你放
```

1.4.1 基本概念

泛型就如上面的例子提到，它可以讓你更清楚自己正在操作的是什麼類型的列表，但除了規範類型外，它還能幫助你避免重複撰寫程式碼。透過泛型，你可以用同一段程式碼處理不同的型別，這讓程式設計變得更高效。

泛型通常用單個大寫字母表示，如 T、E、K、V：

```
class Box<T> {
  T value;
  Box(this.value);
}

var intBox = Box<int>(42);
var stringBox = Box<String>('Hello');
```

現在，Box 類別可以同時處理數字、字串，甚至是自定義的型別，而不需要重複撰寫程式碼。

1.4.2 泛型函式

除了類別可以使用泛型外，函式也可以使用：

```
T firstElement<T>(List<T> list) {
  return list[0];
}

var first = firstElement<int>([1, 2, 3]);
```

1.4.3 泛型集合

當你需要同時規範兩個類別，可以用集合來表示，一次規範兩種類別。

```
var names = <String>['Alice', 'Bob', 'Charlie'];
var ages = <String, int>{'Alice': 30, 'Bob': 25};
```

1.4.4 類型約束

使用 **extends** 關鍵字限制泛型類型，可以看到我們限制 **T** 只能是繼承自 num 的類別。例如 int 或者 double，就無法使用 String 等其他非繼承自 num 的子類別。

```
class NumberBox<T extends num> {
  T value;

  NumberBox(this.value);
}
```

1.4.5 泛型的好處

- 程式碼重用：一個泛型類別或函式可以用於多種類型

- 類型安全：編譯時類型檢查可以捕獲錯誤

- 性能優化：泛型可以生成更高效的程式碼

1.4.6 類型推斷

Dart 通常可以推斷泛型的類型，如果是不同的類 Dart 會推斷為 Object。

```
var names = ['Alice', 'Bob']; // Dart 會推斷 names 的類型為 List<String>
var names = ['1', 123];        // Dart 會推斷 names 的類型為 List<Object>
```

◆ **範例**

```
// 泛型方法範例
void printList<T>(List<T> list) {
  for (var item in list) {
    print(item);
  }
}

// 使用
printList<int>([1, 2, 3]);
printList<String>(['a', 'b', 'c']);
```

✎ 1.5 紀錄（Records）

在開發比較複雜的專案時，你可能只是需要一個簡單的數據結構來組織幾個相關的值，但又覺得為此建立一個完整的類別未免有些小題大做？ Records 恰恰填補了單一值和完整類別之間的那個尷尬空白。它提供了一種輕量級且靈活的方式來組合多個值，無需編寫繁瑣的類別定義。你可以輕鬆地將一個人的姓名和年齡打包在一起，而不必為此建立一個 Person 的類別。

1.5.1 基本概念

- Records 是匿名的、不可變的複合類型
- 允許將多個值捆綁在一起，類似於輕量級的 **Class**

◆ **語法**

- 使用圓括號 () 來建立 Records
- 可以包含位置參數和命名參數

```
var person = ('John', age: 30); // John 是位置參數
```

◆ 存取參數

- 使用 **.$1**、**.$2** 等存取位置參數

- 使用 **.fieldName** 存取命名參數

```
print(person.$1);      // 輸出：John
print(person.age);     // 輸出：30
```

◆ 類型註解

- 可以為 record 指定類型

```
(String, {int age}) typedPerson = ('Alice', age: 25);
```

1.5.2 用途

當我們需要函式返回多個相關的值時，Record 特別有用。比如在獲取用戶基本資訊的場景中，我們可以同時返回姓名和年齡：

```
(String, int) getPersonInfo() {
  return ('Bob', 40);
}

var (name, age) = getPersonInfo();
```

1.5.3 相等性

兩個 records 如果有相同的結構和值，則被視為相等：

```
var record1 = (1, 2);
var record2 = (1, 2);
print(record1 == record2);  // 輸出：true
```

Records 為 Dart 程序提供了更大的靈活性，特別是在處理需要返回多個值的函式或需要臨時數據結構時。它們比建立完整的類更輕量，同時比使用 List 或 Map 更具類型安全性。但也不要過度濫用這個特性，如果是更具有意義或者需要比較多複雜操作的例子，還是必須乖乖使用類別。

1.6 模式（Patterns）

另一個 Dart 3.0 引入的強大的特性 Patterns，他可以用於匹配、解構和處理複雜的數據結構。如果是熟悉 javascript 的小夥伴們，應該對這個特性會感到熟悉。

1.6.1 Pattern 的三大核心用途

1. 數據解構（Destructuring）

將複雜的數據結構拆解成簡單的變數：

```
// 基礎解構：從陣列中提取數據
var numbers = [1, 2, 3];
var [first, second, third] = numbers;
print(' 第一個數字是 $first'); // 輸出：第一個數字是 1

// 對象解構：從 Map 中提取數據
var person = {'name': ' 小明 ', 'age': 25};
var {'name': name, 'age': age} = person;
print('$name 今年 $age 歲 '); // 輸出：小明 今年 25 歲

// 複雜結構解構
var data = {'user': {'profile': {'name': ' 小華 ', 'age': 30}}};
var {'user': {'profile': {'name': userName}}} = data;
print(' 用戶名：$userName'); // 輸出：用戶名：小華
```

2. 模式匹配（Pattern Matching）

用於檢查數據是否符合特定結構，並根據結構執行不同的操作：

```
void processData(dynamic data) {
  switch (data) {
    // 匹配陣列結構
    case [int x, int y]:
      print(' 這是一個座標點：($x, $y)');

    // 匹配 Map 結構
    case {'name': String name, 'age': int age}:
```

```dart
      print(' 這是一個人：$name, $age 歲 ');

   // 匹配數值範圍
   case int n when n > 0 && n < 100:
     print(' 這是一個 1-99 的數字：$n');

   default:
     print(' 未知數據類型 ');
  }
}

// 使用範例
processData([10, 20]);              // 輸出：這是一個座標點：(10, 20)
// 輸出：這是一個人：小明，25 歲
processData({'name': ' 小明 ', 'age': 25});
processData(75);                    // 輸出：這是一個 1-99 的數字：75
```

3. 數據轉換（Data Transformation）

在處理數據時進行過濾或轉換：

```dart
// 過濾列表中的偶數
var numbers = [1, 2, 3, 4, 5, 6];
var evenNumbers = [
  for (var n in numbers)
    if (n.isEven) n
];
print(evenNumbers); // 輸出：[2, 4, 6]

// 轉換數據結構
var users = [
  {
    'name': ' 小明 ',
    'scores': [85, 90, 95]
  },
  {
    'name': ' 小華 ',
    'scores': [88, 92, 96]
  }
];

var transformedData = [
```

```
for (var {'name': name, 'scores': scores as List<int>} in users)
    {
      'student': name,
      'average': scores.isEmpty
          ? 0
          : scores.fold<num>(0, (a, b) => a + b) / scores.length
    }
];
print(transformedData);
// 輸出：[{student: 小明, average: 90.0}, {student: 小華, average: 92.0}]
```

1.6.2 實用的 Pattern 類型

1. 變數模式（Variable Pattern）

```
// 最基本的模式，用於捕獲任何值
var [a, b] = [1, 2];  // a = 1, b = 2
```

2. 列表模式（List Pattern）

```
// 匹配固定長度列表
var [x, y, z] = [1, 2, 3];

// 使用 ... 匹配剩餘元素
var [first, second, ...rest] = [1, 2, 3, 4, 5];
print(rest); // 輸出：[3, 4, 5]

// 可以跳過某些元素
var [a, ..., c] = [1, 2, 3];  // a = 1, c = 3
```

3. Map 模式（Map Pattern）

```
// 基本 Map 匹配
var {'name': name, 'age': age} = {'name': '小明', 'age': 25};
print(name); // 小明
print(age); // 25

// 只提取需要的字段
var {'name': userName} = {'name': '小明', 'age': 25, 'city': '
```

```
    台北'};
print(userName); // 小明
```

4. 物件模式（Object Pattern）

```
// 定義一個簡單的類
class Point {
  final int x;
  final int y;
  Point(this.x, this.y);
}

void processPoint(Point point) {
  // 使用物件模式匹配
  switch (point) {
    case Point(x: var x, y: var y) when x == y:
      print('點在對角線上：($x, $y)');
    case Point(x: var x, y: var y) when x > y:
      print('點在對角線上方：($x, $y)');
    case Point(x: var x, y: var y):
      print('點在對角線下方：($x, $y)');
  }
}

// 使用範例
var point = Point(3, 2);
processPoint(point);  // 輸出：點在對角線上方：(3, 2)
```

1.6.3 進階使用技巧

除了上面的基礎特性，我們也補充一些進階用法。

1. 條件模式

```
// 使用 when 添加額外條件
void checkScore(Map<String, dynamic> result) {
  switch (result) {
    case {'score': int score} when score >= 90:
      print('優秀！得分：$score');
    case {'score': int score} when score >= 60:
```

```
        print(' 及格。得分：$score');
      case {'score': int score}:
        print(' 需要加油。得分：$score');
    }
}

// 使用範例
checkScore({'score': 95}); // 輸出：優秀！得分：95
checkScore({'score': 75}); // 輸出：及格。得分：75
checkScore({'score': 59}); // 輸出：需要加油。得分：59
```

2. 邏輯運算子

```
void checkValue(dynamic value) {
  switch (value) {
    // 使用 || 匹配多個可能值
    case 'yes' || 'y' || 'Y':
      print(' 用戶同意 ');

    // 使用 && 組合多個條件
    case int n when n >= 0 && n <= 100:
      print(' 有效的百分比：$n%');

    // 使用 case 和 when 組合複雜條件
    case String s when s.length > 5 && s.startsWith('test'):
      print(' 有效的測試字串：$s');
  }
}

// 使用範例
checkValue('y'); // 輸出：用戶同意
checkValue(75); // 輸出：有效的百分比：75%
checkValue('test123'); // 輸出：有效的測試字串：test123
```

🔍 **關鍵重點觀念**

實用建議和最佳實踐：

1. 錯誤處理
   - 總是考慮數據可能不匹配的情況
   - 使用 try-catch 處理可能的解構錯誤
   - 提供合理的預設值

2. 性能考慮
   - 避免過於複雜的巢狀模式
   - 優先使用簡單直接的模式
   - 考慮數據結構的深度

3. 程式碼可維護性
   - 保持模式結構清晰
   - 適當添加註解說明複雜的模式
   - 將常用的模式封裝成函式

Pattern 功能強大但需要適度使用，過度使用複雜的模式可能會降低程式碼的可讀性。建議從簡單的用法開始，逐步掌握更複雜的特性。

內心話抒發

為了讓大家熟悉這個新語法 Dart 官方有準備能讓你按照步驟練習的網頁，有興趣多練習的人可以參考這裡：

https://codelabs.developers.google.com/codelabs/dart-patterns-records#0

📎 1.7 枚舉（Enum）

在生活中，我們經常需要表示一組固定的常量值。比如，一週的七天、撲克牌的四種花色，或是交通信號燈的三種顏色。傳統上，我們可能會使用字串或整數常量來表示這些值，但這種方法存在幾個明顯的缺點：

- **類型安全性差**：你可以輕易地將一個無關的字串或整數賦值給表示星期或顏色的變數
- **容易拼寫錯誤**：例如，**'MONDAY'** 可能被錯誤輸入為 **'MODNAY'**，而編譯器不會發現這個錯誤
- **缺乏結構**：這些常量之間沒有明確的關聯，難以表達它們屬於同一個集合
- **難以維護**：如果需要添加新的常量或修改現有常量，你需要在程式碼中到處搜尋和更新

這就是枚舉（Enum）發揮作用的地方。Dart 的枚舉不僅解決了上述問題，還提供了更多強大的功能，就讓我們一起看下去吧！

1.7.1 基本概念

基本枚舉的定義非常簡單：

```
enum Color { red, green, blue }
```

◆ 如何使用枚舉

```
var favoriteColor = Color.blue;
if (favoriteColor == Color.blue) {
  print('Your favorite color is blue!');
}
```

1.7.2 增強枚舉（Enhanced Enums）

增強枚舉是 Dart 2.17 版本新增的功能，它讓枚舉變得更加實用。傳統的枚舉只能定義簡單的常量值，而增強枚舉則可以添加屬性和方法，就像一般的類一樣。

讓我們通過一個交通工具的例子來理解：

```
enum Vehicle {
  // 定義三種交通工具，每種都有輪胎數、載客量和碳排放量
  car(tires: 4, passengers: 5, carbonPerKilometer: 400),
  bus(tires: 6, passengers: 50, carbonPerKilometer: 800),
```

```
bicycle(tires: 2, passengers: 1, carbonPerKilometer: 0);

// 建構函式,用來設定每種交通工具的屬性
const Vehicle({
  required this.tires,          // 輪胎數
  required this.passengers,   // 載客量
  required this.carbonPerKilometer, // 每公里碳排放
});

// 定義屬性
final int tires;
final int passengers;
final int carbonPerKilometer;

// 計算每位乘客的碳排放量
int get carbonFootprint => (carbonPerKilometer / passengers).
  round();
}
```

◆ 使用時的注意事項

1. 所有的屬性必須使用 final 修飾,表示一旦設定就不能更改。

2. 建構函式必須使用 const 修飾。

3. 枚舉會自動繼承 Enum 類,且不能再繼承其他類。

4. 某些特殊屬性(如 index、hashCode)不能被重新定義。

這種增強枚舉特別適合用於表示固定的、帶有屬性的數據集合,比如:

- 遊戲中的角色類型(每個類型有不同的生命值和攻擊力)

- 商品分類(每個分類有不同的折扣率)

- 支付方式(每種方式有不同的手續費)

關鍵重點觀念

- 遇到固定集合的場景,優先考慮使用枚舉。
- 善用增強枚舉的特性,為常量添加數據和方法。
- 結合 switch 語句和模式匹配,發揮枚舉的全部潛力。

✎ 1.8 混入（Mixins）

在大型軟體開發中，我們常常面臨這樣一個挑戰：如何在不同的類之間共享程式碼，而又不陷入繼承的層層複雜性中？ Dart 的 Mixins 為這個問題提供了一個優雅的解決方案。想像你正在開發一個遊戲，有多種角色：戰士、法師、弓箭手。每個角色都需要一些共同的能力（如移動、跳躍），但又有其特殊技能。這時候 Mixins 就非常有用了！

1.8.1 基本概念

Mixin 就像是一個功能包，可以把它「混入」到任何類中，讓該類獲得這些功能。這比繼承更靈活，因為：

- 可以同時混入多個功能
- 不會產生複雜的繼承關係
- 更容易重用程式碼

◆ 定義 Mixin

```
// 定義一個基本的移動能力
mixin Moveable {
  int x = 0;
  int y = 0;

  void move(int deltaX, int deltaY) {
    x += deltaX;
    y += deltaY;
    print('移動到位置：($x, $y)');
  }
}

// 定義跳躍能力
mixin Jumpable {
```

```
  void jump() {
    print('跳躍！');
  }
}
```

◆ 使用 Mixin

```
// 建立一個角色類
class Character {
  String name;
  Character(this.name);
}

// 戰士：具備移動和跳躍能力
class Warrior extends Character with Moveable, Jumpable {
  Warrior(String name) : super(name);

  void attack() {
    print('$name 使用劍攻擊！');
  }
}

// 使用範例
void main() {
  var warrior = Warrior('勇者');
  warrior.move(10, 5);   // 輸出：移動到位置：(10, 5)
  warrior.jump();        // 輸出：跳躍！
  warrior.attack();      // 輸出：勇者 使用劍攻擊！
}
```

1.8.2 Mixin 的進階使用

1. 抽象方法

Mixin 可以宣告抽象方法，強制使用該 mixin 的類必須實作（override）這個方法：

```
mixin Attackable {
  // 抽象方法：必須由使用此 mixin 的類實作
  int getDamage();
```

```
  void attack() {
    print(' 造成 ${getDamage()} 點傷害 ');
  }
}

class Mage with Attackable {
  @override
  int getDamage() => 50;   // 實作抽象方法
}
```

2. 限制 Mixin 的使用範圍

```
// 基礎角色類
class GameCharacter {
  final String name;
  GameCharacter(this.name);
}

// 只允許 GameCharacter 的子類使用此 mixin
mixin MagicPower on GameCharacter {
  void castSpell() {
    print('$name 施放魔法！');
  }
}

// 正確：Wizard 是 GameCharacter 的子類
class Wizard extends GameCharacter with MagicPower {
  Wizard(String name) : super(name);
}

// 錯誤：這樣會編譯失敗
// class Creature with MagicPower { }  // 編譯錯誤！
```

1.8.3 實用範例：遊戲角色系統

```
// 基本能力
mixin HealthSystem {
  int _health = 100;

  int get health => _health;
```

```dart
  void takeDamage(int amount) {
    _health = (_health - amount).clamp(0, 100);
    print('剩餘生命值：$_health');
  }

  void heal(int amount) {
    _health = (_health + amount).clamp(0, 100);
    print('恢復後生命值：$_health');
  }
}

// 魔法系統
mixin ManaSystem {
  int _mana = 100;

  bool useMana(int amount) {
    if (_mana >= amount) {
      _mana -= amount;
      print('剩餘魔力：$_mana');
      return true;
    }
    print('魔力不足！');
    return false;
  }
}

// 建立不同職業
class Mage extends GameCharacter with HealthSystem, ManaSystem {
  Mage(String name) : super(name);

  void fireball() {
    if (useMana(20)) {
      print('$name 發射火球！');
    }
  }
}

// 使用範例
void main() {
  var mage = Mage('魔導師');
```

```
  mage.fireball();      // 使用魔法
  mage.takeDamage(30); // 受到傷害
  mage.heal(20);       // 恢復生命
}

// 最終輸出：
// 剩餘魔力：80
// 魔導師 發射火球！
// 剩餘生命值：70
// 恢復後生命值：90
```

注意事項：

1. Mixin 不能有建構函式。

2. 多個 Mixin 時，後面的會覆蓋前面的同名方法。

3. 使用 on 關鍵字時要確保類型相容。

內心話抒發

雖然 Mixins 是強大的程式碼重用工具，但過度使用可能導致程式碼難以理解。在使用時還是需要權衡程式碼重用和可讀性。在使用前可以先思考，是否符合下面這些情境。

- 多個類需要共享相同的功能
- 這些功能相對獨立
- 不適合使用繼承來實作這些功能

1.9 擴充方法（Extension Methods）

在程式開發過程中，我們經常遇到這樣的情況：需要為某個類添加新功能，但又無法（或不應該）直接修改原始類的程式碼。這種頭痛的情況在使用第三方套件或處理核心語言類時尤為常見。擴充方法（Extension Methods）為這個問題提供了一個優雅的解決方案。

1.9.1 基本概念

- 擴充方法可以為現有類添加新的方法、getter、setter 和運算子
- 在不修改原始類的情況下擴充類的功能

◆ 定義擴充方法

```
// 針對 String 的擴充方法
extension NumberParsing on String {
  int parseInt() {
    return int.parse(this);
  }

  double parseDouble() {
    return double.parse(this);
  }
}
```

◆ 使用擴充方法

```
// String 可以使用擴充的方法
void main() {
  print('42'.parseInt());     // 輸出：42
  print('3.14'.parseDouble()); // 輸出：3.14
}
```

1.9.2 無名擴充

擴充可以不需要名稱，但只在定義它們的檔案中可見：

```
extension on String {
  bool get isBlank => trim().isEmpty;
}

void main() {
  print('42'.isBlank);     // 輸出：false
}
```

1.9.3 泛型擴充

擴充可以使用泛型類型參數：

```
extension MyFancyList<T> on List<T> {
  int get doubleLength => length * 2;
}
```

1.10 總結

Dart 作為一門現代程式語言，融合了多種優秀特性，為開發者提供了強大而靈活的工具。隨著對這些概念的深入理解和實踐，你將發現 Dart 不僅易學易用，還能夠應對各種複雜的程式設計挑戰。繼續探索和實踐，相信您會在 Dart 程式設計的旅程中發現更多驚喜和樂趣！

Note

02

搭建成功的開端：
設置你的 **Flutter** 開發環境
Set Up Environment

本章學習目標

1. 了解並完成 Flutter SDK 在不同操作系統上的安裝過程。

2. 掌握 IDE 的配置方法，包括 **Android Studio** 和 **VSCode**。

3. 學會使用 **FVM** 管理 Flutter 版本。

4. 熟悉 Flutter 常用命令行工具及其應用場景。

lutter 的魅力之一在於其跨平台開發的能力，但要充分發揮這一優勢，首先需要正確設置開發環境。本章將帶領你逐步完成 Flutter SDK 的安裝，配置開發工具，以及熟悉基本的命令行操作。無論你是使用 Windows、MacOS 還是 Linux 系統，都可以使用。此外，我們還會介紹 FVM（Flutter Version Management）工具，幫助你更靈活地管理不同版本的 Flutter。通過本章的學習，你將能夠搭建一個高效、穩定的 Flutter 開發環境，為接下來的開發之旅打下堅實基礎。

2.1 安裝 Flutter SDK

2.1.1 不同平台的安裝步驟

Flutter 的安裝過程在不同的操作系統上有所不同。我們將分別介紹 Windows、MacOS 和 Linux 系統上的安裝步驟：

首先我們可以先到 Flutter 的官網：

https://docs.flutter.dev/get-started/install 並且選擇對應的平台進行安裝。

> **內心話抒發**
>
> 安裝過程有可能因為版本變化等原因，讓這裡的教學失效。建議一切都能以官網最新的文件為主。

圖 2-1　官網的安裝引導

◆ Windows 安裝

Flutter SDK 安裝

1. 存取 Flutter 官方網站，下載最新的穩定版 Flutter SDK。

- 文件名格式：**flutter_windows_X.X.X-stable.zip**
- X.X.X 代表版本號

2. 將下載的 ZIP 文件保存到一個易於存取的位置。

解壓縮 Flutter SDK

1. 選擇一個合適的目錄來存放 Flutter SDK。

- 建議：**C:\\Users\{ 用戶名 }\dev\flutter**
- 注意：避免使用包含特殊字元、空格或需要管理員權限的路徑

2. 解壓下載的 ZIP 文件到選定的目錄。

設置環境變數

1. 打開系統環境變數設置：

- 按 **Windows + Pause** 鍵或者 **Windows + Fn + B**
- 點擊「**進階系統設定**」>「**環境變數**」

2. 在「**使用者變數**」中編輯 PATH：

- 如果 PATH 已存在，編輯它
- 如果不存在，新建一個

3. 添加 Flutter 的 bin 目錄路徑：

- 添加：**%USERPROFILE%\dev\flutter\bin**
- 確保此路徑在 PATH 列表的頂部

4. 點擊「確定」保存更改。

驗證安裝

1. 打開一個新的命令提示字元或 PowerShell 窗口。

2. 運行以下命令來驗證 Flutter 是否正確安裝：

```
flutter --version
```

3. 如果顯示 Flutter 版本資訊，則安裝成功。

```
flutter --version
Flutter 3.13.5 • channel stable • https://github.com/flutter/flutter.git
Framework • revision 12fccda598 (11 個月前 ) • 2023-09-19 13:56:11 -0700
Engine • revision bd986c5ed2
Tools • Dart 3.1.2 • DevTools 2.25.0
```

圖 2-2　安裝成功畫面

◆ MacOS 安裝

開發工具安裝

在 MacOS 安裝我們需要先安裝對應的開發工具

- **Git**：現在最受歡迎的程式碼管理工具
- **Xcode**：為了要開發 iOS App，我們必須使用這個 Apple 的開發工具來編譯 Swift or ObjectiveC 的程式碼
- **CocoaPods**：Swift 和 Objective-C Cocoa 專案的依賴管理器

SDK 安裝

到官網下載 Flutter SDK

圖 2-3　官網 Flutter SDK 下載畫面

解壓縮到推薦的安裝路徑，這裡可以透過下面的指令，或者雙擊解壓縮後再放到 **development** 資料夾

```
cd ~/development
unzip ~/Downloads/flutter_macos_v0.5.1-beta.zip
```

添加環境變數

把 Flutter 的路徑添加到你的環境變數中，如果你的電腦有安裝 **zsh**，那就必須寫到 **~/.zshrc** 的檔案中，如果沒有的話就是 **~/.bashrc**

```
export PATH=$HOME/development/flutter/bin:$PATH
```

安裝檢查

確認 Flutter 是否正確安裝，在確認安裝前你可以先關掉你的 termial，或者在 terminal 下這個指令，確保上一個步驟的環境變數已經被設定成功。

```
source ~/.zshrc
```

可以跟 Windows 的步驟一樣運行 **flutter –version**，或者也可以嘗試使用 **flutter doctor**，它可以自動幫你檢查你已經安裝好哪些 Flutter 的依賴。並且在後面安裝其他依賴的步驟你也可以隨時下這個指令來檢查。這裡我們就來嘗試使用看看吧！

```
flutter doctor
```

運行後會輸出下面的畫面，協助你確認當前的安裝狀況

```
flutter doctor
Doctor summary (to see all details, run flutter doctor -v):
[✓] Flutter (Channel stable, 3.13.5, on macOS 14.6.1 23G93 darwin-arm64, locale zh-Hant-TW)
[✓] Android toolchain - develop for Android devices (Android SDK version 34.0.0)
[✓] Xcode - develop for iOS and macOS (Xcode 15.3)
[✓] Chrome - develop for the web
[✓] Android Studio (version 2023.1)
[✓] VS Code (version 1.93.0-insider)
[✓] Connected device (3 available)
    ! Error: Browsing on the local area network for derong. Ensure the device is unlocked an
      associated with the same local area network as this Mac.
      The device must be opted into Developer Mode to connect wirelessly. (code -27)
[✓] Network resources
```

圖 2-4　Flutter doctor 的確認畫面

> **關鍵重點觀念**
>
> - 安裝路徑不應包含特殊字元或空格
> - 安裝後需要重新打開命令提示字元或 PowerShell 以使環境變數生效
> - 在 Flutter 官網都有提供完整的安裝步驟，可以依照他提供的步驟一步步去執行，就可以完整安裝。因為安裝步驟會跟隨版本變化，在這裡我們只做重點步驟的提醒，還是要以官網為主。

2.2 設置開發環境

2.2.1 IDE 設置（Integrated Development Environment）

選擇合適的 IDE 可以大幅提高開發效率。在 Flutter 官網上分別推薦了三款 IDE：

- Visual Studio Code
- Android Studio
- InteliJ JDEA

這幾款的安裝方法都可以在 Flutter 官網找到。這裡我們簡單比較一下區別：

IDE	優點	缺點
Visual Studio Code（VSCode）	輕量級，啟動速度快，豐富的外掛生態系統，跨平台支持	需要額外配置才能獲得完整的 Flutter 開發體驗
Android Studio	專為 Android 開發設計。對 Flutter 有很好的原生支持。內建模擬器管理工具。強大的除錯和性能分析工具	較為佔用系統資源。啟動速度相對較慢
IntelliJ IDEA	支持多種程式語言。智慧程式碼補全和重構功能強大。可通過外掛支持 Flutter 開發	完整版需要付費。學習曲線相對較陡

內心話抒發

- 如果你主要進行 Flutter 和 Android 開發，推薦使用 Android Studio
- 如果你需要一個輕量級且靈活的編輯器，推薦使用 VSCode
- 如果你是一個全端開發者，需要處理多種語言和框架，可以考慮 IntelliJ IDEA

無論選擇哪種 IDE，都需要安裝 Flutter 和 Dart 外掛以獲得完整的開發支持。每種 IDE 都有其獨特的優勢，最終的選擇應該基於個人喜好和專案需求。重要的是要熟悉所選 IDE 的快捷鍵和功能，才能最大化提升開發效率。

2.2.2 建立 Flutter 專案

建立一個新的 Flutter 專案是開始開發的第一步。Flutter 提供了簡單的命令行工具來建立新專案，同時主流的 IDE 也提供了圖形化介面來完成這個過程。你可以從下面的方案中自行挑選：

◆ 使用命令行工具 flutter create 建立專案

```
flutter create my_app
```

這會在當前目錄下建立一個名為「my_app」的新 Flutter 專案。建立專案完成後，你會在命令行工具看到下面的指令

```
In order to run your application, type:
cd my_app
flutter run
```

如果碰上任何指令問題，你可以嘗試在任何命令後加上 --help 來獲取更多關於該命令的資訊。例如：

```
flutter create --help
```

這裡也提供一些常見的命令行工具：

命令	描述	範例
create	建立新的 Flutter 專案	flutter create my_app
analyze	分析專案的 Dart 源程式碼	flutter analyze -d <DEVICE_ID>
test	運行測試	flutter test <DIRECTORY
run	運行 Flutter 程序	flutter run lib/main.dart
pub	處理套件依賴	flutter pub get
build	建構 Flutter 應用	flutter build <DIRECTORY>
clean	刪除 build/ 和 .dart_tool/ 目錄	flutter clean
doctor	顯示已安裝工具的資訊	flutter doctor
devices	列出所有連接的設備	flutter devices -d <DEVICE_ID>
emulators	列出、啟動和建立模擬器	flutter emulators
upgrade	升級 Flutter SDK	flutter upgrade
config	配置 Flutter 設置	flutter config --build-dir=<DIRECTORY>
drive	運行 Flutter Driver 測試	flutter drive
install	在連接的設備上安裝 Flutter 應用	flutter install -d <DEVICE_ID>
logs	顯示運行中 Flutter 應用的日誌輸出	flutter logs
screenshot	從連接的設備截取 Flutter 應用的螢幕截圖	flutter screenshot

這個表格涵蓋了更多的 Flutter 命令行工具，包括一些不太常用但在特定情況下非常有用的命令。每個命令都配有簡短的描述和使用範例，幫助開發者快速理解和使用這些工具。

2.2.3 在 VSCode 中運行 Flutter

在開始使用 VSCode 進行 Flutter 開發之前，我們需要先安裝必要的外掛：

1. 安裝 Flutter 和 Dart 外掛

- 打開 VSCode
- 點擊左側欄的「**擴展**」圖標（或使用快捷鍵 **Ctrl+Shift+X**）
- 在搜尋欄中輸入「**Flutter**」
- 找到官方的 Flutter 外掛（作者為 Dart-Code）並點擊「**安裝**」
- Dart 外掛通常會作為依賴自動安裝，如果沒有，請手動安裝

2. 配置 Flutter SDK 路徑

- 安裝完外掛後，VSCode 可能會自動檢測 Flutter SDK 路徑
- 如果沒有自動檢測，打開設置 (File > Preferences > Settings)
- 搜尋「Flutter SDK Path」
- 輸入你的 Flutter SDK 安裝路徑

安裝和配置完成後，重啟 VSCode 以確保所有更改生效。

建立 Flutter 專案後，你可以在 VSCode 中選擇兩種方式來啟動應用：

1. 使用內建終端機

VSCode 提供了內建的終端機，您可以直接在其中運行 Flutter 命令：

- 打開內建終端機。輸入 Flutter 命令，例如：

```
flutter run
```

圖 2-5　VSCode 內建終端機

2. 使用 **VSCode** 的除錯工具

VSCode 的除錯工具提供了一個圖形化介面來運行和除錯 Flutter 應用：

- 點擊 VSCode 左側的「運行和除錯」圖標（通常是一個播放按鈕與蟲子圖標）

- 如果您還沒有設置 launch.json 文件，點擊「建立 launch.json 文件」並選擇 Flutter

- 在下拉菜單中選擇「**Flutter: 運行所有測試**」

- 點擊綠色的播放按鈕或按 F5 來運行應用

3. 使用除錯工具的優勢

- 可以設置斷點進行除錯

- 可以查看變數值和呼叫堆棧（stack trace）

- 提供熱重載（Hot Reload）按鈕，方便快速查看更改

在 VSCode 中，你還可以使用命令面板（Command Palette）來運行 Flutter 命令。使用快捷鍵 **Ctrl+Shift+P**（Windows/Linux）或 **Cmd+Shift+P**（macOS）打開命令面板，然後輸入「Flutter」以查看所有可用的 Flutter 相關命令。

2.2.4 在 Android Studio 中運行 Flutter

在使用 Android Studio 進行 Flutter 開發之前，我們需要先安裝 Flutter 和 Dart 外掛：

1. 安裝 **Flutter** 和 **Dart** 外掛

- 打開 Android Studio

- 在 Windows/Linux 上，進入 **File** > **Settings** > **Plugins**

- 在 macOS 上，進入 **Android Studio** > **Preferences** > **Plugins**

- 在搜尋欄中輸入「Flutter」

- 找到官方的 Flutter 外掛並點擊「Install」

- 系統會提示你同時安裝 Dart 外掛，點擊「**Yes**」確認
- 安裝完成後，重啟 Android Studio

2. 配置 Flutter SDK 路徑

- 重啟 Android Studio 後，進入 **File** > **Settings**（在 macOS 上是 Android Studio > Preferences）
- 在左側選單中找到 **Languages** & **Frameworks** > **Flutter**
- 在 Flutter SDK 路徑欄位中輸入或選擇你的 Flutter SDK 安裝路徑
- 點擊「OK」保存設置

完成這些步驟後，Android Studio 就已經準備好用於 Flutter 開發了。

在 Android Studio 中運行 Flutter 專案有兩種主要方式：

1. 使用工具欄

Android Studio 的工具欄提供了快速運行 Flutter 應用的選項：

圖 2-6　Android Studio 工具欄

- 在上方工具欄的下拉菜單中選擇目標設備（模擬器或實體設備）
- 點擊綠色的「Run」按鈕（播放圖標）或使用快捷鍵 **Shift + F10**（Windows/ Linux）或 **Control + R**（macOS）

2. 使用 Android Studio 的除錯工具

Android Studio 提供了強大的除錯功能：

- 點擊工具欄上的「Debug」按鈕（蟲子圖標）
- 在程式碼編輯器中設置斷點
- 使用除錯控制台查看變數值和呼叫堆棧

2.3 FVM 版本管理工具

在開發過程中，如果你需要維護多個專案，或者你很有實驗精神喜歡體驗新版本。那麼在一台機器上可能就會時常需要切換不同的 Flutter 版本。這時候 FVM（Flutter Version Management）就是你最好的幫手，他可以幫助你在一台機器上管理不同版本的 Flutter。

> **內心話抒發**
>
> FVM 官方有建議開發者，應該都先安裝完 Flutter SDK 再來安裝 FVM，確保有一個全域的 Flutter SDK。FVM 只負責管理特定專案底下的 Flutter SDK 版本。

◆ 安裝指令

MacOS/Linux

有兩種選擇 bash 指令或者 Homebrew

- **bash 指令**

```
curl -fsSL <https://fvm.app/install.sh> | bash
```

- **HomeBrew**

```
brew tap leoafarias/fvm
brew install fvm
```

Windows

command line 或者 PowerShell

```
choco install fvm
```

◆ 使用教學

要使用之前，我們必須先到 Flutter 專案的目錄底下。接下來可以直接使用 **fvm use** 指令，後面接上指定的版本：

```
fvm use 3.13.5
```

如果不知道要指定哪個版本，也可以直接使用 Flutter 官方目前最新的穩定版本：

```
fvm use stable
```

因為官方穩定版也會持續更新，如果你希望一直保持最新的穩定版可以使用 **fvm use stable -p**，但也相對應的必須承擔新版本可能會有錯誤的風險。

如果目前還沒有安裝該版本的話，FVM 也會在終端機直接提示你安裝：

```
Flutter SDK: SDK Version : 3.13.7 is not installed.
? Would you like to install it now? (y/n) › yes
```

為了要使用我們指定的 Flutter 版本，在指令前面都需要接上 **fvm** ，例如：

```
# Use
$ fvm flutter {command}
# Instead of
$ flutter {command}
```

◆ 其他常用指令

命令	描述	範例
fvm remove	移除已安裝的特定版本	fvm remove 3.13.6
fvm list	查看本地已安裝的版本	fvm list
fvm releases	查看可用的 Flutter 版本	fvm releases
fvm global	全域設置特定 Flutter 版本	fvm global 3.13.6
fvm use	在當前專案中使用特定版本	fvm use 3.13.6
fvm use --flavor	指定版本並為其命名	fvm use 3.13.6 --flavor my_project
fvm use <flavor_name>	使用之前命名的版本	fvm use my_project

關鍵重點觀念

如果你使用 VSCode 作為開發工具，發現目前使用的 Flutter 版本跟你 fvm 使用的不符合，你可以使用快捷鍵 Ctrl(windows)/Cmd(macOS)+Shift+P，並輸入 Flutter: Change SDK，選擇你當前要使用的 Flutter SDK。

或者找到 VSCode 底下的狀態欄，點選 {}，直接手動修改 Flutter SDK。

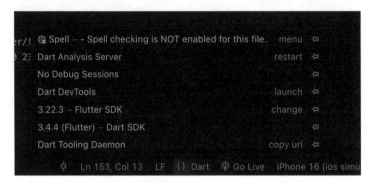

圖 2-7　修改 Flutter SDK

03

應用架構設計：
建構你的開發藍圖

Application Structure

本章學習目標

1. 理解 Flutter 專案的基本結構和資料夾組織。

2. 掌握 Flutter 應用的基本模板解析，包括 main() 函式和 MyApp 類的作用。

3. 學習元件化思維，理解 Widget 樹結構和組合模式在 Flutter 中的應用。

4. 區分並正確使用 **StatelessWidget** 和 **StatefulWidget**，理解它們的使用場景。

5. 學習 Dart 語言在 Flutter 開發中的命名約定和最佳實踐。

當 你開始開發 Flutter 應用時，良好的架構設計就像是建造房子的藍圖，它決定了你的程式碼如何組織，以及應用如何成長。在這個章節，我們會先帶你一起探索 Flutter 專案的基本結構，學習如何組織程式碼使其易於維護和擴展無論你是新手還是有經驗的開發者，掌握這些知識都能幫助你建立更穩固、更有條理的應用。在這個章節後半段，我們會切入 Flutter 的內部工作原理，讓你理解當你在撰寫 Flutter 的程式時，他是如何運作的，以及 Flutter 如何保持高效。當你理解這些工作原理後，可以讓你在完成工作時更有自信，遇到問題時也更容易知道該如何優化。準備好了嗎？讓我們一起深入 Flutter 應用架構的世界，為你的開發之旅打下堅實的基礎！

3.1 專案結構

資料夾結構對於一個專案來說就像是蓋房子的地基，需要按部就班依照規劃放置對應的檔案，畢竟上樑不正下樑歪嘛！在不同的組織中對於如何放置資料夾結構的定義也會有不一樣的變化，當你掌握基礎的原則後，可以根據自己的需要去做調整與優化。保持這些資料夾結構的整潔，可以節省你日後維護的與搜尋的時間成本，別小看這些微小的細節優化，累積起來可是相當驚人的哦！

3.1.1 資料夾結構

在上一個章節中，我們學會了如何安裝 Flutter 應用，並且使用了 **flutter create my_flutter_app** 這個指令來建立我們的範例程式。在開始使用 Flutter 開發應用之前，了解專案結構是非常重要的。Flutter 的專案目錄通常包含以下幾個重要文件和目錄

- **build**：運行 Flutter 期間，所生成的執行檔案
- **android/**
- **ios/**：分別包含 Android 和 iOS 的原生程式碼
- **lib/**：這裡是你主要的 Dart 程式碼所在的地方
  - **main.dart**：程式碼運行時的第一個進入點

- **assets/**：同常用來存放資源，如圖片或字體
- **test/**：存放測試用的程式碼，裡面的檔案通常以 **_test.dart** 作為結尾
- **pubspec.yaml**：專案的配置文件，用於管理依賴和資源
- **README.md**：通常用來記錄你專案背景的文件

在這裡只需要對這些目錄有大致的了解，在稍後的章節中，我們會依照需要個別仔細的去介紹。

在上面我們只針對 Flutter 預設的平台做設定，如果你的專案需要運行在 Web 或者 Desktop 上，可以透過命令來新增你要運行的平台。

```
flutter create --platforms=$target_platform
```

3.1.2 Dart 專案結構和命名約定

在 Dart 和 Flutter 開發中，遵循一致的命名約定和專案結構不僅能提高程式碼的可讀性，還能促進團隊協作。良好的命名習慣可以讓你的程式碼更易於理解和維護，同時也能減少錯誤和混淆。以下是基於 Dart 官方文件的擴展指南，涵蓋了最常見和最重要的命名約定。

1. 套件和目錄命名

- 使用小寫字母加底線（lowercase_with_underscores）命名套件和目錄
- 例如：**my_package, file_system**

2. 檔案命名

- 程式碼文件也使用小寫字母加底線
- 例如：**slider_menu.dart, file_system.dart**

3. 類別和類型命名

- 使用 UpperCamelCase（又稱 PascalCase），用大寫首字母來區別兩個單字
- 例如：**class PersonalInfo, class HttpRequest, class UIComponent**

4. 變數、函式和參數命名

- 使用 lowerCamelCase，首字母小寫，後面的每個單詞用大寫區分
- 例如：var userName, void calculateTotal(), String getFullName(String firstName)

5. 常量命名

- 優先使用 lowerCamelCase
- 例如：const pi = 3.14, final urlScheme = RegExp('^([a-z]+):')

6. 非同步函式命名

- 在非同步函式名稱中添加描述性詞語
- 例如：fetchUserData(), loadConfiguration(), getDataAsync()

3.1.3 預設 template 解析（解釋 Flutter example）

在成功把專案建立出來後，我們可以先到 **lib** 這個資料夾底下找到 **main.dart** 這個
檔案。**main.dart** 通常作為程式運行時的第一個進入點，我們也先從這個檔案開始
講起。

在開始介紹之前，首先我們必須先了解元件（Widget）。在 Flutter 中我們稱每個元
件叫做 Widget，例如：一個按鈕就可以被稱為一個元件 Widget，而 Flutter 中每
一個 Widget 都可以互相嵌套。你可以把匡線和文字兩個 Widget 組合再一起，成
為一個新的元件。在 Flutter 中，UI 就是 Widget 的互相嵌套，如果熟悉 HTML 標
籤語言的網頁開發者們，應該多少有些既視感。

◆ 導入 library

```
import 'package:flutter/material.dart';
```

import 表示導入了 Material UI 元件庫。Material UI 是 Google 建立的標準的移動端
和 web 端的視覺設計語言。Flutter 為了提高我們開發的速度，預設提供了一套豐
富的 Material 風格的 UI Widget，可以透過這行指令去導入使用。

內心話抒發

Flutter SDK 提供了相當多預設好的 Widget，在後面的章節中我們會介紹到其中比較常用的 Widget。如果你是第一次接觸開發，可能會不太清楚每個常用到的 UI 元件名稱，這時可以到 Flutter 的官網查看，或者我也非常推薦官方推出的 Flutter widget of the week，每個影片都大概 1~2 分鐘，可以讓你更輕鬆快速掌握每個 Widget 哦！

◆ 應用入口

```
void main() => runApp(MyApp());
```

與 C/C++、Java 類似，Flutter 應用中 **main** 函式為應用程式的入口。**main** 函式中呼叫了 **runApp** 方法，它的功能是啟動 Flutter 應用。**runApp** 接受一個 Widget 作為參數，並將它設為整個 Widget Tree 的根節點。而這個 Widget 通常會是 **MaterialApp** 或者，如果是其他 Widget 設定為根節點的話，可能會遇到缺少某些預設主題或遇到其他顯示不如預期的問題。因此，雖然在簡單的例子中可能不使用 **MaterialApp** 也能運行，但在實際開發中，使用 **MaterialApp** 作為應用的根 Widget 能為你省去很多麻煩，並提供許多有用的功能。

關鍵重點觀念

MaterialApp 是 Material Design 風格應用的根 Widget，它為您的應用提供了一個堅實的基礎結構。使用 MaterialApp 可以輕鬆設置應用的核心屬性，包括：
1. 應用名稱
2. 主題設置
3. 首頁定義
4. 路由管理
5. 本地化支持

內心話抒發

如果你的應用不希望使用 Material Design 的風格，Flutter 也提供了 **CupertinoApp** 作為 iOS 風格的替代選擇哦！

◆ MyApp 應用結構

讓我們逐一拆解這個結構：

- **title**：定義應用在任務管理器中顯示的名稱
- **theme**：設置應用的整體主題，可以使用 ThemeData 來定義主色調
- **home**：指定應用的首頁 Widget

```
class MyApp extends StatelessWidget {
  @override
  Widget build(BuildContext context) {
    return MaterialApp(
      title: 'Flutter Demo',
      theme: ThemeData(
        primarySwatch: Colors.blue,
      ),
      home: MyHomePage(title: 'Flutter Demo Home Page'),
    );
  }
}
```

◆ MyHomePage

MyHomePage 是我們應用的首頁，它繼承自 **StatefulWidget**，**Stateful** 意謂著它是一個有狀態的元件。簡單來說，**StatefulWidget** 代表這個 Widget 是可以帶有狀態的屬性，他可以在其生命週期內擁有並更新內部數據，從而影響其外觀和行為。

想像一個電燈開關：它可以處於開啟或關閉狀態。又或者是一個計數器，可以顯示不同的數值。這些都是**有狀態**的例子。通過使用有狀態的 Widget，我們可以讓我們的應用介面變得生動有趣，而不是靜態呆板。

```
class MyHomePage extends StatefulWidget {
  MyHomePage({Key? key, required this.title}) : super(key: key);
  final String title;

  @override
  _MyHomePageState createState() => _MyHomePageState();
}
```

在這個例子中，**MyHomePage** 接收一個 **title** 作為參數，並建立一個與之關聯的 _
MyHomePageState 對象。

◆ State

_MyHomePageState 是 **MyHomePage** 對 應 的 狀 態 類。 它 負 責 管 理 和 更 新
MyHomePage 的內部狀態，並決定如何建構 UI。

```
class _MyHomePageState extends State<MyHomePage> {
  int _counter = 0;

  void _incrementCounter() {
    setState(() {
      _counter++;
    });
  }

  @override
  Widget build(BuildContext context) {
    return Scaffold(
      appBar: AppBar(
        title: Text(widget.title),
      ),
      body: Center(
        child: Column(
          mainAxisAlignment: MainAxisAlignment.center,
          children: <Widget>[
            Text('You have pushed the button this many times:'),
            Text(
              '$_counter',
              style: Theme.of(context).textTheme.headline4,
            ),
          ],
        ),
      ),
      floatingActionButton: FloatingActionButton(
        onPressed: _incrementCounter,
        tooltip: 'Increment',
        child: Icon(Icons.add),
      ),
    );
  }
}
```

在這個例子中：

1. _counter 是我們的狀態變數，它記錄按鈕被按下的次數。

2. _incrementCounter() 方法在按鈕被點擊時呼叫。它增加 _counter 的值，並呼叫 setState()。

3. setState() 方法告訴 Flutter 框架狀態已經改變，需要重新建構 UI。這是 Flutter 中更新 UI 的關鍵機制。

4. build() 方法定義了如何建構 UI。每次呼叫 setState() 後，Flutter 都會重新呼叫 build() 方法來更新介面。

5. floatingActionButton 是一個浮動按鈕，當它被點擊時會呼叫 _incrementCounter() 方法。

關鍵重點觀念

在 Flutter 中，為了保持性能，框架不會自動刷新頁面。我們需要手動呼叫 setState() 來通知 Flutter 狀態已經改變。記住，你應該在 setState() 放在改變狀態之後，這樣 Flutter 才能在狀態改變後正確地更新 UI。關於 Flutter 的畫面更新機制，在後面的章節會有更深入的講解。

3.2 模組化與重用

在 Flutter 開發中，模組化思維是核心理念之一。模組化思維強調將應用拆分為獨立且可重用的元件（Widgets），這不僅可以提高程式碼的可讀性，還能使應用的維護和擴展變得更加容易。

3.2.1 模組化思維

在 UI 開發上，最怕的就是要重複開發已經在其他頁面上用過的元件，因為要不停地複製貼上一樣的程式碼，在 Flutter 你可以利用 Widget 來做到模組化的機制，讓你減少重造輪子的辛苦。在正式進入開發前，我們一起來建立一個元件化思維。

元件化思維的一個關鍵概念是「組合」。在 Flutter 中，我們經常會將一些小的、功能單一的元件組合在一起，形成更複雜的 UI 結構。例如，一個複雜的頁面可能由多個按鈕、文字框和圖片組成，而這些元素本身又是由更小的元件組成的。

3.2.2 Widget 的層次結構與組合模式

層次結構的本質在 Flutter 中，widgets 形成一個樹狀結構，我們通常會稱第一個節點為根節點。每個 widget 都嵌套在其父 widget 內部，並可以存取父 widget 提供的上下文（**context**）。這種結構從根節點開始，通常是 **MaterialApp** 或 **CupertinoApp**，一直延伸到最細小的 UI 元素。

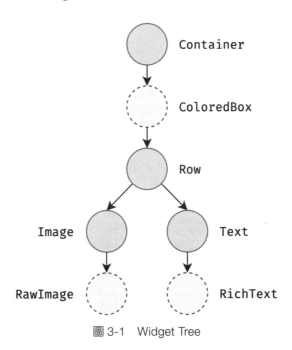

圖 3-1　Widget Tree

◆ 範例解析

```
void main() => runApp(MyApp());

class MyApp extends StatelessWidget {
  @override
  Widget build(BuildContext context) {
    return MaterialApp(
      home: Scaffold(
        appBar: AppBar(
          title: Text('Flutter Demo'),
        ),
        body: Center(
          child: Text('Hello, World!'),
        ),
      ),
    );
  }
}
```

在這個例子中：

- **MaterialApp** 作為根節點，提供了整個應用的基本結構

- **Scaffold** 是 **MaterialApp** 的直接子 widget，提供了基本的應用框架

- **AppBar** 和 **Center** 是 **Scaffold** 的子 widgets，分別定義了頂部欄和主體內容

- **Textwidgets** 嵌套在 **AppBar** 和 **Center** 中，顯示具體文字

在上面的範例中，應該會注意到每個 widget 都能存取其 BuildContext，這個 **context** 包含了關於 widget 在樹狀結構中位置的資訊，以及對父節點的引用。這使得 widgets 能夠與其環境互動，例如存取主題數據或觸發導航。

通過理解這種層次結構和組合模式，開發者可以更有效地設計和實現 Flutter 應用，充分利用框架的強大功能。

關鍵重點觀念

在 Flutter 官方文件中，把這種元件化的思維稱為：**Aggressive Composition**。他的核心包括：

- 一切皆為 Widget
  - 從簡單的按鈕到複雜的布局，所有 UI 元素都被抽象為 widget
  - 即使是像內邊距（Padding）這樣的概念，在 Flutter 中也是一個獨立的 widget
- 高度模組化
  - 複雜的 UI 可以被分解為多個小型、可重用的 widget
  - 這種模組化提高了程式碼的可讀性和可維護性
- 靈活的組合
  - 開發者可以自由地組合各種 widget 來建立自定義的 UI 元件
  - 這種靈活性使得建立複雜的、獨特的介面變得更加容易
- 性能考慮
  - 為了支持大量 widget 的高效處理，Flutter 使用了子線性演算法進行布局和建構
  - Flutter 還採用了一些常數因子優化來提高性能
- 程式碼重用
  - 通過建立自定義 widget，開發者可以輕鬆地在應用的不同部分重用 UI 邏輯
- 易於測試
  - 每個小 widget 都可以獨立測試，提高了程式碼的可靠性

3.2.3 StatelessWidget

StatelessWidget 是 Flutter 中的一種 Widget，用於表示靜態的介面部分。這些元件不包含任何狀態變化，通常用於展示固定不變的內容。StatelessWidget 非常適合用於展示靜態文字、圖片或圖標等。例如：

```
class MyStatelessWidget extends StatelessWidget {
  @override
  Widget build(BuildContext context) {
    return Text('Hello, World!');
  }
}
```

在這個範例中，**MyStatelessWidget** 是一個簡單的靜態元件，每次建構時都會顯示相同的文字內容。「Stateless」的意思是這個 Widget 不會隨著時間或用戶的互動而改變其狀態，這使得它非常高效，因為它不需要持有或管理任何狀態。

3.2.4 StatefulWidget

StatefulWidget 是 Flutter 中另一種 Widget，用於表示動態的介面部分。與 **StatelessWidget** 不同，**StatefulWidget** 可以在其內部狀態變化時重新建構。例如：

```
class MyStatefulWidget extends StatefulWidget {
  @override
  _MyStatefulWidgetState createState() => _MyStatefulWidgetState();
}

class _MyStatefulWidgetState extends State<MyStatefulWidget> {
  int _counter = 0;

  void _incrementCounter() {
    setState(() {
      _counter++;
    });
  }

  @override
  Widget build(BuildContext context) {
    return Column(
      children: <Widget>[
        Text('Counter: $_counter'),
        ElevatedButton(
          onPressed: _incrementCounter,
          child: Text('Increment'),
        ),
      ],
    );
  }
}
```

在這個範例中，**MyStatefulWidget** 是一個動態元件，且其內部狀態由 **_MyStatefulWidgetState** 管理。這個類別中包含了一個計數器 _counter，以及一個用於增量計數器的方法 _incrementCounter。每當用戶點擊按鈕時，_incrementCounter 方法會被呼叫，計數器 _counter 會增加，隨後呼叫 **setState** 方法通知 Flutter 框架狀態發生了變化。Flutter 接收到通知後，會重新呼叫 **build** 方法來根據新的狀態重新建構介面。

這裡需要注意的是，**StatefulWidget** 至少由兩個類組成：一個是 **StatefulWidget** 類本身，另一個是 State 類。**StatefulWidget** 類本身是不可變的，但 State 類中持有的狀態在 widget 的生命週期中可能會發生變化。這樣的設計使得狀態管理變得更加靈活和高效。

> **🔍 關鍵重點觀念**
>
> 該如何選擇 StatelessWidget 或者 StatefulWidget：
> - 如果 widget 不需要維護任何狀態，使用 StatelessWidget。
> - 如果 widget 需要動態變化或響應用戶互動，使用 StatefulWidget。
> - StatefulWidget 提供了更大的靈活性，但也增加了複雜性。

由於我們的應用是建立在手機上，所以資源管理尤其重要。Flutter 在此基礎做了許多優化，所以有了狀態和渲染分開的機制，除了使用 **setState** 以外，Flutter 也支援其他更有趣的狀態管理機制，會在後面的章節與大家分享，敬請期待。

📎 **3.3 總結**

在這一章中，我們從 Flutter 應用的資料夾結構開始，逐步深入到專案架構的設計，並探討了核心元件的運作方式。透過這樣的架構理解，不僅可以幫助你組織程式碼，還能讓你的應用在後期維護時變得更加有條理。Flutter 的 Widget 樹結構，以及如何透過組合元件來實現動態的應用介面，這些概念可能在第一次接觸時會顯得複雜，但隨著開發經驗的累積，你會發現這些基礎知識為你的專案設計提供了很大的靈活性與可擴展性。

本章的很多內容，在初學時可能難以完全消化，但當你有了實際的開發經驗後，再回過頭來看這些架構設計的細節，會有更深的理解。理解這些架構設計不僅是掌握 Flutter 的基礎，更是幫助你在日後面對複雜應用開發時建立自信的關鍵哦。

元件與布局設計：
為你的畫面注入靈魂
Widgets and Layout Design

本章學習目標

1. 掌握 Flutter 基礎 UI 元件的使用，包括 **Text**、**Image** 和 **Button** 的屬性和應用方法。
2. 理解 Flutter 的布局核心概念，如約束傳遞、大小確定和位置確定的原理。
3. 熟悉常用的布局 Widget，如 **Row**、**Column**、**Stack** 和 **Grid**，並能靈活運用於介面設計。
4. 掌握 **CustomScrollView** 和 **Slivers** 的使用，能夠建立複雜的滾動效果。
5. 了解 Flutter 中的除錯工具，如 **debugPaintSizeEnabled** 和 **Flutter Inspector** 的使用方法。
6. 學習使用 **SnackBar**、**Dialog** 和 **BottomSheet** 等元件來實現用戶互動和資訊展示。
7. 理解 Widget 的行為特性，如自動擴展、固定大小和填充可用空間等，並能在布局中正確應用。

Flutter 作為一個跨平台的前端框架，最重要的當然是如何寫出好看得畫面。所以了解如何建立 UI 元件肯定是必不可少的環節。在現代應用的激烈競爭下，優秀的用戶介面不僅能提升用戶體驗，還直接影響應用的成功與否。Flutter 在 UI 元件的設計上，巧妙地借鑑了當前主流前端框架的優秀實踐。如果您有 Web 前端開發經驗，您會發現許多概念都似曾相識，這種設計大幅降低了學習曲線。無論是基本的文字、按鈕，還是複雜的列表、網格，甚至是整個應用的布局，都是透過組合不同的 Widget 來實現的。本章將帶您深入探索 Flutter 的 UI 世界，包括基礎 Widget、布局 Widget、容器類 Widget、可滾動 Widget 等。

4.1 必須熟悉的 UI 元件

在 Flutter 開發中，掌握基本的 UI 元件是建構應用介面的基石。本節我們將簡單介紹 Text、Image 和 Button 這三個是我們最常用且不可或缺的 UI 元件，接下來就讓我們通過程式碼案例，來展示它們的使用方法和各種屬性。

4.1.1 Text

Text 元件用於顯示簡單樣式的文字。它包含多個控制文字顯示樣式的屬性，讓我們透過幾個例子來了解它的用法：

```
Column(
  crossAxisAlignment: CrossAxisAlignment.start,
  children: <Widget>[
    Text(
      "Hello world",
      textAlign: TextAlign.left,
    ),
    Text(
      "Hello world! I'm Jack. " * 4,
      maxLines: 1,
      overflow: TextOverflow.ellipsis,
    ),
    Text(
      "Hello world",
```

```
    textScaleFactor: 1.5,
  ),
 ],
)
```

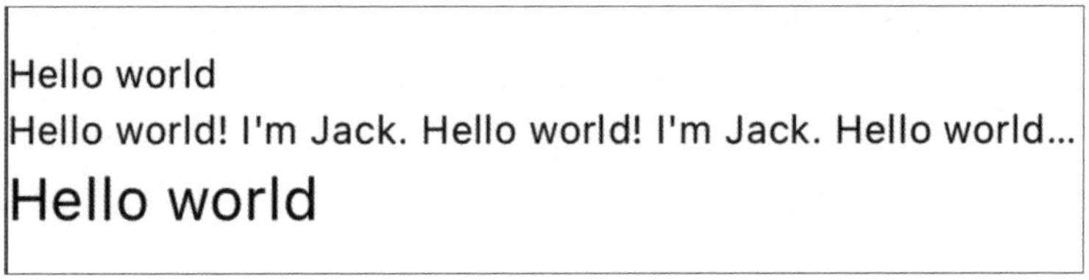

```
Hello world
Hello world! I'm Jack. Hello world! I'm Jack. Hello world...
Hello world
```

圖 4-1　Text 展示

讓我們逐一解析這些屬性：

1. **textAlign**：控制文字的對齊方式。可以選擇左對齊、右對齊或居中。需要注意的是，對齊的參考系是 Text Widget 本身，所以如果外部的容器不夠大，你可能沒辦法達到預期的效果。

2. **maxLines 和 overflow**：maxLines 指定文字顯示的最大行數，預設情況下文字是自動換行的。**overflow** 用於指定文字超出 **maxLines** 時的截斷方式。在範例中，我們使用了 **TextOverflow.ellipsis**，它會用省略號「...」來表示被截斷的文字。

3. **textScaleFactor**：這是調整字體大小的一個快捷方式，表示文字相對於當前字體大小的縮放。

當 Text 的內容較長時，textAlign 的效果會更加明顯：

```
Text(
  "Hello world " * 6,  // 字串重複六次
  textAlign: TextAlign.center,
)
```

Hello world Hello world Hello world Hello world Hello
world Hello world

圖 4-2　Text 展示文字置中

在這個例子中，由於文字內容超過一行，可以很好觀察到第二行文字會居中顯示。

◆ 常見問題：文字顯示為紅色加黃色底線

在 Flutter 開發中，有時候你可能會遇到文字突然變成**紅色並帶有黃色底線**的情況。這通常是因為沒有為 Widget 提供預設的 **Material** 或 **Cupertino** 樣式造成的。

圖 4-3　缺少樣式的錯誤畫面

◆ 問題原因

Flutter 中的許多 Widget，尤其是那些與文字和輸入相關的 widget，都期望在 widget 樹中的跟節點裡至少有一個 **Material** 或 **Cupertino Widget**。如果缺少這個 widget，某些子 widget 可能無法正確渲染，更正確的説是沒有被套上預設的樣式，從而導致出現紅色文字和黃色底線。

◆ 解決方法

要解決這個問題，你可以在 widget 樹的頂部或適當的位置添加一個 Material Widget。這裡有兩種常見的方法：

Scaffold 顧名思義就是幫你的 widget 建立一個架構，讓你可以快速建構 **AppBar** 等其他功能，它裡面已經包含了 Material 元件，就不會碰上渲染錯誤的問題：

```
@override
Widget build(BuildContext context) {
  return Scaffold(
    body: Text("Hello, World!"),
  );
}
```

如果你不希望透過 **Scaffold**，而是希望自己從頭設定起的話，也可以直接在有問題的 widget 外包裹 Material：

```
@override
Widget build(BuildContext context) {
  return Material(
    child: Text("Hello, World!"),
  );
}
```

◆ 注意事項

- 如果你的應用使用的是 **CupertinoApp**（iOS 風格）的 widget，你可能需要使用 **CupertinoPageScaffold**。

- 添加 Material Widget 不僅解決了樣式問題，還為許多 widget 提供了必要的功能支持，如水波紋效果等。

- 在某些情況下，你可能只想要文字樣式而不需要 Material 的其他特性，希望簡化就好，這時可以使用 **DefaultTextStyle** 來為文字提供預設樣式，而當子 widget 是 Text 相關元件並且沒有明確指定樣式時，它們將自動繼承這個預設樣式。

```
DefaultTextStyle(
  style: TextStyle(color: Colors.black),
  child: YourWidget(),
)
```

透過正確地使用這些 widget，你可以確保你的 UI 元件獲得適當的樣式和主題支持，從而避免出現意外的紅色文字和黃色底線。

4.1.2 TextStyle

TextStyle 用於指定文字的顯示樣式，如**顏色**、**字體**、**粗細**等。讓我們看一個綜合的例子：

```
Text(
  "Hello world",
  style: TextStyle(
    color: Colors.blue,
    fontSize: 18.0,
    height: 1.2,
    fontFamily: "Courier",
    background: Paint()..color=Colors.yellow,
    decoration: TextDecoration.underline,
    decorationStyle: TextDecorationStyle.dashed
  ),
)
```

Hello world

圖 4-4　TestStyle 展示

這個例子展示了 TextStyle 的多個屬性：

- **color**：設置文字顏色

- **fontSize**：設置字體大小

- **height**：設置行高（注意：實際行高等於 fontSize * height）

- **fontFamily**：設置字體

- **background**：設置文字背景色

- **decoration**：設置文字裝飾（如底線）

- **decorationStyle**：設置裝飾的樣式

> **提醒**
>
> **fontFamily** 的支持程度可能因平台而異，使用自定義字體時要在不同平台上進行測試。

4.1.3 TextSpan

如果我們需要在同一個 Text 中對不同部分的文字應用不同的樣式，就可以使用 TextSpan。TextSpan 代表文字的一個「**片段**」，可以嵌套使用。讓我們看一個例子：

```
Text.rich(
  TextSpan(
    children: [
      TextSpan(
        text: "Home: "
      ),
      TextSpan(
        text: "<https://flutterchina.club>",
        style: TextStyle(
          color: Colors.blue
        ),
        recognizer: TapGestureRecognizer()..onTap = () {
          print(' 連結被點擊 ');
        }
      ),
    ]
  )
)
```

圖 4-5 TextSpan 展示

在這個例子中：

1. 我們使用 **Text.rich** 方法來建立父文字，也就是包含多個文字片段的文版。

2. TextSpan 的 children 屬性允許我們定義多個文字片段。

3. 第二個 TextSpan 使用了自定義的 style，將文字顏色設為藍色。

4. recognizer 屬性用於添加手勢識別，這裡我們添加了一個點擊事件。

通過 TextSpan，我們可以快速在同一個 Text 中實現不同的文字樣式和互動效果。

4.1.4　Image

Image 元件用於顯示圖片，Flutter 支持多種來源的圖片，包括來自網路、本地資源和文件系統的圖片。以下是幾種常見的使用方式：

◆ 網路載入圖片

Flutter 可以直接透過**網址**獲取圖片：

```
// 從網路載入圖片
Image.network(
  'https://flutter.github.io/assets-for-api-docs/assets/widgets/
owl.jpg',
  width: 200,
  height: 200,
)
```

圖 4-6 Image 網路載入

◆ 本地載入圖片

在載入本地圖片時，我們必須先到 **pubspec.yaml** 的檔案，新增圖片的路徑。你可以指定特定的圖片，或者直接加入整個資料夾：

```yaml
flutter:
  assets:
    # 指定資料夾
    - assets/images/
    # 指定特定文件
    - assets/images/my_image.png
```

這裡調整成 **Image.asset** 後，再給上路徑就可以取得對應的圖片摟。

```dart
// 從本地資源載入圖片
Image.asset(
  'assets/images/my_image.png',
  width: 200,
  height: 200,
)
```

圖 4-7 Image 本地圖片

Image 元件除了上面示範的寬與高，其實還有各種控制項可以使用，這裡幫大家整理一些重要的控制項作為補充：

- **width 和 height**：設置圖片的寬度和高度
- **fit**：控制圖片如何填充給定的空間，如 **BoxFit.cover**、**BoxFit.contain** 等
- **repeat**：當圖片小於容器時，是否重複平鋪

內心話抒發

在正式開發環境，其實我們更多會使用 cached_network_image 這個套件，它可以幫助我們把網路圖片做快取，不用每次都重新渲染請求。用法就跟原本的 Image Widget 差不多，推薦給有需要的朋友！

4.1.5 Button

按鈕作為最重要的元件之一，Flutter 提供了多種預設的按鈕元件，如 **ElevatedButton**、**TextButton** 和 **OutlinedButton** 等。每種按鈕都有其獨特的視覺風格，適用於不同的設計需求。

```
Column(
  children: [
    ElevatedButton(
      child: Text(' 提交 '),
      onPressed: () {
        print('ElevatedButton 被點擊了 ');
      },
      style: ElevatedButton.styleFrom(
        primary: Colors.blue,
        onPrimary: Colors.white,
        padding: EdgeInsets.symmetric(horizontal: 20, vertical: 10),
      ),
    ),
    SizedBox(height: 10),
    TextButton(
      child: Text(' 取消 '),
      onPressed: () {
        print('TextButton 被點擊了 ');
      },
      style: TextButton.styleFrom(
        primary: Colors.red,
      ),
    ),
    SizedBox(height: 10),
    OutlinedButton(
      child: Text(' 更多資訊 '),
      onPressed: () {
        print('OutlinedButton 被點擊了 ');
      },
      style: OutlinedButton.styleFrom(
        primary: Colors.green,
        side: BorderSide(color: Colors.green),
      ),
    ),
  ],
)
```

圖 4-8　Button 的各種樣式

按鈕的關鍵屬性包括：

- **child**：通常是一個 Text Widget，用於顯示按鈕文字，但你也可以根據需求自己調整成圖片或者其他更複雜的 Widget

- **onPressed**：定義按鈕被點擊時的回呼函式

- **style**：用於自定義按鈕的外觀，如顏色、邊框、內邊距等

◆ GestureDetector

如果你想更精細的控制點擊事件，那 Button 可能沒辦法滿足你。這時候可以考慮使用 **GestureDetector**，他提供了更精細的觸碰控制。

```
GestureDetector(
  onTap: () {
    print('GestureDetector 被點擊了');
  },
  onDoubleTap: () {
    print('GestureDetector 被雙擊了');
  },
  onLongPress: () {
    print('GestureDetector 被長按了');
  },
  onVerticalDragDown: (details) {
    print('GestureDetector 被垂直拖動了');
```

```
  },
  onHorizontalDragDown: (details) {
    print('GestureDetector 被水平拖動了 ');
  },
  child: Image.asset(
    'assets/images/my_image.png',
    width: 200,
    height: 200,
  ),
),
```

4.2 Flutter 的布局設計

在前面的單元裡，我們介紹了常用的 Widget。那我們該如何讓這些 Widget 符合我們的排版預期呢？這裡就需要使用到**布局元件**，布局類元件是建構用戶介面的基礎。這些元件負責安排和定位其子元件，從而建立出豐富多樣的介面布局。本節將介紹 Flutter 中不同類型的布局元件及其特點。

4.2.1 布局類元件的分類

布局類元件可以根據其包含的子元件數量，簡單分為三類：**葉子節點元件**（LeafRenderObjectWidget），**單子元件**（SingleChildRenderObjectWidget），**多子元件**（MultiChildRenderObjectWidget）。下面我們針對這三個分類來介紹：

◆ 葉子節點元件（**LeafRenderObjectWidget**）

- 特點：沒有子節點的元件，可以看成是 Widget 的最小單位
- 用途：通常用於基礎元件，如 Image
- 常見範例：Text、Icon

◆ 單子元件（**SingleChildRenderObjectWidget**）

- 特點：只包含**一個**子 Widget

- 用途：用於對單個子元件進行約束或裝飾
- 常見範例：ConstrainedBox、DecoratedBox、Padding

◆ 多子元件（**MultiChildRenderObjectWidget**）

- 特點：包含**多個子** Widget
- 用途：用於排列多個子元件
- 常見範例：Row、Column、Stack、Wrap

4.2.2 布局類元件的繼承關係

Flutter 中的布局類元件遵循以下繼承關係：

Widget > RenderObjectWidget > (Leaf/SingleChild/MultiChild) RenderObjectWidget

這個繼承關係說明了所有的布局類元件最終都是 Widget 的子類，並且透過 **RenderObjectWidget** 來實現其布局功能。理解 **RenderObject** 的細節對於初學者來說，可能會比較困難，在這裡只要先知道他與 Flutter 的渲染機制有關，在後續章節也會有更詳細的說明，這裡就讓我們專注在理解布局上就好。

4.2.3 布局類元件的使用

在使用布局類元件時，我們可以使用以下的步驟：

1. **選擇合適的布局元件**：根據需要排列的子元件數量和排列方式選擇合適的布局元件。
2. **設置布局參數**：每種布局元件都有其特定的參數，用於控制子元件的排列方式。
3. **嵌套使用**：複雜的介面通常需要多種布局元件的嵌套使用。

4.3 Flutter 布局核心概念

在深入探討具體的布局元件之前，我們需要先了解 Flutter 布局系統的一些核心概念。這些概念將幫助你更好地理解和使用各種布局技巧。

4.3.1 布局模型

Flutter 的布局模型基於以下幾個重要概念，如果是有寫過網頁的朋友們應該都很熟悉，他的概念就像是 **HTML** 裡的標籤關係一樣。不同的是 **HTML** 透過 CSS 來確定自己的表現方式，而 Flutter 可以直接選擇你要用的 Widget 來修飾布局，並且也是遵循以下的步驟來確定布局：

1. **約束傳遞**：父 Widget 向子 Widget 傳遞約束條件。
2. **大小確定**：子 Widget 在這些約束條件下確定自己的大小。
3. **位置確定**：父 Widget 根據自身大小和子 Widget 的大小，確定子 Widget 的位置。

4.3.2 除錯工具

Flutter 內建提供了一些工具來幫助除錯布局問題，在後面的範例中你可以透過這些除錯工具來觀察每個布局元件的應用以及它的布局方式對畫面的影響：

◆ 顯示元件邊界 debugPaintSizeEnabled

debugPaintSizeEnabled 設置為 true 時，可以可視化地顯示布局邊界。找到 **main.dart** 的文件，加入後 restart 就會出現摟。

```
void main() {
  debugPaintSizeEnabled = true;
  runApp(const MyApp());
}
```

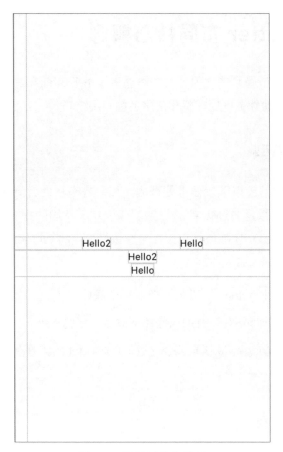

圖 4-9　顯示元件的邊界

◆ 元件除錯工具 Flutter Inspector

Flutter 開發工具中的布局檢查器，可以詳細查看 Widget 樹和布局資訊。

如果你是使用 VScode 的開發者，可以透過 **cmd+shift+p** 打開命令列，並且輸入 **Flutter Inspect Widget**。

圖 4-10　打開 Inspect Widget

在新的彈窗內，可以看到目前 Widget 的布局方式。

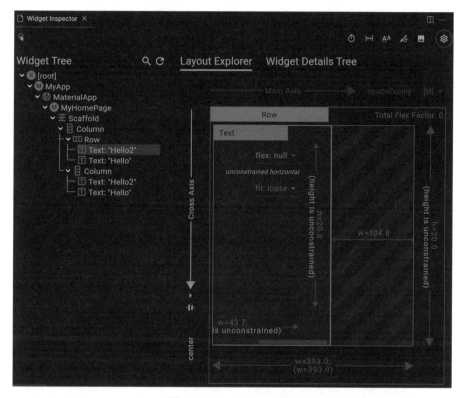

圖 4-11　Inspect Widget

如果對這些除錯工具感到陌生，請不用擔心，在後面的文章中，我們會對這些除錯
工具有更深入的講解。接下來就先讓我們繼續探討具體的布局元件及其使用方法。

4.3.3　Widget 行為特性

在 Flutter 中，不同的 Widget 對於布局有不同的行為特性。理解這些特性對於建立
精確的布局至關重要。以下我們將詳細介紹幾種常見的 Widget 行為特性，並提供
具體的例子。

◆ 自動擴展的 Widget

這類 Widget 會根據其環境和內容自動調整大小。

Container

- 無子 Widget 時：
    - 如果父 Widget 無限制，Container 會盡可能擴展到最大
    - 如果父 Widget 有限制，Container 會盡可能擴展到父 Widget 的大小
- 有子 Widget 時：
    - Container 會根據子 Widget 的大小調整自身大小

```
// 無子 Widget，將填滿整個螢幕
Container(color: Colors.blue)

// 有子 Widget，大小由子 Widget 決定
Container(
  color: Colors.blue,
  child: Text('Hello'),
)
```

圖 4-12　Container 自動調整大小

Center

- Center 會將其子 Widget 居中，並根據子 Widget 的大小調整自身大小
- 如果父 Widget 有限制，Center 會擴展到填滿父 Widget

例子：

```
Center(
  child: Text('Centered Text'),
)
```

◆ 根據內容調整大小的 Widget

這類 Widget 的大小完全由其內容決定。

Text

Text 會根據文字內容自動調整大小，可以透過設置 **style** 來影響其大小。

```
Text('This text will adjust its size based on content')

Text(
  'This text will adjust its size based on contenet',
  style: TextStyle(fontSize: 20),
)
```

可以透過上面介紹過的 **Inspect** 來觀察到，不同長度的 Text 的布局的影響

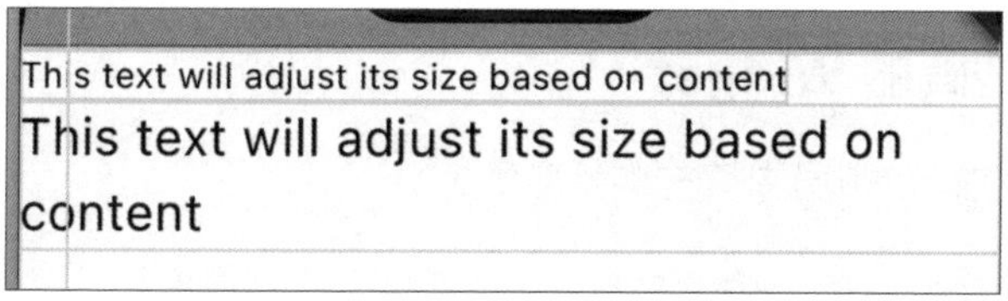

圖 4-13　Text 不同長度的布局比較

◆ 固定大小的 Widget

這類 Widget 有**明確指定**的尺寸。

SizedBox

- 可以指定固定的寬高
- 如果不指定寬高，則會根據子 Widget 調整大小

例子：

```
SizedBox(
  width: 100,
  height: 100,
  child: Container(color: Colors.red),
)
```

ConstrainedBox

- 可以為子 Widget 設置最小或最大尺寸約束

例子：

```
ConstrainedBox(
  constraints: BoxConstraints(
    minWidth: 100,
    minHeight: 100,
    maxWidth: 300,
    maxHeight: 300,
  ),
  child: Container(color: Colors.green),
)
```

◆ 填充可用空間的 Widget

這類 Widget 會在特定布局中填充剩餘空間。

Expanded & Spacer

Expanded 和 Spacer 兩個作用其實是相同的，差別在於 Expanded 裡面可以放入 **child** 加入其他 Widget。

- 要特別注意，只可以在 Row、Column 或 Flex 中使用，會填充主軸方向的剩餘空間

- 可以使用 flex 參數調整不同 Expanded Widget 之間的比例

例子：

```
Row(
  children: [
    Container(width: 100, color: Colors.red),
    Expanded(
      child: Container(color: Colors.blue),
    ),
    Container(width: 100, color: Colors.green),
  ],
)
```

圖 4-14　Expanded 展示

Flexible

- 類似 Expanded，但不強制子 Widget 填充所有可用空間
- 可以使用 flex 參數控制如何填充空間

例子：

```
// 紅色與藍色佔比：2:1
Row(
  children: [
    Flexible(
      flex: 2,
      child: Container(color: Colors.red),
    ),
    Flexible(
```

```
    flex: 1,
    child: Container(color: Colors.blue),
  ),
 ],
)
```

圖 4-15　Flexible 展示

4.4 常見的布局設計與實踐

在 Flutter 中，掌握各種布局技巧是建立漂亮且功能豐富的用戶介面的關鍵。本節將介紹幾種最常用的布局 Widget，包括 Row、Column、Stack、Grid、ListView 和 Sliver。這些布局工具能夠幫助我們靈活地安排 UI 元素，以滿足各種設計需求。

4.4.1 Row 和 Column

Row 和 Column 是 Flutter 中最基本且常用的布局 Widget，它們分別用於水平和垂直方向上排列子 Widget。

◆ Row

- Row 將其子 Widget 在水平方向上排列

```
Row(
  mainAxisAlignment: MainAxisAlignment.spaceEvenly,
```

```
  children: <Widget>[
    Icon(Icons.star, size: 50),
    Icon(Icons.star, size: 50),
    Icon(Icons.star, size: 50),
  ],
)
```

在這個例子中，三個星形圖標會均勻地分佈在一行中。

圖 4-16　Row 展示

◆ Column

- Column 將其子 Widget 在垂直方向上排列

```
Column(
  mainAxisAlignment: MainAxisAlignment.center,
  children: <Widget>[
    Icon(Icons.star, size: 50),
    Icon(Icons.star, size: 50),
    Icon(Icons.star, size: 50),
  ],
)
```

圖 4-17　Column 展示

Row 和 Column 都有一些重要的屬性：

- **mainAxisAlignment**：控制子 Widget 在主軸（Row 的水平方向或 Column 的垂直方向）上的對齊方式
- **crossAxisAlignment**：控制子 Widget 在交叉軸上的對齊方式
- **children**：子 Widget 列表

4.4.2 Stack

- Stack 允許子 Widget 堆疊在一起，這對於實現重疊效果非常有用

```
Stack(
  alignment: Alignment.center,
  children: <Widget>[
    Container(
      width: 200,
      height: 200,
      color: Colors.red,
    ),
    Container(
      width: 150,
      height: 150,
      color: Colors.blue,
    ),
    Text('Flutter', style: TextStyle(color: Colors.white, fontSize: 24)),
  ],
)
```

在這個例子中，我們有兩個不同大小的 Container 相互重疊，最上層是一個文字。

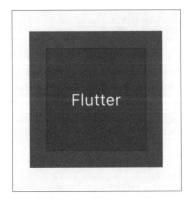

圖 4-18　Stack 展示

Stack 的主要屬性：

- **alignment**：決定如何對齊沒有定位的子 Widget
- **fit**：決定如何調整沒有定位的子 Widget 的大小
- **children**：子 Widget 列表，列表中後面的 Widget 會覆蓋前面的 Widget

4.4.3 Grid

在 Flutter 中，GridView 是一個強大的元件，用於建立可滾動的二維陣列布局。它特別適合顯示同類型的專案集合，比如圖片庫、產品列表等。它會建立子 Widget 的實例並根據其滾動方向（垂直或水平）進行布局。GridView 是可滾動的，這意謂著如果內容超出了螢幕的可見區域，用戶可以滾動查看所有內容。

◆ GridView.count

這是最簡單的建構子，允許你直接指定每行（或每列，取決於滾動方向）的子元素數量。

```
GridView.count(
  crossAxisCount: 3, // 指定每行的列數
  children: List.generate(9, (index) {
    return Container(
      color: Colors.blue*[100 * (index % 9)]*,
      child: Center(
        child: Text('Item $index'),
      ),
    );
  }),
)
```

在這個例子中，我們建立了一個 3 列的網格，包含 9 個專案。每個專案是一個帶有文字的容器，顏色根據索引變化。

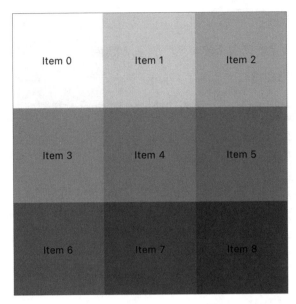

圖 4-19　GirdView.count 展示

GridView.builder

當你需要處理大量或潛在的無限數量的網格專案時，**GridView.builder** 是一個很好的選擇。因為它會按需建構子項，這對於提高性能很有幫助。

```
GridView.builder(
  gridDelegate: SliverGridDelegateWithFixedCrossAxisCount(
    // 定義每排的數量
    crossAxisCount: 3,
    // 每個專案之間的空隙大小
    mainAxisSpacing: 10,
    crossAxisSpacing: 10,
  ),
  itemBuilder: (context, index) {
    return Container(
      color: Colors.green[100 * (index % 9)],
      child: Center(
        child: Text('Item $index'),
      ),
    );
  },
  itemCount: 30,
)
```

這個例子建立了一個 3 列的網格，有 30 個專案。**gridDelegate** 參數用於定義網格
的布局，而 **itemBuilder** 則負責建構每個網格項。

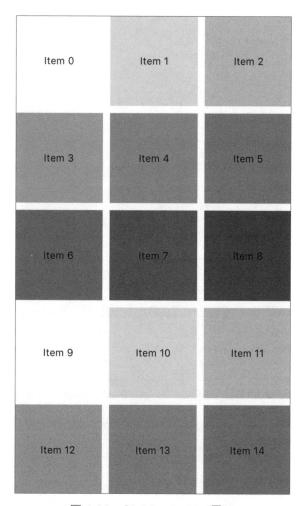

圖 4-20　GirdView.builder 展示

◆ GridView.extent

GridView.extent 允許你指定每個網格項的最大寬度（在垂直滾動的網格中）或高
度（在水平滾動的網格中）。

```
GridView.extent(
  maxCrossAxisExtent: 200.0,
  children: List.generate(12, (index) {
    return Card(
      child: Center(
        child: Text('Item $index'),
      ),
    );
  }),
)
```

在這個例子中，每個網格項的最大寬度被設置為 200 像素。Flutter 會根據可用空間自動計算每行可以容納的專案數量。這樣就不用擔心各個設備的寬度不同，而造成視覺不協調的問題。

◆ GridView.custom

對於需要更高度自定義的場景，**GridView.custom** 提供了最大的靈活性。

```
GridView.custom(
  gridDelegate: SliverGridDelegateWithFixedCrossAxisCount(
    crossAxisCount: 2,
    childAspectRatio: 1.5,
  ),
  childrenDelegate: SliverChildBuilderDelegate(
    (context, index) {
      return Container(
        color: Colors.teal[100 * (index % 9)],
        child: Center(
          child: Text('Custom Item $index'),
        ),
      );
    },
    childCount: 20,
  ),
)
```

這個例子建立了一個自定義的網格，每行有 2 個專案，每個專案的寬高比為 1.5。

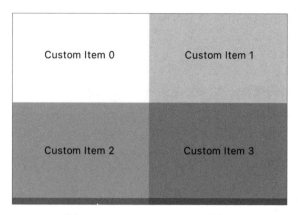

圖 4-21　GirdView.custom 展示

◆ GridView 的最佳實踐

在使用 GridView 時，有一些最佳實踐可以幫助你建立更好的用戶體驗和更高效的應用程式。

響應式設計

為了使你的應用在不同大小的螢幕上都能良好顯示，可以使用 **MediaQuery** 來動態調整網格的列數。

```
int getCrossAxisCount(BuildContext context) {
  // 透過 MediaQuery 取得當前設備的螢幕寬度
  return MediaQuery.sizeOf(context).width ~/ 150;
}

GridView.builder(
  gridDelegate: SliverGridDelegateWithFixedCrossAxisCount(
    crossAxisCount: getCrossAxisCount(context),
  ),
  itemBuilder: (context, index) {
    return YourGridItem(index: index);
  },
  itemCount: 100,
);
```

或者使用上面提到的 **extent** 來規範每個子 Widget 的寬度，讓 Flutter 自動計算。

優化性能

對於包含大量專案的網格，可以考慮使用 **GridView.builder** 來模擬網格布局，這樣可以進一步提高性能。

4.4.4 ListView

ListView 是 Flutter 中用於顯示可滾動列表的核心 Widget。它在處理長列表或未知數量的專案時特別有用。當列表內容超出螢幕可見區域時，用戶可以滾動查看所有內容。ListView 支持垂直和水平方向的滾動。

◆ ListView.builder

ListView.builder 是最常用的構造方法，它可以高效地建構大量列表項。這種方法特別適合處理動態或大量數據。

```
ListView.builder(
  itemCount: 100,
  scrollDirection: Axis.vertical,
  itemBuilder: (context, index) {
    return ListTile(
      title: Text('Item $index'),
      subtitle: Text('這是第 $index 個專案的描述 '),
    );
  },
)
```

在這個例子中，我們建立了一個包含 100 個專案的列表。每個專案都是一個 ListTile，顯示專案的標題和描述。並且透過 **scrollDirection** 來控制列表的方向。

Item 0
這是第0個項目的描述

Item 1
這是第1個項目的描述

Item 2
這是第2個項目的描述

Item 3
這是第3個項目的描述

Item 4
這是第4個項目的描述

圖 4-22　ListView.builder 展示

◆ ListView.separated

ListView.separated 允許你在列表項之間添加分隔符，這對於建立分隔線，或者其他分割效果非常有用。

```
ListView.separated(
  itemCount: 50,
  separatorBuilder: (context, index) => Divider(),
  itemBuilder: (context, index) {
    return ListTile(
      title: Text('Item $index'),
      onTap: () {
        print('Tapped on item $index');
      },
    );
  },
)
```

這個例子建立了一個有 50 個專案的列表，每個專案之間都有一個 Divider 作為分隔符。

Item 0
Item 1
Item 2
Item 3
Item 4
Item 5

圖 4-23　ListView.separated 展示

◆ ListView

最基本的 ListView 建構子，適用於建立小型、靜態列表。

```
ListView(
  children: <Widget>[
    ListTile(
      leading: Icon(Icons.map),
      title: Text(' 地圖 '),
    ),
    ListTile(
      leading: Icon(Icons.photo_album),
      title: Text(' 相冊 '),
    ),
    ListTile(
      leading: Icon(Icons.phone),
      title: Text(' 電話 '),
    ),
  ],
)
```

◆ **ListView** 的最佳實踐

1. 使用 **ListView.builder** 處理大量數據

與 GirdView 一樣，對於大量或未知數量的數據，盡可能使用 **.builder**。它只會建立當前可見的列表項，從而提高性能。

2. 添加滾動控制器（**controller**）

使用 **ScrollController** 可以更好地控制列表的滾動行為：

```
class MyHomePage extends StatefulWidget {
  const MyHomePage({super.key});

  @override
  State<MyHomePage> createState() => _MyHomePageState();
}

class _MyHomePageState extends State<MyHomePage> {
  final _scrollController = ScrollController();

  @override
  void initState() {
    super.initState();
    _scrollController.addListener(_scrollListener);
  }

  void _scrollListener() {
    // 偵測滾動的位置
    if (_scrollController.offset >=
          _scrollController.position.maxScrollExtent &&
        !_scrollController.position.outOfRange) {
      print("到達列表底部");
    }
  }

  @override
  void dispose() {
    // 在元件銷毀時，釋放 ScrollController 資源，避免記憶體洩漏
    _scrollController.removeListener(_scrollListener);
    _scrollController.dispose();
```

```
    super.dispose();
  }

  @override
  Widget build(BuildContext context) {
    return ListView.builder(
      controller: _scrollController,
      itemCount: 100,
      itemBuilder: (context, index) {
        return ListTile(title: Text('Item $index'));
      },
    );
  }
}
```

3. 實現下拉刷新

在使用列表時，下拉刷新可能會是最常搭配使用的 Widget，可以透過 **RefreshIndicator** 可以輕鬆實現下拉刷新功能：

```
RefreshIndicator(
  onRefresh: _refreshList,
  child: ListView.builder(
    itemCount: items.length,
    itemBuilder: (context, index) {
      return ListTile(title: Text(items[index]));
    },
  ),
)

Future<void> _refreshList() async {
  // 在這裡實現刷新邏輯
  await Future.delayed(Duration(seconds: 2));
  setState(() {
    items = List.generate(20, (index) => 'Item ${index + 1}');
  });
}
```

4.4.5 CustomScrollView 和 Slivers

CustomScrollView 是 Flutter 中一個強大的可滾動元件，它允許我們將多個滾動元件（Sliver）組合成一個統一的可滾動區域。

◆ CustomScrollView 的作用

- 提供一個公共的 Scrollable 和 Viewport
- 組合多個 Sliver
- 統一處理滾動事件

◆ 為什麼需要 CustomScrollView?

假設我們想在一個頁面中同時包含兩個 ListView，並且希望它們的滑動效果能統一起來。如果直接使用兩個 ListView，**每個 ListView 只會響應自己可視區域中的滑動**，無法實現連續滾動的效果。

CustomScrollView 通過提供一個共用的 Scrollable 和 Viewport，使得多個 Sliver 可以在同一個滾動區域內連續滾動。

◆ 常用的 Sliver

Sliver 是可滾動元件中的一部分。以下是一些常用的 Sliver：

Sliver 名稱	功能	對應的可滾動元件
SliverList	列表	ListView
SliverFixedExtentList	高度固定的列表	ListView （指定 itemExtent）
SliverAnimatedList	可執行添加 / 刪除動畫的列表	AnimatedList
SliverGrid	網格	GridView
SliverPrototypeExtentList	根據原型生成高度固定的列表	ListView （指定 prototypeItem）
SliverFillViewport	包含多個子元件，每個都可以填滿螢幕	PageView

其他常用的 Sliver：

- **SliverAppBar**：對應 AppBar，用於 CustomScrollView 中

- **SliverToBoxAdapter**：將 RenderBox 適配為 Sliver

- **SliverPersistentHeader**：可固定在頂部的 Sliver

◆ 使用 CustomScrollView

以下是一個使用 CustomScrollView 的範例：

```
CustomScrollView(
  slivers: <Widget>[
    SliverAppBar(
      pinned: true,
      expandedHeight: 250.0,
      flexibleSpace: FlexibleSpaceBar(
        title: const Text('Demo'),
        background: Image.asset(
          "./imgs/sea.png",
          fit: BoxFit.cover,
        ),
      ),
    ),
    SliverPadding(
      padding: const EdgeInsets.all(8.0),
      sliver: SliverGrid(
        gridDelegate: SliverGridDelegateWithFixedCrossAxisCount(
          crossAxisCount: 2,
          mainAxisSpacing: 10.0,
          crossAxisSpacing: 10.0,
          childAspectRatio: 4.0,
        ),
        delegate: SliverChildBuilderDelegate(
          (BuildContext context, int index) {
            return Container(
              alignment: Alignment.center,
```

```
              color: Colors.cyan[100 * (index % 9)],
              child: Text('grid item $index'),
            );
          },
          childCount: 20,
        ),
      ),
    ),
    SliverFixedExtentList(
      itemExtent: 50.0,
      delegate: SliverChildBuilderDelegate(
        (BuildContext context, int index) {
          return Container(
            alignment: Alignment.center,
            color: Colors.lightBlue[100 * (index % 9)],
            child: Text('list item $index'),
          );
        },
        childCount: 20,
      ),
    ),
  ],
)
```

這個範例包含了：

1. 一個 SliverAppBar 作為頭部。

2. 一個 SliverGrid 作為中間部分。

3. 一個 SliverFixedExtentList 作為底部。

由於我們使用了 **pinned: true**，所以可以看到滑動後，**Demo AppBar** 還是會持續
顯示。

圖 4-24　Pinned Appbar 滑動前後比較

◆ SliverToBoxAdapter

SliverToBoxAdapter 可以將 RenderBox 適配為 Sliver，使其能在 CustomScrollView 中使用。

例如，添加一個 PageView 到 CustomScrollView。

```
@override
Widget build(BuildContext context) {
  return Scaffold(
    body: CustomScrollView(
      slivers: [
        SliverToBoxAdapter(
          child: SizedBox(
            height: 300,
            child: PageView(
              children: const [
                Text("1"),
```

```
          Text("2"),
        ],
      ),
    ),
  ),
  buildSliverFixedList(),
],
    ),
  );
}

SliverFixedExtentList buildSliverFixedList() {
  return SliverFixedExtentList(
    delegate: SliverChildBuilderDelegate(
      (context, index) => Text('Item $index'),
    ),
    itemExtent: 50,
  );
}
```

注意：如果添加的是與 CustomScrollView 滾動方向一致的可滾動元件（如 ListView），可能會導致滾動衝突。這種情況下應考慮使用 **NestedScrollView**。

◆ Sliver 注意事項

1. CustomScrollView **只能組合 Sliver**，不能直接包含普通 Widget。

2. 如果 CustomScrollView 中嵌入了與其滾動方向一致的可滾動元件，可能會導致滾動衝突。

CustomScrollView 和 Sliver 為 Flutter 提供了強大的自定義滾動效果的能力，雖然他的使用方法比較麻煩一點，需要時間熟悉。不過熟練掌握之後，合理運用這些元件可以大幅提升應用的用戶體驗。

4.5 訊息與視窗

在 Flutter 應用程式中，如何有效地與用戶溝通和互動是非常重要的。本節將介紹三種常用的 UI 元件：**SnackBar**、**Dialog** 和 **BottomSheet**。這些元件可以幫助我們顯示簡短的訊息、請求用戶確認或提供更多選項。

4.5.1 SnackBar

SnackBar 是一個輕量級的反饋機制，通常用於顯示簡短的訊息，並且會在一段時間後自動消失。它通常出現在螢幕底部。

◆ 基本用法

```
ElevatedButton(
  child: Text('顯示 SnackBar'),
  onPressed: () {
    ScaffoldMessenger.of(context).showSnackBar(
      SnackBar(
        content: Text('這是一個 SnackBar'),
        duration: Duration(seconds: 3),
      ),
    );
  },
)
```

圖 4-25　SnackBar 展示

◈ **SnackBar** 進階用法

SnackBar 也有自帶按鈕，可以添加更多事件，例如下面的撤銷就是很常見的用法。

```
ScaffoldMessenger.of(context).showSnackBar(
  SnackBar(
    content: Text('檔案已刪除'),
    action: SnackBarAction(
      label: '撤銷',
      onPressed: () {
        // 處理撤銷操作
      },
    ),
  ),
);
```

圖 4-26　SnackBar 的 Action 展示

SnackBar 的主要屬性：

- **content**：SnackBar 顯示的主要內容

- **duration**：SnackBar 顯示的時間

- **action**：一個可選的動作按鈕

4.5.2 各種 Dialog

Dialog 用於顯示重要資訊，並通常需要用戶做出某種決定或確認。Flutter 提供了幾種預設的 Dialog 類型。

◆ AlertDialog

```
ElevatedButton(
  child: const Text('顯示 Dialog'),
  onPressed: () {
    showDialog(
      context: context,
      builder: (BuildContext context) {
        return AlertDialog(
          title: const Text('確認刪除'),
          content: const Text('你確定要刪除這個專案嗎？'),
          actions: <Widget>[
            TextButton(
              child: const Text('取消'),
              onPressed: () {
                Navigator.of(context).pop();
              },
            ),
            TextButton(
              child: const Text('確定'),
              onPressed: () {
                // 執行刪除操作
                Navigator.of(context).pop();
              },
            ),
          ],
        );
      },
    );
  },
)
```

圖 4-27　AlertDialog 展示

◆ SimpleDialog

SimpleDialog 適用於提供一組選項供用戶選擇。

```
showDialog(
  context: context,
  builder: (BuildContext context) {
    return SimpleDialog(
      title: Text(' 選擇一個選項 '),
      children: <Widget>[
        SimpleDialogOption(
          onPressed: () { Navigator.pop(context, ' 選項 1'); },
          child: Text(' 選項 1'),
        ),
        SimpleDialogOption(
          onPressed: () { Navigator.pop(context, ' 選項 2'); },
          child: Text(' 選項 2'),
        ),
      ],
    );
  },
);
```

圖 4-28　SimpleDialog 展示

4.5.3 BottomSheet

BottomSheet 是一個從螢幕底部滑上來的面板，可以顯示更多的資訊或選項。

```
showModalBottomSheet(
  context: context,
  builder: (BuildContext context) {
    return Container(
      height: 200,
      child: Center(
        child: Column(
          mainAxisAlignment: MainAxisAlignment.center,
          mainAxisSize: MainAxisSize.min,
          children: <Widget>[
            Text(' 這是一個模態 BottomSheet'),
            ElevatedButton(
              child: Text(' 關閉 '),
              onPressed: () => Navigator.pop(context),
            )
          ],
        ),
      ),
    );
  },
);
```

圖 4-29　BottomSheet 展示

🖋 4.6　總結

這一章節介紹了 Flutter 中的元件與布局設計，涵蓋了許多基礎 UI 元件的使用方式，包括 Text、Image 和 Button 等核心元件。透過實際範例，我們學習了如何使用這些元件進行文字顯示、圖片載入以及按鈕互動，並且了解到如何透過 TextStyle 和 TextSpan 來自定義文字樣式。

在布局設計方面，我們探索了 Row、Column、Stack、Grid 等布局元件，這些工具幫助我們靈活排列 UI 元素，滿足不同的設計需求。同時，CustomScrollView 和 Slivers 提供了更進階的滾動布局功能，讓我們能夠建構複雜的滾動介面。

最後，本章還介紹了 SnackBar、Dialog 和 BottomSheet 等用於訊息展示與用戶互動的元件，這些元件讓我們能夠輕鬆實現應用中的反饋機制與操作提示，進一步提升用戶體驗。

元件的使用與掌握在開發過程中是最基礎的基礎功，搞清楚有哪些工具可以使用以及他們的使用方法，會讓你的開發事半功倍。

Note

05

動畫魔法：
Flutter 應用中的視覺藝術
Animation

本章學習目標

1. 認識動畫的幾種類型。

2. 了解與動畫相關的幾個元素。

3. 掌握開發細節與動畫選擇。

動畫對於應用的重要性往往會被開發者忽略，也導致大部分人的學習順序將動畫排在後面，所以觀念與開發時會顯得較為生疏。這是常態也能理解，但動畫才是一個應用與眾不同的關鍵因素。本章節讓大家理解動畫的基礎知識以及選擇策略，慢慢地掌握它並運用在專案上，以後需要效果就可以自己實現囉！

> **內心話抒發**
>
> 在 Flutter 中，動畫在大部分實務情境下不太常使用，很多產品都以功能為導向，有時候有趣的體驗或是酷炫的效果都會被忽略甚至是把它排在以後的工作，作為往後優化的部分，個人覺得稍嫌可惜。就我從社群上的了解，很多開發者除了自身興趣外應該都對它沒有很熟悉。所以本篇章想跟大家分享一些撰寫動畫的觀念與重點，也包含一些實作範例，希望能讓你們更熟悉它。有時候體驗細節與動畫的呈現方式，就是讓 APP 與眾不同的關鍵點！

主要動畫的分類可以分成兩種來識別，一種是 **Explicit Animation** 顯式動畫和 **Implicit Animation** 隱式動畫，在不一樣的情境下有不一樣的選擇，實現的方式有很多種，如何高效的去對螢幕刷新才是重點。這時侯我想大家看這兩個分類的文字應該還是很難懂到底在說什麼，沒關係，我們繼續往下吧！

5.1 動畫分類

5.1.1 顯示動畫（Explicit Animation）

製作顯示動畫的第一要素，它的核心，就是需要一個 **AnimationController**，這點請牢牢的記下來。透過它我們才能完全的控制動畫，包括：使用 Duration 設置運行的時間長度、設置動畫開始的初始位置、執行動畫反轉、停止動畫等等。搭配 **Tween** 補間差值（後面會提到），能做到任何數值與效果的呈現。

在每一幀刷新，**Animation** 都會產生一個對應的動畫數值，讓元件根據數值計算後進行顯示上的變化。而當不使用 Tween 時，就是線性的依次產生一個 0-1 的浮點數數值。

AnimationController 使用時需要搭配 **AnimatedBuilder** 來進行元件的更新，務必使用它包裹 Widget Tree，才能讓動畫無縫的在每幀進行。這時候不需要 setState() 更新畫面。

如果基本的動畫元件無法滿足複雜的需求時，可以透過 **AnimatedWidget** 或 **AnimatedBuilder** 實作動畫效果。我們可以自定義某個重用的效果元件，並以 **XxxTransition** 此規則來命名，必備參數為 AnimationController，通常只要看到 Transition 為後綴的元件都是顯示動畫，算是大家的共識。

以下是基本的顯示動畫寫法：使用 3 秒將 Dash 由小變大

```dart
class ExplicitAnimationPage extends StatefulWidget {
  const ExplicitAnimationPage({super.key});

  @override
  State<ExplicitAnimationPage> createState()
    => _ExplicitAnimationPageState();
}

class _ExplicitAnimationPageState extends State<ExplicitAnimationPage>
    with SingleTickerProviderStateMixin {
  // 使用 late final 保證 AnimationController 等一下會擁有實體
  late final AnimationController _animationController;

  @override
  void initState() {
    super.initState();

    // 在元件第一次創建時初始化 AnimationController，
    並設置 Duration 運行時間為 1 秒
    _animationController = AnimationController(
      duration: const Duration(seconds: 3),
      vsync: this,
    );
```

```dart
    _animationController.forward();
  }

  @override
  void dispose() {
    // 在元件脫離 Widget Tree 後，釋放資源
    _animationController.dispose();
    super.dispose();
  }

  @override
  Widget build(BuildContext context) {
    return Scaffold(
      appBar: AppBar(
        title: const Text('Explicit Animation'),
      ),
      body: Center(
        child: AnimatedBuilder(
          animation: _animationController,
          builder: (context, child) {
            final size = 200 * _animationController.value;

            return Icon(
              Icons.flutter_dash,
              size: size,
              color: Colors.blue,
            );
          },
        ),
      ),
    );
  }
}
```

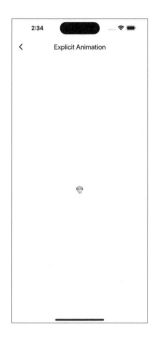

圖 5-1 改變 Icon 的尺寸動畫

動畫的運動類型分成兩種：

- **Tween Animation**：屬性值的變化區間，Tween 就是 **Between** 的簡寫，所以它的參數會有 begin 和 end 可以設置

- **Physics Animation**：類似 Tween，只不過它的變化區間是根據物理引擎計算出來的，更加模擬真實的效果。在開發中會使用 **Simulation** 相關類別去實作

🔍 關鍵重點觀念

- 切記不要用 setState()，雖然一樣能完成動畫效果，但實際上它無法渲染訊號同步，一旦有多個動畫要執行，或是牽扯到的範圍很大，很可能會造成卡頓
- 顯示動畫的使用時機與情境
  1. 動畫會重複。
  2. 動畫不連貫、不順暢。
  3. 多個相關元件一起執行動畫。

以下列出幾種可搭配 AnimationController 的相關元件和參數，透過他們實作出特殊效果：

AlignTransition	對齊動畫
DecoratedBoxTransition	裝飾動畫
DefaultTextStyleTransition	文字風格動畫
FadeTransition	淡入淡出動畫
PositionedTransition	位置動畫
RelativePositionedTransition	相對位置動畫
RotationTransition	旋轉動畫
ScaleTransition	大小倍率動畫
SizeTransition	尺寸動畫
SlideTransition	滑動動畫
StatusTransitionWidget	狀態改變元件

圖 5-2 顯式動畫元件

5.1.2 隱式動畫（**Implicit Animation**）

隱式就是顯示動畫的相反，使用上不需要使用 AnimationController，相對簡單許多，很快速、便利，只需要運行的時間長度 Duration，然後更新數值狀態後，它就能幫你做完所有事情。不過需要注意的是，它無法控制動畫。

隱式動畫有一貫的命名方式，通常一般以 **AnimatedXxx** 為規則來命名，這點一樣需要記下來。不過 AnimatedIcon 為例外，它其實是顯示動畫。

以基本的範例來說明，我們使用了 StatefulWidget 並存在一個數值狀態，可以透過各種想要的互動進行狀態更新，可能是點擊或是邏輯判斷觸發。最後透過 **setState()** 進行畫面刷新，我們就能看到 UI 擁有動畫效果了。

以下範例為元件的滑動動畫：

```dart
class ExplicitAnimationPage extends StatefulWidget {
  const ExplicitAnimationPage({super.key});

  @override
  State<ExplicitAnimationPage> createState() =>
      _ExplicitAnimationPageState();
}

class _ExplicitAnimationPageState extends State<ExplicitAnimationPage>
    with SingleTickerProviderStateMixin {
  // 使用 late final 保證 AnimationController 等一下會擁有實體
  late final AnimationController _animationController;

  @override
  void initState() {
    super.initState();

    // 在元件第一次創建時初始化 AnimationController，
    並設置 Duration 運行時間為 1 秒
    _animationController = AnimationController(
      duration: const Duration(seconds: 3),
      vsync: this,
    );
```

```dart
      _animationController.forward();
  }

  @override
  void dispose() {
    // 在元件脫離 Widget Tree 後，釋放資源
    _animationController.dispose();
    super.dispose();
  }

  @override
  Widget build(BuildContext context) {
    return Scaffold(
      appBar: AppBar(
        title: const Text('Explicit Animation'),
      ),
      body: Center(
        child: AnimatedBuilder(
          animation: _animationController,
          builder: (context, child) {
            final size = 200 * _animationController.value;

            return Icon(
              Icons.flutter_dash,
              size: size,
              color: Colors.blue,
            );
          },
        ),
      ),
    );
  }
}
```

圖 5-3　元件的滑動動畫

🔍 **關鍵重點觀念**

隱示動畫的使用時機與情境：

1. 當沒有符合顯示動畫的條件時就可以選擇使用它。

2. 隱示動畫可以快速實現但缺點是無法控制動畫。

Flutter 本 身 提 供 了 很 多 樣 的 隱 式 動 畫 Widget， 例 如：AnimatedContainer、
AnimatedIcon、AnimatedAlign 等等，下方幫大家一一列出來。

AnimatedAlign	對齊動畫
AnimatedContainer	綜合動畫，更改所有屬性都會有動畫效果
AnimatedCrossFade	針對兩個元件執行交換的Fade動畫效果
AnimatedDefaultTextStyle	文字動畫
AnimatedOpacity	透明度動畫
AnimatedPhysicalModel	陰影動畫
AnimatedTheme	主題風格動畫
AnimatedSize	大小尺寸動畫
AnimatedPadding	Padding動畫
AnimatedRotation	旋轉動畫
AnimatedSwitcher	元件漸變動畫
AnimatedScale	比例動畫
AnimatedSlide	滑動動畫
AnimatedPositioned	位置動畫
AnimatedPositionedDirectional	位置方向動畫

圖 5-4　隱式動畫元件

5.2 動畫主要元素

5.2.1 動畫控制器（AnimationController）

製作顯式動畫時，都會需要 AnimationController 來管理和控制動畫，它是主要核心。可以根據 APP、頁面狀態去操作動畫，包含執行動畫、暫停動畫、倒轉動畫，甚至是指定位置開始等等，給予不一樣的效果。

我們在使用時，通常會在元件的 State 上使用 mixin **SingleTickerProviderStateMixin** 或是 **TickerProviderStateMixin**，並在建立 AnimationController 的時候設置 **vsync** 參數為 this。前置工作完成後緊接著就能開始製作動畫了。

```
class _MyHomePageState extends State<MyHomePage>
  with SingleTickerProviderStateMixin {
  late final AnimationController animationController;

  @override
  void initState() {
    super.initState();

    animationController = AnimationController(
      duration: const Duration(seconds: 1),
      vsync: this,
    );
  }
  ...
}
```

大部分的時候我們只需要一個 AnimationController，因此搭配 SingleTickerProviderStateMixin，顧名思義它就是適合一個 AnimationController 的情境。如果需要多個 AnimationController 來管理多個動畫，可以選用 TickerProviderStateMixin，同時管理多個 Ticker 實體以達到畫面每幀的更新同步。

◆ SingleTickerProviderMixin

- 適合 State 裡面只有一個 **AnimationController**，使用 **vsync** 建立一個 TickerProvider

◆ TickerProviderMixin

- 適合 State 裡面需要多個 **AnimationController** 同時使用，代表會有多個 **vsync** 訊號來源，提供多個 TickerProvider

```
class _MyHomePageState extends State<MyHomePage>
    with TickerProviderStateMixin {
  // 負責尺寸動畫
  late final AnimationController _sizeAnimationController;

  // 負責位置動畫
  late final AnimationController _positionAnimationController;

  @override
  void initState() {
    super.initState();

    _sizeAnimationController = AnimationController(
      duration: const Duration(seconds: 1),
      vsync: this,
    );
    _positionAnimationController = AnimationController(
      duration: const Duration(seconds: 1),
      vsync: this,
    );
  }

  ...
}
```

最後在元件沒有使用到或是被銷毀的時候，我們需要做好記憶體管理，也就是手動釋放處理動畫的資源。在 AnimationController 身上有一個方法稱為 **dispose()**，在 StatefulWidget State 身上的 **dispose()** 觸發時進行動畫處理。

記得程式碼的位置必須在父類 **super.dispose()** 呼叫之前，它才會被有效處理，進而避免記憶體洩漏等等的效能擔憂！

```
@override
void dispose() {
  _sizeAnimationController.dispose();

  super.dispose();
}
```

關鍵重點觀念

- vsync 代表的是訊號，在實作自定義動畫時需要跟當下元件的 State 進行綁定，用意是讓每一幀畫面在更新的時候可以同步讓動畫知道，使呈現出來的效果即時又順暢。
- 如果希望裝置能支援一秒 60 FPS，代表每幀需要 16 毫秒內渲染完成
- 養成釋放資源的好習慣，不管是 AnimationController 或是 TextEditingController 等等其他的控制器，通常都會有 **dispose()** 可以使用

5.2.2 補間（Tween）

簡單來説，就是 **Between** 的代名詞。擁有開始（begin）和結束（end）兩個參數，數值會隨著動畫的進度更新，變化只會在這個區間。內容可以是任何類型，例如：int、double、Offset、String、Color、Matrix4 等等，根據預期的效果選擇需要的狀態數值。

與 **AnimationController** 搭配，它負責管理 Tween，使用 **animate()** 生成 Animation 物件，後續就可以透過 Animation 影響 UI 改變。

```
late final AnimationController _sizeAnimationController;
late final Animation<int> _sizeAnimation;

@override
void initState() {
  super.initState();

  _sizeAnimationController = AnimationController(duration: const
    Duration(seconds: 1),
    vsync: this,
  );

  // Animation 負責數值更新，代表大小從 0 到 200
  _sizeAnimation = IntTween(
    begin: 0,
    end: 200
  ).animate(_sizeAnimationController);
}
```

普遍的使用方式 **Tween<T>**，使用泛型放置你期望的類型，當然也可以使用特定
類型的 Tween 類別去替代，下方有幫大家條列了幾種 SDK 提供的選項：

IntTween	數值變化
StepTween	使用double刪除小數值返回整數部分
ColorTween	顏色變化
SizeTween	大小變化
BoxConstraintsTween	約束變化
DecorationTween	裝飾變化，例如：BoxDecoration、ShapeDecoration
EdgeInsetsTween	EdgeInsets變化，可搭配Padding使用
Matrix4Tween	矩陣變化
TextStyleTween	文字風格變化
FractionalOffsetTween	小數變化
MaterialPointArcTween	圓弧變化
RectTween	矩形變化，使用null代表Rect.zero
AlignmentTween	對齊變化
ConstantTween	常數變化

圖 5-5　Tween 所有種類

◈ 產生核心 Animation

實現動畫的核心類，根據 **Tween** 生成更新的區間數值，而元件根據數值的更新來
重繪，使畫面持續變化，產生動畫效果。

```
// 1.
Animation animation = _animationController.drive(
  Tween<Offset>(
    begin: const Offset(0, 0),
    end: const Offset(100, 200),
  ),
);

// 2.
Animation animation = Tween<Offset>(
  begin: const Offset(0, 0),
  end: const Offset(100, 200),
).animate(_animationController);
```

◈ 串連動畫 Chain the Tweens

可以將多個 Tween 進行組合，簡單的連結它們。例如：給 Tween 添加 **Curve** 曲
線。有時候單一種 Tween 很難描述複雜動畫，這個時候就需要進行疊加了。

```
Animation animation = Tween(
  begin: 0,
  end: 50,
).chain(
      CurveTween(curve: Curves.easeIn),
    ).animate(animation);
```

◈ 自定義 Tween

- 繼承 **Tween**，自定義特殊情境的差值，支援任何類型的改變

- 根據動畫的時間進度參數 t，進行處理和計算，使補間內容不同，進而影響 UI

以下範例，實作出客製化補間，呈現文字陸續出現的效果，就像打字機一樣：

```
class TypingTween extends Tween<String> {
  TypingTween({
    String super.begin = '',
    super.end,
  });

  @override
  String lerp(double t) {
    final endStringLength = end?.length ?? 0;
    final cutPosition = (endStringLength * t).round();
    final displayedText = end?.substring(0, cutPosition) ?? '';

    return displayedText;
  }
}
```

圖 5-6　打字機動畫效果

5.2.3 曲線（Curve）

曲線本身是一個數學函式 **f(x)**，控制動畫在時間上變化的速度，行進的曲線。預設動畫以線性方式動作，而它能讓動畫變的更加自然、真實，避免生硬的動畫過程，例如讓行進從慢速開始然後加速。

在動畫中，過程被稱為**插值器（interpolator）**，**Curves** 提供了很多不同類型的選擇，覆蓋了大部分的使用場景，例如：Curves.easeIn、Curves.bounceInOut、Curves.fastOutSlowIn，總共 38 種，可以從官方文件上了解。

◆ 可使用種類

1. Curves.easeIn：動畫從慢速開始然後加速。

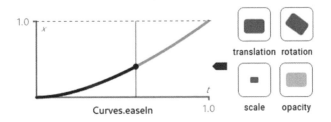

圖 5-7　Curves.easeIn 曲線的運作行為

2. Curves.easeInOut：動畫從慢速開始，加速，然後減速。

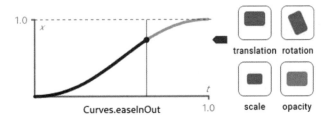

圖 5-8　Curves.easeInOut 曲線的運作行為

3. …

詳細請瀏覽官方文件，有呈現所有的運動行進效果。

連結：https://api.flutter.dev/flutter/animation/Curves-class.html

5.2.4 曲線動畫（CurvedAnimation）

根據曲線（Curve）來生成非線性的曲線動畫。根據幾種運動方式去運行，比較不會讓人感覺古板，讓動畫的顯現更加自然。

很多情況下，動畫的發生速率是變化的，例如：加速、減速。甚至能設定這個動畫在整體的兩個指定時間點出現，使用 Interval 實作。第一個參數為開始，第二個參數為結束，設定 0-1。如：可以設定時間長度在 0.25 開始執行動畫，接著在 0.6 結束動畫。

```
Animation<Offset> animation = Tween<Offset>(
  begin: const Offset(0, 0),
  end: const Offset(100, 200),
).animate(_animationController);

// 1.
CurvedAnimation curvedAnimation = CurvedAnimation(
  parent: _animationController,
  curve: Curves.easeInOut
);

// 2.
Animation<Offset> offsetAnimation = CurvedAnimation(
  parent: _animationController,
  curve: const Interval(0.25, .6, curve: Curves.fastOutSlowIn),
);
```

5.2.5 動畫生成器（AnimatedBuilder）

AnimatedBuilder 身為 **AnimationController** 的好夥伴，在顯示動畫都會需要用到它，精準的進行畫面重繪。

參數說明：

1. **child**：設置不需要更新和變化的元件，不會因為動畫執行而重複建立和浪費資源。更好的是幫元件加上 **const**，確保編譯時就建立確定。

2. **builder(context, child)**：可以直接拿 **child** 來用，它就是我們賦予不會被影響的部分，外面包裹需要動畫更新的元件。

```
AnimatedBuilder(
  animation: _animationController,
  builder: (context, child) {
    final percent = _progressAnimation.value;

    return LinearProgressIndicator(
      value: percent,
      minHeight: 16.0,
      borderRadius: BorderRadius.circular(16.0),
    );
  },
)
```

稍微了解後，可以再練習一個複合動畫範例，目的是做出啟動頁面的效果。內容顯示一個元件，過程會由小變大，從透明到慢慢出現，並加上旋轉效果。消耗一秒完成動畫。

```
class CompositeAnimationPage extends StatefulWidget {
  const CompositeAnimationPage({super.key});

  @override
  State<CompositeAnimationPage> createState()
      => _CompositeAnimationPageState();
}

class _CompositeAnimationPageState extends State<CompositeAnimationPage>
    with SingleTickerProviderStateMixin {
  late final AnimationController _animationController;
  late final Animation<int> _sizeAnimation;
  late final Animation<double> _fadeAnimation;
  late final Animation<double> _rotationAnimation;

  @override
  void initState() {
    super.initState();

    _animationController = AnimationController(
      duration: const Duration(seconds: 1),
      vsync: this,
    );
    _sizeAnimation = IntTween(begin: 0, end: 200)
        .animate(_animationController);
```

```dart
    _fadeAnimation =
        Tween<double>(begin: 0, end: 1).animate(_animationController);
    _rotationAnimation =
        Tween<double>(begin: 0, end: 1).animate(_animationController);

    _animationController.forward();
  }

  @override
  void dispose() {
    _animationController.dispose();

    super.dispose();
  }

  @override
  Widget build(BuildContext context) {
    return Scaffold(
      appBar: AppBar(
        title: const Text('Composite Animation'),
      ),
      body: Center(
        child: AnimatedBuilder(
          animation: _animationController,
          builder: (context, child) {
            return FadeTransition(
              opacity: _fadeAnimation,
              child: Transform.rotate(
                angle: _rotationAnimation.value * pi * 2,
                child: Icon(
                  Icons.flutter_dash_sharp,
                  size: _sizeAnimation.value.toDouble(),
                ),
              ),
            );
          },
        ),
      ),
    );
  }
}
```

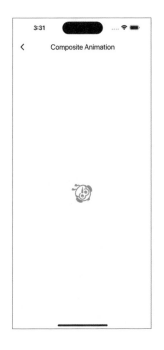

圖 5-9　複合動畫

> **關鍵重點觀念**
>
> 切記不要使用 **addListener()** 搭配 **setState()** 進行動畫刷新，尤其是畫面擁有一個很長的 Widget Tree 在進行顯示的時候，會因此降低 APP 性能。因為 **addListener()** 收到事件的時機，無法跟 Flutter 渲染機制完全同步，會導致顯示上的表現下降。

5.2.6　動畫元件（AnimatedWidget）

如果 **build()** 的 Widget Tree 變得腫大且難閱讀時，可以將動畫部分獨立出來一個新的 Widget。這時候很適合使用自定義的 **AnimatedWidget**，將 **AnimatedBuilder** 包成 Widget，除了可讀性高之外，以後也可以持續重用，不需要覆寫相同效果。還能實作一個自己的動畫元件集合。

AnimatedWidget 屬於顯示動畫，跟 AnimatedBuilder 一樣需要將 **Listenable** 作為參數，而我們常見的 AnimationController、Animation 都是它的子類。

如果其中使用到 AnimatedBuilder，建議自定義元件暴露一個 **child** 參數作為性能優化，可以提前建立不被動畫更新影響。

```dart
class MoveRightTransition extends AnimatedWidget {
  const MoveRightTransition({
    required Animation<double> animation,
    required this.child,
    super.key,
  }) : super(listenable: animation);

  final Widget child;

  @override
  Widget build(BuildContext context) {
    final Animation<double> animation = listenable as Animation<double>;

    return AnimatedBuilder(
      animation: listenable,
      child: FittedBox(child: child),
      builder: (context, child) {
        final x = 200 * animation.value;

        return Transform.translate(
          offset: Offset(x, 0),
          child: child,
        );
      },
    );
  }
}
```

實際使用方式：

```dart
class AnimatedWidgetPage extends StatefulWidget {
  const AnimatedWidgetPage({super.key});

  @override
  State<AnimatedWidgetPage> createState() => _AnimatedWidgetPageState();
}

class _AnimatedWidgetPageState extends State<AnimatedWidgetPage>
    with SingleTickerProviderStateMixin {
```

```dart
late final AnimationController _controller;

@override
void initState() {
  super.initState();
  _controller = AnimationController(
    duration: const Duration(seconds: 2),
    vsync: this,
  );
  _controller.forward();
}

@override
void dispose() {
  _controller.dispose();
  super.dispose();
}

@override
Widget build(BuildContext context) => Scaffold(
    appBar: AppBar(
      title: const Text('Animated Widget'),
    ),
    body: MoveRightTransition(
      animation: _controller,
      child: const Icon(
        Icons.star,
        size: 200,
      ),
    ),
  );
}
```

圖 5-10　自定義顯示動畫元件

關鍵重點觀念

根據命名規範，建議會以 **xxxTransition** 的命名方式。屬於大家的開發默契。

5.2.7　補間動畫生成器（TweenAnimationBuilder）

實際上是一種 **Implicit Animation** 隱式動畫，類似 AnimatedBuilder 但是不需要 Listenable 參數和 AnimationController 的幫助。

參數說明：

1. **tween**：哪種類型的數值改變，可能是整數轉換 IntTween，或是顏色轉換 ColorTween。

2. **duration**：動畫的運行時長，給予 Duiration 設置時、分、秒。

3. **curve**：動畫運動的節奏與模式，例如：Curves.bounceInOut 。

```
TweenAnimationBuilder(
  tween: ColorTween(begin: Colors.blue, end: Colors.green),
  duration: const Duration(milliseconds: 1500),
  curve: Curves.bounceInOut,
  builder: (context, tween, child) {
    return Container(
      width: 100.0,
      height: 100.0,
      alignment: Alignment.center,
      decoration: BoxDecoration(
        color: tween,
        borderRadius: BorderRadius.circular(20.0),
      ),
      child: child,
    );
  },
)
```

關鍵重點觀念

- 固定的 **Tween** 可以使用 **static final** 宣告，進而節省記憶體消耗
- 補間動畫的使用時機與情境
  1. 動畫不符合 Explicit Animation 條件。
  2. 不需要 AnimationController 掌控動畫。
  3. 需要 Curve 來呈現跳耀、非線性過程。

5.3 動畫選擇

以下是在實際開發場景中，我們如何針對動畫的需求條件來決定要使用哪種方式實現。

提醒

以下提到的 Foo 關鍵字，代表各種動畫元件，搭配前綴與後綴的佔位符。

◆ 第一步：複雜性過濾

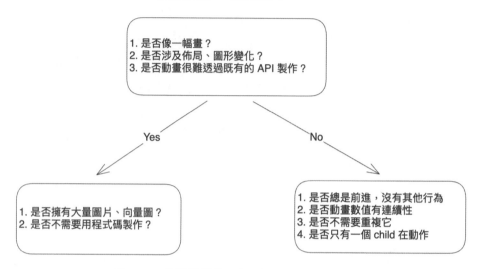

圖 5-11　動畫選擇第一步，根據實作複雜性挑選

◆ 第二步：關聯元素與環節的多寡

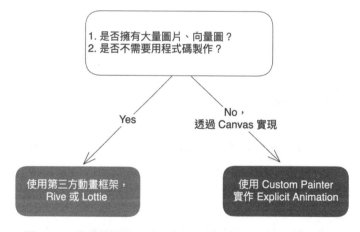

圖 5-12　動畫選擇第二步，根據動畫元素、開發與細節挑選

1. **Rive** 是主流的動畫格式與服務，透過向量圖勾勒出動畫效果。優點是體積小、速度快、成本低還有靈活性高，同時支援狀態管理。是一個與設計人員很好合作開發的動畫選擇。

2. **CustomPainter** 在畫布上自行繪製，所有的一切 UI 元素都可以經由動畫的數值變化去進行動畫。

 實作提醒

CustomPainter 需要開發者了解一定的數學知識與繪圖理論，對於一般開發者的負擔比較重，開發成本與時間偏高。但能實作出最好的動畫性能！

◆ 第三步：表現行為

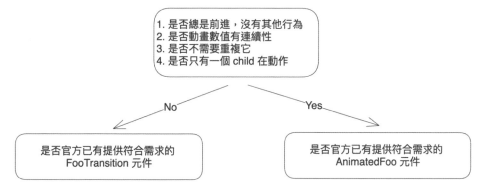

圖 5-13 　動畫選擇第三步，根據動畫的運作行為挑選

1. **No**：使用 **Explicit Animation** 顯示動畫。
2. **Yes**：使用 **Implicit Animation** 隱示動畫。

◆ 第四步：顯示動畫

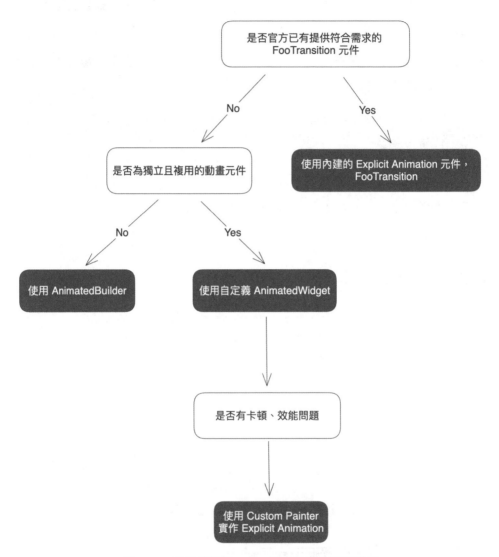

圖 5-14　動畫選擇第四步，顯示動畫的選擇路徑

- 檢查是否有官方提供的顯示動畫，可以透過 **xxxTransition** 搜尋
- 顯示動畫可以使用 **AnimatedBuilder** 在原有 Widget Tree 上實作。也可以自定義的 **AnimatedWidget**，在類似的場景都能重複使用，減少重工

- 如果顯示動畫的性能表現不如預期，則可以選擇上面有提到的 **CustomPainter** 自行繪製

◆ 第五步：隱式動畫

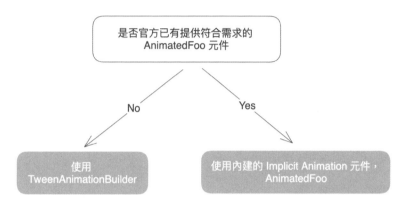

圖 5-15　動畫選擇第五步，隱式動畫的選擇路徑

- 檢查是否有官方提供的顯示動畫，可以透過 **AnimatedXxx** 搜尋
- 如果沒有既有方案則可以選擇又靈活且方便的 **TweenAnimationBuilder**

✎ 5.4　動畫補充

1. 觀察動畫，歸納出我們看到的效果，例如：元件重疊、變小、位移、更換元件，分解之後再接著一步一步實作每一個動畫。不必要想得太複雜。

2. 列表元件在實作時需考慮到快取範圍，因為會優先繪製可視區域外的一些元件，可能畫面上還沒看到它們時，動畫就已經結束了，此時會誤以為沒有效果。

3. 了解三角函式對畫東西、做動畫有幫助。例如：當數值一下負一下正，數值來回移動，可以初步判斷為三角函式的 **sin(value)**，數值越長頻率越高，越小波形越平緩。

✎ 5.5 總結

本文説明了動畫的核心幾部分，希望有讓大家了解在什麼情境下要選擇什麼實作方式，通常一種動畫效果可以有很多種方式來完成它，但我們可以挑相對快速且方便的作法，根據動畫的作動、行為、可操作性來判斷。如果都不夠你用的話，那我們就使用 Canvas 自己畫吧。

動畫除了是一個效果、一個產品需求之外，它同時也是提升使用者體驗的重要元素，當市面上產品的呈現方式都差不多時，可以想想是否能讓自家產品脫穎而出，但凡事過多都會造成反效果，所以規劃、嘗試很重要，適當才能夠畫龍點睛。思考一下，讓 APP 擁有自己的特點吧！

範例程式碼與相關資源 ....

- GitHub 範例專案

    https://github.com/chyiiiiiiiiiiii/flutter_animation_example

....

06

讓 App 有記憶：
本地資料存取全解析
Local Data Storage

本章學習目標

1. 掌握 SharedPreferences 的使用方法，包括基本操作和最佳實踐。

2. 學習 SQLite 在 Flutter 中的設置和基本操作，如插入、查詢、更新和刪除資料。

3. 熟悉 SQLite 的進階特性，包括事務處理、批量操作和原始 SQL 查詢的使用。

4. 掌握 Flutter SecureStorage 的基本使用方法，包括數據的讀取、寫入和刪除。

5. 理解不同資料儲存方案的適用場景，能夠根據應用需求選擇合適的儲存方式。

在手機 APP 開發過程中，本地資料的存取是不可或缺的一環。不管是你要暫時儲存使用者的偏好選擇，或者是你需要幫使用者記錄他的機密資料，這些情況都需要用到本地的資料儲存。Flutter 提供了多種方式來儲存和管理本地資料，包括簡單的鍵值對儲存、關係型資料庫，以及安全加密的儲存方式。本章節將帶你深入瞭解這些方法的使用。

6.1 資料存取概述

6.1.1 為什麼需要本地資料儲存

在行動應用程式的開發中，本地資料儲存是將資料保存在使用者的設備上，而非透過網路請求從伺服器獲取。這種資料存取方式有多項重要優勢：

- **提升應用效能**：當資料儲存在本地，讀取速度比遠程請求更快，使應用程式能夠快速響應。這種即時存取不僅提升了用戶的操作體驗，還能有效減少網路延遲，避免頻繁請求對用戶體驗的影響

- **改善用戶體驗**：本地儲存允許應用保留用戶的設定和狀態，即使重新啟動後也能提供一致的使用體驗。此外，透過儲存用戶偏好和歷史資料，應用能夠提供更個性化的服務

- **節省網路資源**：本地存取降低了數據流量的消耗，不僅對用戶有益，尤其在行動數據網路下，還能減輕伺服器的壓力，確保系統的穩定性

除了這些好處，線上與離線模式之間的平衡也至關重要。許多應用需要支援離線操作，本地資料儲存讓這變得可能。當應用無法連線時，資料快取可以確保部分功能和資料的可用性。例如：

- **離線可用性**：在無網路連接時，應用可以透過本地儲存來提供資料，保持應用的可靠性。離線時記錄用戶操作，待網路恢復後再同步至伺服器，確保資料不會遺失

- **資料同步**：雙向同步機制能夠在本地資料和伺服器資料之間保持一致性，避免資料衝突和遺失。良好的同步策略也可以幫助處理多設備、多用戶間的資料更新問題

- **即時反饋**：即便在離線狀態下，應用也能給予用戶即時的操作反饋，增強互動性。合理的錯誤提示和處理機制，能讓用戶瞭解當前狀態，避免困惑

總之，本地資料儲存能提升應用的性能、改善用戶體驗並有效利用網路資源，這些都是現代行動應用所不可或缺的要素。

6.1.2 Flutter 中的資料儲存方式概覽

在選擇適合的資料儲存方案時，我們可以從應用的需求與資料的特性來考量。以下是幾種常見的本地儲存方案，每種都有其特點和適用的場景，能幫助你在應用開發中找到最合適的方法。

選擇適合的資料儲存方式

在選擇資料儲存方案時，你簡單參考以下歸納：

- **資料的結構**
  - 鍵值對：選擇 SharedPreferences 或 Flutter Secure Storage
  - 結構化資料：選擇 SQLite 或 ORM 解決方案

- **資料的敏感性**
  - 普通資料：可使用一般的儲存方式
  - 敏感資料：應使用 Flutter Secure Storage 進行加密儲存

- **操作的複雜度**
  - 簡單的讀寫：選擇輕量級的方案，如 SharedPreferences
  - 複雜的查詢和操作：選擇 SQLite 或其他資料庫方案

6.2 SharedPreferences 的使用

SharedPreferences 是 Flutter 中一種輕量級的數據儲存方式，適用於儲存小量的簡單數據。它使用**鍵值對**的形式來保存數據，正如同他的名字 Preference，非常適合儲存用戶偏好設置等非敏感資訊。

6.2.1 SharedPreferences 簡介

SharedPreferences 將數據以非同步的方式儲存在磁盤上。它支持以下數據類型：

- int
- double
- bool
- String
- List<String>

6.2.2 安裝和配置

接下來要在你的 Flutter 專案中使用 SharedPreferences，首先需要添加依賴。在 **pubspec.yaml** 文件中添加以下行：

```
dependencies:
  shared_preferences: ^2.0.15
```

然後運行 **flutter pub get** 來安裝套件。

6.2.3 讀取和寫入數據

以下是 SharedPreferences 的基本使用方法：

```
import 'package:shared_preferences/shared_preferences.dart';

Future<void> saveData() async {
```

```
  final prefs = await SharedPreferences.getInstance();

  // 儲存數據
  await prefs.setString('username', 'FlutterDev');
  await prefs.setInt('age', 25);
  await prefs.setBool('isLoggedIn', true);
}

Future<void> readData() async {
  final prefs = await SharedPreferences.getInstance();

  // 讀取數據
  final String? username = prefs.getString('username');
  final int? age = prefs.getInt('age');
  final bool isLoggedIn = prefs.getBool('isLoggedIn') ?? false;

  print('Username: $username, Age: $age, Logged in: $isLoggedIn');
}

Future<void> removeData() async {
  final prefs = await SharedPreferences.getInstance();

  // 刪除特定鍵的數據
  await prefs.remove('username');

  // 清除所有數據
  // await prefs.clear();
}
```

6.2.4 最佳實踐和使用場景

在使用 SharedPreferences 時，開發者需要特別注意幾個重要事項。首先，由於安全考慮，不應該將密碼等敏感資訊儲存在其中。其次，SharedPreferences 並不適合儲存大量或結構複雜的數據。另外，在讀取數據時務必要考慮處理可能出現的空值情況，以避免應用崩潰。

從性能角度來看，雖然 SharedPreferences 的讀寫操作相對較快，但這些操作本質上是非同步的。對於那些需要頻繁存取的數據，建議在記憶體中進行快取，以提升應用性能。

為了更好地管理 SharedPreferences，建議開發者封裝一個專門的工具類來統一處理所有相關操作。這種方式不僅可以集中管理所有的鍵名，還能為其他模組提供一個統一且清晰的介面，從而提高程式碼的可維護性和可讀性。通過這樣的封裝，團隊成員可以更輕鬆地理解和使用 SharedPreferences 功能。

◆ 最佳實踐

```
class PreferencesService {
  static late SharedPreferences _prefs;

  static Future<void> init() async {
    _prefs = await SharedPreferences.getInstance();
  }

  static Future<void> setUsername(String username) async {
    await _prefs.setString('username', username);
  }

  static String? getUsername() {
    return _prefs.getString('username');
  }

  // 添加其他方法 ...
}
```

通過單例的 Service，你可以在應用的其他部分更方便地使用 SharedPreferences：

```
void main() async {
  WidgetsFlutterBinding.ensureInitialized();
  await PreferencesService.init();
  runApp(MyApp());
}

// 在應用的其他地方
PreferencesService.setUsername('NewUser');
String? username = PreferencesService.getUsername();
```

6.2.5 SharedPreferences vs SharedPreferencesAsync vs SharedPreferencesWithCache

在 SharedPreferences 的 2.3.0 版本之後，除了原本的 SharedPreferences 使用方式外，又新增了 SharedPreferencesAsync 以及 SharedPreferencesWithCache。讓我們詳細比較這三種 API：

◆ SharedPreferences

SharedPreferences API 是 Flutter 應用中管理本地儲存的傳統方法。它利用本地快取來提高性能，特別是對於同步讀取操作。他的優點是後續的 get 呼叫幾乎是即時的，因為它們不需要與平台的儲存系統通信，而且寫起來也比較簡單，但也因此帶來幾個問題：

1. **多個隔離區（Isolates）**：在使用多個隔離區的複雜應用中（如具有背景任務的應用），每個隔離區都有自己的單例實例和快取。這可能導致在不同隔離區存取和修改相同數據時出現不一致。

2. **多個引擎實例**：如果應用使用多個引擎實例（常見於後台消息傳遞或建立次要上下文的外掛中），每個實例中的本地快取可能會失去同步，導致檢索到過時或不正確的數據。

3. **外部修改**：如果底層系統偏好設置通過 Flutter 應用之外的方式（如原生程式碼）進行修改，快取可能無法反映這些更改。為了緩解這個問題，可以在存取數據之前呼叫 reload 方法，但這會增加額外的複雜性和開銷。

◆ SharedPreferencesAsync

SharedPreferencesAsync 提供了一種更現代的方法，解決了傳統 SharedPreferences API 的限制。

主要特點

- 不使用本地快取
- 所有操作都是非同步的，直接與平台的儲存系統互動

優勢

1. **數據一致性**：每次操作都是非同步的，並從原生儲存中獲取數據，確保始終返回最新的數據。這使得它非常適合需要一致和可靠數據的應用，尤其是在多隔離區或多引擎實例的環境中。

2. **平台無關性**：在數據可能被外部程序或原生程式碼修改的場景中，SharedPreferencesAsync 表現更為穩健，因為它總是直接從儲存系統提取最新資訊。

權衡

性能可能略低於快取的同步讀取，因為每次讀取操作都會產生與平台儲存的非同步呼叫開銷。

◆ SharedPreferencesWithCache

在 SharedPreferences 的同步速度和 SharedPreferencesAsync 的一致性之間取得了平衡。

主要特點

- 使用 Android 的 DataStore Preferences 進行儲存
- 提供可定製的快取選項

優勢

1. **可配置快取**：開發者可以定義一個允許快取的鍵的列表。這允許採用混合方法，其中某些數據受益於快取的速度，而其他數據始終非同步檢索以確保最新。

2. **性能和靈活性**：通過選擇性地快取數據，SharedPreferencesWithCache 提供了一個中間地帶，可以提高性能而不犧牲所有鍵的數據一致性。

適用場景

特別適用於複雜的應用，其中應用的不同部分具有不同的性能和一致性要求。

選擇建議

1. **新專案**：SharedPreferencesAsync 或 SharedPreferencesWithCache 優先考慮使用。

2. **高性能需求**：如果應用需要非常頻繁的讀取操作，則考慮使用 SharedPreferencesWithCache。

3. **多程序或複雜應用**：使用 SharedPreferencesAsync 以確保數據一致性。

4. **舊專案**：可以逐步從 SharedPreferences 遷移到新的 API，但需要注意數據遷移的問題。

◆ 使用方式比較

可以特別注意每個不同種類的方式，他們在哪些步驟需要使用非同步的請求，會讓你對這三個 API 有更深刻的理解。

```
// SharedPreferences
final prefs = await SharedPreferences.getInstance();
await prefs.setString('key', 'value');
final value = prefs.getString('key');

// SharedPreferencesAsync
final asyncPrefs = SharedPreferencesAsync();
await asyncPrefs.setString('key', 'value');
final value = await asyncPrefs.getString('key');

// SharedPreferencesWithCache
final prefsWithCache = await SharedPreferencesWithCache.create(
  cacheOptions: const SharedPreferencesWithCacheOptions(
    allowList: <String>['key'],
  ),
);
await prefsWithCache.setString('key', 'value');
final value = prefsWithCache.getString('key');
```

6.2.6 SharedPreferences 中的 Prefix 使用

在使用 SharedPreferences 時，了解和正確管理 Prefix 是非常重要的。Prefix 影響著數據的儲存和存取方式，對於數據遷移和跨平台相容性都有重要影響。

◆ 預設行為

預設情況下，SharedPreferences 外掛只會讀取（和寫入）以 **flutter.** 為前綴的偏好設置。這個前綴是由外掛內部處理的，開發者不需要手動添加。

例如，當你執行以下程式碼時：

```
final prefs = await SharedPreferences.getInstance();
await prefs.setString('myKey', 'myValue');
```

實際上，數據被儲存的鍵（key）是 **flutter.myKey**。

◆ 更改 Prefix

你可以通過在建立任何 SharedPreferences 實例之前呼叫 **setPrefix** 方法來配置使用任何前綴。

```
SharedPreferences.setPrefix('myApp.');
final prefs = await SharedPreferences.getInstance();
```

注意：如果在建立 SharedPreferences 實例後，才呼叫 **setPrefix** 將會出現錯誤哦。

◆ 特殊情況

1. **空前綴**：設置前綴為空字串 '' 將允許存取由任何非 flutter 版本的應用建立的所有偏好設置。這只有在從原生應用遷移到 Flutter 時會用到。

```
SharedPreferences.setPrefix('');
```

2. **完全移除前綴**：如果你決定完全移除前綴，你仍然可以通過在偏好設置鍵的開頭手動添加之前的前綴 **flutter.** 來存取先前建立的偏好設置。

```
final oldValue = prefs.getString('flutter.myKey');
```

3. **更改現有前綴**：如果你一直使用預設前綴但希望更改為新前綴，你需要手動轉
   換當前的偏好設置以添加新前綴，否則舊的偏好設置將無法存取。

```
// 舊數據遷移範例
final oldPrefs = await SharedPreferences.getInstance();
final oldValue = oldPrefs.getString('myKey');

SharedPreferences.setPrefix('newPrefix.');
final newPrefs = await SharedPreferences.getInstance();
await newPrefs.setString('myKey', oldValue);
```

關鍵重點觀念

1. 在應用初始化時就決定並設置前綴，避免後續更改。
2. 如果需要更改前綴，請記得遷移舊數據。
3. 使用有意義的前綴（如你的應用名稱）可以避免與其他應用的數據衝突。
4. 在多平台應用中，確保在所有平台上使用相同的前綴策略。

正確使用和管理 SharedPreferences 的前綴可以幫助你更好地組織和存取應用數據，特
別是在複雜的應用場景或跨平台開發中。

6.3 SQLite 的使用

SQLite 是一個輕量級的嵌入式關係型資料庫，廣泛用於 Flutter 應用開發。本節將
詳細介紹如何在 Flutter 中有效地使用 SQLite。

6.3.1 設置和基本用法

◆ 添加依賴

在 **pubspec.yaml** 文件中添加 SQLite 依賴：

```
dependencies:
  sqflite: ^2.3.0
  path: ^1.8.3
```

運行 **flutter pub get** 安裝依賴。

◆ 導入必要的套件

```
import 'package:sqflite/sqflite.dart';
import 'package:path/path.dart';
```

◆ 打開資料庫

下面示範如何打開資料庫，並且在資料庫被建立時，一同建立一個名為 Test 的 table。

```
Future<Database> openSqliteDatabase() async {
  var databasesPath = await getDatabasesPath();
  String path = join(databasesPath, 'demo.db');

  return await openDatabase(path, version: 1,
    onCreate: (Database db, int version) async {
    // 使用 SQL 的語法插入我們需要的資料
      await db.execute(
        'CREATE TABLE Test (
            id INTEGER PRIMARY KEY, name TEXT, value INTEGER, num REAL)'
      );
    }
  );
}
```

6.3.2 基本操作

◆ 插入數據

插入操作允許我們向資料庫表中添加新的記錄。在 Dart 中，我們可以使用 **insert** 方法來實現這一功能。

```
Future<int> insertData(Database db) async {
  return await db.insert('Test', {
    'name': 'some name',
    'value': 1234,
```

```
    'num': 456.789
  });
}
```

這個函式演示了如何向名為 'Test' 的表中插入一條新記錄。讓我們深入理解這個過程：

1. **表名**：'Test' 是我們要插入數據的目標表。在實際應用中，你需要根據你的資料庫結構來指定正確的表名。

2. **數據映射**：我們使用一個 Map 來表示要插入的數據。Map 的鍵對應表中的列名，值則是要插入的實際數據。

3. **返回值**：insert 方法返回一個 **Future<int>**，這個整數代表是新插入記錄的 ID。如果插入失敗，會拋出一個錯誤異常。

在實際應用中，你需要處理可能出現的錯誤，例如：

```
try {
  int id = await insertData(db);
  print(' 數據插入成功，新記錄 ID: $id');
} catch (e) {
  print(' 插入數據時發生錯誤：$e');
}
```

錯誤處理可以幫助你的應用更加安全，能夠優雅地處理資料庫操作中可能出現的問題。

◆ 查詢數據

查詢是從資料庫中檢索資訊的過程。Dart 提供了靈活的查詢方法，允許我們精確地獲取所需的數據。

```
Future<List<Map<String, dynamic>>> queryData(Database db) async {
  return await db.query('Test');
}
```

這個簡單的查詢函式返回 'Test' 表中的所有記錄。讓我們來解析這個操作：

1. **返回類型：Future<List<Map<String, dynamic>>>** 表示這個函式非同步返回一個列表，其中每個元素都是一個 Map，代表一條記錄。

2. **query 方法：db.query('Test')** 是一個進階的方法，它會幫我們自動生成 SQL，並執行一個 SELECT SQL 語句。

3. **靈活性**：雖然這個例子很簡單，**query** 方法也接受多個可選參數，允許你自定義查詢：

```
db.query(
  'Test',
  columns: ['id', 'name'],   // 只選擇特定的列
  where: 'value > ?',        // WHERE 子句
  whereArgs: [1000],         // WHERE 子句的參數
  orderBy: 'name',           // 排序
  limit: 10                  // 限制結果數量
);
```

> **內心話抒發**
>
> 在處理大量數據時，考慮分頁或流（Stream）的方式處理可以優化性能和記憶體使用。

◆ 更新數據

更新操作允許我們修改資料庫中現有的記錄。Dart 的 **update** 方法提供了一種直接的方式來實現這一點。

```
Future<int> updateData(Database db) async {
  return await db.update(
    'Test',
    {'name': 'updated name'},
    where: 'id = ?',
    whereArgs: [1]
  );
}
```

這個方法展示了如何更新 **'Test'** 表中的一筆記錄，使用方法其實跟 SQL 十分類似，只是他更友好且更貼近 Dart 的使用方式。

> **內心話抒發**
>
> 在資料庫的實際應用中，我會時常提醒你，錯誤處理是很重要的。確保數據一致性，對於商業邏輯來說比什麼都重要！

◆ 刪除數據

刪除操作用於從資料庫中移除記錄。雖然看似簡單，但需要謹慎使用，因為刪除的數據通常無法恢復。

```
Future<int> deleteData(Database db) async {
  return await db.delete('Test', where: 'id = ?', whereArgs: [1]);
}
```

讓我們來解析一下這個方法：

1. **方法參數**：delete 方法接作為第一個參數，後面跟上 **where** 確認條件。

2. **條件刪除**：使用 **where** 和 **whereArgs** 可以精確控制要刪除哪些記錄。

3. **返回值**：方法會返回被刪除的記錄數量。如果沒有記錄被刪除，將返回 0。

4. **安全考慮**：

   - 考慮使用「**軟刪除**」（將記錄標記為已刪除而不是真正刪除）以便於數據恢復
   - 對於重要的刪除操作，考慮在事務中執行，並可能需要額外的確認步驟

5. **批量刪除**：可以通過調整 **where** 子句來一次刪除多條記錄，這個例子刪除了所有建立時間超過一年的記錄：

```
db.delete('Test', where: 'createdAt < ?', whereArgs: [oneYearAgo]);
```

在實際應用中，刪除操作往往與業務邏輯緊密相連。例如，刪除用戶帳戶可能涉及刪除多個相關表中的數據，這時使用事務就變得尤為重要。

通過掌握這些基本操作，你就能夠有效地管理資料庫中的數據。下一節，我們將探討一些更進階的資料庫特性，這些特性能夠幫助你建構更複雜、更高效的資料庫應用。

6.3.3 進階特性

在掌握了基本的 CRUD（建立、讀取、更新、刪除）操作之後，讓我們深入探討一些更進階的資料庫特性。這些特性能夠幫助你優化性能、確保數據一致性，並處理更複雜的數據操作場景。

◆ 事務處理（transaction）

事務處理（transaction）是資料庫中非常重要的概念，特別是在需要同時處理多個操作時。如果沒有事務處理，當某個操作失敗時，可能會導致數據不一致。通過將這些操作組合成一個整體，**事務可以確保所有步驟都順利完成或完全撤回（roll back）**，這樣數據就不會因部分失敗而出錯。這正是為什麼需要事務處理，尤其是在確保數據完整性時。

```
await database.transaction((txn) async {
  int id1 = await txn.rawInsert(
    'INSERT INTO Test(name, value, num) VALUES(?, ?, ?)',
    ['name', 1234, 456.789]
  );
  int id2 = await txn.rawInsert(
    'INSERT INTO Test(name, value, num) VALUES(?, ?, ?)',
    ['another name', 12345678, 3.1416]
  );
});
```

讓我們深入理解這個事務操作：

1. **事務的開始和結束**：**database.transaction** 方法自動開始一個新的事務，並在回呼函式執行完畢後自動提交事務。

2. **原子性**：事務中的所有操作要麼全部成功，要麼全部失敗。如果在執行過程中發生錯誤，所有的更改都會被**撤回**。

3. **使用場景**：事務特別適用於需要保持數據一致性的複雜操作。例如，在銀行轉帳時，你需要確保資金從一個帳戶扣除的同時被準確地添加到另一個帳戶。

4. **性能考慮**：雖然事務能確保數據一致性，但過度使用可能會影響性能，特別是在高並發（頻繁操作）的情況下。要權衡數據一致性需求和性能需求。

◆ 批量操作

批量操作允許你一次性執行多個資料庫操作，這可以顯著提高性能，特別是在需要執行大量插入或更新時。

```
Batch batch = database.batch();

batch.insert('Test', {'name': 'item'});
batch.update('Test', {'name': 'new_item'}, where: 'name = ?',
    whereArgs: ['item']);
batch.delete('Test', where: 'name = ?', whereArgs: ['item']);

List<dynamic> results = await batch.commit();
```

關於批量操作，有幾點需要注意：

1. **建立批處理**：使用 **database.batch()** 建立一個新的批處理對象。

2. **添加操作**：你可以向批處理對象添加任意數量的插入、更新和刪除操作。

3. **執行批處理**：呼叫 **batch.commit()** 來執行所有添加的操作。這返回一個包含每個操作結果的列表。

4. **原子性**：預設情況下，批處理操作是在一個事務中執行的，確保了原子性。

5. **性能優化**：批量操作可以顯著減少與資料庫的通信次數，從而提高性能。這在插入大量數據時特別有用。

◆ 原始 SQL 查詢

雖然 Dart 的 SQL 庫提供了進階的查詢方法，但有時你可能需要執行更複雜或特定的 SQL 查詢。這時，使用原始 SQL 查詢就變得非常有用。

```
List<Map> result = await database.rawQuery('SELECT * FROM Test
WHERE name = ?', ['some name']);
```

使用原始 SQL 查詢時，請記住以下幾點：

1. **靈活性**：原始 SQL 允許你執行任何支持的 SQL 操作，給予你最大的靈活性。

2. **性能**：對於複雜的查詢，直接使用 SQL 可能會比使用 ORM 或查詢建構器更高效。

3. **安全性**：始終使用參數化查詢（如範例中的 **?**）來防止 SQL 注入攻擊。

4. **可讀性和維護性**：複雜的 SQL 查詢可能難以閱讀和維護。考慮添加詳細的註釋來增加可讀性。

6.3.4 最佳實踐和注意事項

1. **非同步操作**：所有資料庫操作都是非同步的，確保使用 **async** 和 **await**（非同步操作在後續章節會有更深入的講解）。

2. **錯誤處理**：使用 try-catch 塊處理資料庫操作中可能出現的錯誤。

3. **關閉資料庫**：在不需要時關閉資料庫連接：

```
await database.close();
```

4. **表和列名**：避免使用 SQLite 關鍵字作為表名或列名。如果必須使用，請用雙引號轉義。

5. **支持的數據類型**：

- INTEGER：Dart 的 **int** 類型
- REAL：Dart 的 **num** 類型
- TEXT：Dart 的 **String** 類型
- BLOB：Dart 的 **Uint8List** 類型

6. **DateTime 和 bool**：SQLite 不直接支持這兩種類型。

- **DateTime** 通常儲存為 **INTEGER**（毫秒時間戳）或 **TEXT**（ISO8601 格式）
- **bool** 通常儲存為 **INTEGER**，0 表示 false，1 表示 true

7. **並發限制**：由於 SQLite 的工作方式，不支持並發讀寫事務。所有呼叫都是同步的，事務塊是互斥的。

8. **大批量操作**：對於大量操作，使用批處理（Batch）來提高性能。

6.4 Flutter SecureStorage 的使用

在現代行動應用開發中，數據安全已成為不容忽視的關鍵問題。隨著用戶隱私意識的提高和各種數據保護法規的實施，開發者需要採取更加嚴格的措施來保護用戶的敏感資訊。Flutter SecureStorage 正是為此而生，它提供了一種安全可靠的方式來儲存和管理敏感數據。

6.4.1 為什麼需要 SecureStorage？

在深入了解 Flutter SecureStorage 之前，我們首先需要理解為什麼普通的數據儲存方式（如 SharedPreferences 或本地文件儲存）對於敏感數據來說是不夠的。

1. **數據加密**：普通儲存方式通常以明文形式保存數據，容易被未經授權的人員讀取。

2. **設備安全**：如果設備被破解或 root，普通儲存的數據很容易被存取。

3. **應用安全**：即使應用本身被反編譯，SecureStorage 儲存的數據也能保持安全。

4. **法規遵從**：許多行業標準和法規（如 GDPR、CCPA）要求對用戶數據進行加密儲存。

Flutter SecureStorage 通過使用平台特定的安全機制來解決這些問題：在 iOS 上，它利用 **Keychain**。在 Android 上，它使用 **EncryptedSharedPreferences**。這確保了儲存的數據在設備級別上得到了加密保護。

6.4.2 SecureStorage 的工作原理

◆ iOS 上的實現

在 iOS 設備上，Flutter SecureStorage 使用 Keychain 服務。Keychain 是 Apple 提供的安全儲存系統，專門用於儲存小塊敏感數據。它具有以下特點：

- 數據加密：儲存在 Keychain 中的數據自動加密
- 存取控制：可以設置細粒度的存取策略
- 硬體支持：在支持的設備上，可以利用硬體安全模組（Secure Enclave）提供額外的保護

◆ Android 上的實現

在 Android 設備上，Flutter SecureStorage 使用 EncryptedSharedPreferences。這是 Android Jetpack 安全庫的一部分，它在 SharedPreferences 的基礎上添加了加密層。具體特點包括：

- 金鑰加密：使用設備上的安卓金鑰庫（Android Keystore）系統來管理加密金鑰
- 值加密：儲存的值使用 AES-256 加密
- 名稱混淆：鍵名使用 AES-256 加密，以防止攻擊者分析儲存模式

6.4.3 安裝與配置

要在 Flutter 專案中使用 SecureStorage，需要進行以下步驟：

1. 在 pubspec.yaml 文件中添加依賴：

```
dependencies:
  flutter_secure_storage: ^8.0.0
```

2. 運行以下命令安裝依賴：

```
flutter pub get
```

3. 在 **Dart** 文件中導入套件：

```
import 'package:flutter_secure_storage/flutter_secure_storage.dart';
```

◆ Android 特殊配置

對於 Android 9（API 級別 28）及以上版本，可以在 **android/app/src/main/ AndroidManifest.xml** 文件中添加以下內容：

```
<application
    ...
    android:allowBackup="false"
    android:fullBackupContent="false">
    ...
</application>
```

這是為了防止應用數據在設備備份過程中被洩露。

6.4.4 基本用法

◆ 建立 SecureStorage 實例

在使用 SecureStorage 之前，需要建立一個實例：

```
final storage = FlutterSecureStorage();
```

◆ 寫入數據

要儲存數據，使用 **write** 方法：

- **write** 方法是非同步的，確保使用 **await** 或適當處理返回的 **Future**

```
Future<void> storeApiKey(String apiKey) async {
  await storage.write(key: 'api_key', value: apiKey);
}
```

◆ 讀取數據

要讀取儲存的數據，使用 **read** 方法：

* **read** 方法返回 **Future<String?>**，意謂著如果讀取不到資料，它會返回 **null**

```
Future<String?> getApiKey() async {
  return await storage.read(key: 'api_key');
}
```

◆ 刪除數據

要刪除特定的數據項，使用 **delete** 方法：

```
Future<void> removeApiKey() async {
  await storage.delete(key: 'api_key');
}
```

◆ 檢查鍵是否存在

在某些情況下，你可能希望先知道某個鍵是否存在：

```
Future<bool> hasApiKey() async {
  return await storage.containsKey(key: 'api_key');
}
```

◆ 獲取所有儲存的鍵值對

如果需要檢索所有儲存的數據，可以使用 **readAll** 方法：

```
Future<void> printAllSecureData() async {
  Map<String, String> allValues = await storage.readAll();
  allValues.forEach((key, value) {
    print('$key: $value');
  });
}
```

◆ 刪除所有數據

在某些情況下（如用戶登出），你可能需要刪除所有儲存的數據：

```
Future<void> clearAllSecureData() async {
  await storage.deleteAll();
}
```

6.4.5 進階用法

◆ 使用 Android 選項

Android 平台提供了一些額外的配置選項，可以透過 **AndroidOptions** 來設置：

```
AndroidOptions _getAndroidOptions() => const AndroidOptions(
  encryptedSharedPreferences: true,
  // 使用 AES 加密演算法
  sharedPreferencesMode: SharedPreferencesMode.aes256_gcm,
  // 設置加密密鑰的保護級別
  keyCipherAlgorithm:
      KeyCipherAlgorithm.RSA_ECB_OAEPwithSHA_256andMGF1Padding,
  // 設置安全等級
  securityLevel: SecurityLevel.SECURE_HARDWARE,
);

final storage = FlutterSecureStorage(aOptions: _
getAndroidOptions());
```

◆ 使用 iOS 選項

同樣，iOS 平台也提供了一些特定的選項：

```
IOSOptions _getIOSOptions() => const IOSOptions(
  // 設置數據的可存取性
  accessibility: KeychainAccessibility.first_unlock,
  groupId: 'group.com.example.app',
  // 是否可以在 iCloud 上同步
  synchronizable: true,
);

final storage = FlutterSecureStorage(iOptions: _getIOSOptions());
```

◆ 使用命名空間

如果你的應用需要將不同類型的數據分開儲存，可以使用命名空間功能：

```
final userStorage = FlutterSecureStorage(
  aOptions: AndroidOptions(sharedPreferencesName: 'user_prefs')
);
final appStorage = FlutterSecureStorage(
  aOptions: AndroidOptions(sharedPreferencesName: 'app_prefs')
);

// 儲存用戶相關數據
await userStorage.write(key: 'user_id', value: '12345');

// 儲存應用相關數據
await appStorage.write(key: 'theme', value: 'dark');
```

關鍵重點觀念

要特別注意，如果給定不同的 options，會創立出不同的實體。所以可能會導致誤用，或者預期取得到資料卻找不到的情況。

```
const storage = FlutterSecureStorage();
const storage2 = FlutterSecureStorage(
  iOptions: IOSOptions(
    synchronizable: true,
  ),
);

await storage.write(key: 'name', value: 'John Doe');
await storage2.write(key: 'name', value: 'John Doe2');
final name = await storage.read(key: 'name');
final name2 = await storage2.read(key: 'name');
print(name); // John Doe
print(name2); // John Doe2
```

6.4.6 最佳實踐和注意事項

1. **錯誤處理**：不厭其煩的提醒，始終使用 try-catch 塊來處理可能的異常。

2. **性能考慮**：SecureStorage 操作比普通儲存方式更耗時。對於需要頻繁讀取的
   數據，考慮在記憶體中快取：

```
class SecureCache {
  final FlutterSecureStorage _storage = FlutterSecureStorage();
  final Map<String, String> _cache = {};

  Future<String?> read(String key) async {
    if (_cache.containsKey(key)) {
      return _cache[key];
    }
    final value = await _storage.read(key: key);
    if (value != null) {
      _cache[key] = value;
    }
    return value;
  }

  Future<void> write(String key, String value) async {
    await _storage.write(key: key, value: value);
    _cache[key] = value;
  }
}
```

3. **避免儲存大量數據**：SecureStorage 設計用於儲存小量敏感數據。對於大量數
   據或非敏感數據，考慮使用前面提到的 SQLite 或其他儲存方式。

6.4.7 實際應用場景

下面提供一些實際上會使用到得場景與範例程式碼。

◆ 用戶身份驗證

儲存存取令牌和刷新令牌：

```
class AuthService {
  final FlutterSecureStorage _storage = FlutterSecureStorage();

  Future<void> saveTokens(String accessToken, String refreshToken) async {
    await _storage.write(key: 'access_token', value: accessToken);
```

```
    await _storage.write(key: 'refresh_token', value: refreshToken);
  }

  Future<String?> getAccessToken() async {
    return await _storage.read(key: 'access_token');
  }

  Future<void> clearTokens() async {
    await _storage.delete(key: 'access_token');
    await _storage.delete(key: 'refresh_token');
  }
}
```

6.4.8 安全性考慮

雖然 Flutter SecureStorage 提供了進階的安全性，但在使用它時仍需要考慮一些
安全因素：

1. **Root 設備和越獄設備**：在 root 或越獄的設備上，即使使用 SecureStorage，
   數據也可能被存取。考慮透過 **flutter_jailbreak_detection** 來實現 root 越獄
   檢測：

```
import 'package:flutter_jailbreak_detection/
    flutter_jailbreak_detection.dart';

Future<void> checkDeviceSecurity() async {
  bool isJailBroken = await FlutterJailbreakDetection.jailbroken;
  bool isDeveloperMode = await FlutterJailbreakDetection.
      developerMode;

  if (isJailBroken || isDeveloperMode) {
    // 警告用戶或採取其他安全措施
  }
}
```

2. **數據備份**：在 iOS 上，預設情況下儲存在 Keychain 中的數據會包含在 iCloud
   備份中。如果這不符合你的安全要求，可以禁用同步：

```
IOSOptions _getIOSOptions() => const IOSOptions(
  synchronizable: false,
);
```

3. **加密強度**：確保使用足夠強度的加密演算法。在 5.0 版本以上 Android 可以開啟更先進的 **encryptedSharedPreferences**。

```
AndroidOptions _getAndroidOptions() => const AndroidOptions(
  encryptedSharedPreferences: true
)
```

4. **iOS 儲存**：資料會存儲到 **Keychain**，即使使用者刪除了應用程式，這些資料仍然會保留在設備的 **Keychain** 中。這是它的特性之一，負責提供持久性存儲，特別是適用於敏感資訊（例如：使用者憑證或 token 資訊）。我們可以使用前面提到的 deleteAll() 方式在 APP 裡刪除資料。

6.5 使用 File 存儲本地數據

在開發 Flutter 應用時，儲存本地數據是一項經常會遇到的需求。雖然 Flutter SecureStorage 和 SharedPreferences 在處理小型數據存儲上表現出色，但在一些場景中，使用檔案（File）來存儲本地數據會更加合適，例如需要處理非結構化數據、大型文件時，可以考慮檔案的方式來儲存。

6.5.1 基本工作原理

在 Flutter 中，檔案儲存的主要工具是 Dart 的 dart:io 庫。通過這個 library，你可以實現檔案的讀寫、創建目錄、刪除檔案等操作。檔案儲存的第一步是確保檔案在應用程序的環境中。你可以想像在每個應用程序下面，都有自己專屬的資料夾路徑可以使用，我們可以透過 **path_provider** 這個套件幫助你獲取設備的應用程序資料夾路徑。

◆ 導入 path_provider 套件

```
dependencies:
  path_provider: ^2.0.11
```

◆ 獲取資料夾路徑

取的資料夾路徑可以用 **getApplicationDocumentsDirectory**，記得要加上 **await**
因為它是非同步的方式讀取。

```
import 'dart:io';
import 'package:path_provider/path_provider.dart';

Future<String> getLocalPath() async {
  final directory = await getApplicationDocumentsDirectory();
  return directory.path;
}
```

◆ 檔案的創建與寫入

我們可以自行創建一個 **File**，並且給他儲存的路徑與檔案名稱。最後寫入我們要放
進去的 data。

```
Future<void> writeDataToFile(String fileName, String data) async {
  final path = await getLocalPath();
  final file = File('$path/$fileName');
  await file.writeAsString(data);
}
```

◆ 檔案的讀取

```
Future<String> readDataFromFile(String fileName) async {
  final path = await getLocalPath();
  final file = File('$path/$fileName');
  return await file.readAsString();
}
```

◆ 檔案的刪除

除了建立與讀取，沒有要用到的檔案也可以被刪除。為了程式碼的安全性，先檢查檔案是否真實存在。

```
Future<void> deleteFile(String fileName) async {
  final path = await getLocalPath();
  final file = File('$path/$fileName');
  if (await file.exists()) {
    await file.delete();
  }
}
```

◆ 測試範例

```
Future<void> testFileOperations() async {
  await writeDataToFile('test.txt', 'Hello, World!');
  final data = await readDataFromFile('test.txt');
  print(data);  // 打印出 Hello World

  await deleteFile('test.txt');
}
```

6.5.2 儲存圖片

在上面的範例中，我們展示了如何儲存 **String** 格式的檔案。但在實際使用時，我們可能也會用到其他的數據格式，例如最常見的儲存圖片，在下面的範例中，將會展示如何儲存其他常見數據格式的檔案。

◆ 圖片格式

一般儲存圖片時，我們會先將圖片的資料轉換成 **bytes** 後進行儲存，可以利用 **readAsBytes** 來做到。

```
// 選擇圖片
final ImagePicker picker = ImagePicker();
final XFile? image = await picker.pickImage(source: ImageSource.gallery);
```

```
if (image != null) {
  // 讀取圖片數據
  final imageData = await image.readAsBytes();
}
```

◆ 圖片讀取與寫入

在讀取和寫入時也要記得改成 **readAsBytes** 和 **writeAsBytes** 來統一格式哦！

```
Future<void> writeImageToFile(String fileName, Uint8List data) async {
  final path = await getLocalPath();
  final file = File('$path/$fileName');
  await file.writeAsBytes(data);
}

Future<Uint8List> readImageFromFile(String fileName) async {
  final path = await getLocalPath();
  final file = File('$path/$fileName');
  return await file.readAsBytes();
}
```

◆ 圖片展示

圖片展示時，我們可以透過結合 **FutureBuilder** 和 **Image.memory** 這兩個方法，
把讀取出的 bytes 顯示成圖片。

```
FutureBuilder<Uint8List>(
  future: readImageFromFile('test.jpg'),
  builder: (context, snapshot) {
      if (snapshot.connectionState == ConnectionState.waiting) {
        return const CircularProgressIndicator();
      }

      if (snapshot.hasError) {
        return Text('Error: ${snapshot.error}');
      }

      if (snapshot.hasData) {
        return Image.memory(
          snapshot.data!,
          height: 200,
```

```
    );
  }

  return const Text('No image');
  },
),
```

6.6 總結

在這個章節中，我們從各種本地資料儲存方案開始，深入探討了它們在不同情境中的應用。無論是儲存簡單的偏好設置，還是更複雜的結構化資料，每一種方法都有其適用的範圍。隨著現代應用對資料安全性的要求日益提高，選擇合適的儲存方式，並確保資料的安全性，變得尤為重要。特別是在處理敏感數據時，如密碼或 API 金鑰，安全加密至關重要。此外，靈活運用 SQL 指令，可以大幅提升資料操作的效率。這也提醒我們，SQL 的學習與掌握，是開發中的一項重要技能。當你未來在實踐中不斷累積經驗，回過頭來再看這些技術要點，會有更深刻的體會與理解。

Note

穿越應用的秘密通道：
路由導航全揭密

Router & Navigator

本章學習目標

1. 認識基本的 Navigator 與導航操作。

2. 學習新式路由風格的 Navigator 2.0 與 Router。

3. 熟悉 go_router 套件的進階路由管理。

在本章中，我們將深入探討 Flutter 中的路由與導航機制。從基本的頁面跳轉到複雜的路由管理，您將學習如何建構用戶友好且高效的應用導航結構。路由與導航是任何應用的核心組成部分，讓用戶能夠在不同的頁面之間流暢地移動。在 Flutter 中，導航系統基於堆疊（Stack）模型，提供靈活且強大的功能來管理應用的頁面結構。了解如何使用對的工具和導航方式對於高品質應用來說非常重要，一步一步熟悉路由是什麼吧！

7.1 Navigator

7.1.1 基本說明

Navigator 是在 Flutter 中負責維護頁面的導航控制器，是一個管理路由頁面、子元件**堆疊**（Stack）規律的 Widget。每個頁面稱為 Route（路由），由導航器管理。

許多應用程式會在其 Widget 階層結構的頂部放置一個 Navigator，以便使用 **Overlay** 顯示歷史記錄，最近存取的頁面會在較舊的頁面之上。使用這種模式，Navigator 可以通過在 Overlay 中移動 Widgets 來視覺上從一個頁面過渡到另一個頁面，呈現跳轉效果。同樣，Navigator 也可以用於顯示對話框，方法是將對話框 Widget 定位在當前頁面之上。

Navigator 主要的操作入口為靜態函式 **Navigator.of(context)**，透過 **context**（也就是當前的 Element）向上遍歷 **Element Tree**，找到 MaterialApp 的 **Navigator**，經由 **NavigatorState** 呼叫 **push()**、**pop()** 等等方法，完成導航操作。

範例程式碼與相關資源

- GitHub 範例專案

  https://github.com/chyiiiiiiiiiii/router_and_navigator_example

```
static NavigatorState of(
  BuildContext context, {
  bool rootNavigator = false,
}) {
  // Handles the case where the input context is a navigator element.
  NavigatorState? navigator;
  if (context is StatefulElement && context.state is NavigatorState) {
    navigator = context.state as NavigatorState;
  }
  if (rootNavigator) {
    navigator = context.findRootAncestorStateOfType<NavigatorState>() ?? navigator;
  } else {
    navigator = navigator ?? context.findAncestorStateOfType<NavigatorState>();
  }
```

圖 7-1　Navigator 操作的內部邏輯

所以說只要是剛開始進入 Flutter 世界，只需要記得 **Navigator.of(context)** 即可，它非常重要，在任何元件內都可使用。理論我們在後面會慢慢熟悉，先不用急哦。

Navigator 提供了兩種管理 Route 堆疊的方法，我們會從命令式的基礎先學習

1. **命令式 API**：**Navigator.push()** 和 **Navigator.pop()**，主動操作導航，決定要顯示哪些頁面以及返回指定的頁面。

2. **聲明式 API**：Navigator 的 pages 配置，由狀態決定堆疊的層次，決定頁面 Route 的存在與否。

7.1.2　基礎用法

◆ 頁面跳轉與返回

進行頁面跳轉和返回我們最快速的方法就是使用 **Navigator.of(context).push()** 和 **Navigator.of(context).pop()**。記得前面提到的，Flutter 提供了 **Navigator** 元件來管理頁面堆疊，所以跳轉就代表 Stack 加入新的 **PageRoute**；反之彈出和返回上一頁則是移除最後的 **PageRoute**。

以下範例，提供了兩個頁面並進行簡單的下一頁、上一頁：

```
class App extends StatelessWidget {
  const App({super.key});

  @override
  Widget build(BuildContext context) {
    return const MaterialApp(
      home: HomePage(),
    );
  }
}

class HomePage extends StatelessWidget {
  const HomePage({super.key});

  @override
  Widget build(BuildContext context) {
    return Scaffold(
      appBar: AppBar(
        title: const Text('Home Page'),
      ),
      body: Center(
        child: ElevatedButton(
          onPressed: () => Navigator.push(context,
            MaterialPageRoute(
              builder: (context) => const ProfilePage())
            ),
          child: const Text('Go to profile'),
        ),
      ),
    );
  }
}

class ProfilePage extends StatelessWidget {
  const ProfilePage({super.key});

  @override
  Widget build(BuildContext context) {
    return Scaffold(
      appBar: AppBar(
        title: const Text('Profile Page'),
```

```
    ),
    body: Center(
      child: ElevatedButton(
        onPressed: () => Navigator.of(context).pop(),
        child: const Text('Back to home'),
      ),
    ),
  );
  }
}
```

針對返回上一頁的 **pop()** 方法，通常如果在 Scaffold 裡有設置 AppBar 元件，預設就會自帶一個返回鍵，此時就不需要額外呼叫 **Navigator.of(context).pop()**。另外在 Android 系統，按下裝置系統的後退按鈕也會執行相同操作。

🔍 **關鍵重點觀念**

在學習的你應該很好奇，為什麼使用這個語法能執行導航，可以稍微了解我們使用的元件幫助了哪些事情。上面有提到 **Navigator.of(context)** 在樹上進行遍歷，那背後是如何尋找到我們要的 **Navigator** 呢？

```
navigator = navigator ?? context.findAncestorStateOfType<NavigatorS
tate>();
```

在 Navigator 裡的靜態方法 **of()**，它使用了 **findAncestorStateOfType()** 方法，尋找樹上最新的 **NavigatorState**，而它對應的就是 **Navigator**。要在 APP 找到它有兩種方式，一個是在根部包裹 **Navigator** 元件；一個是包裹 WidgetsApp 元件，它內部有預設的 Navigator，都幫你準備好了（裡面除了 Navigator 還包括 Overlay、Localizations 等等），這也是開發 Flutter App 的快速起手式。所以請記得，樹上有導航器後，我們才能找到它並進行路由的相關操作。

◆ 命名路徑

為每個頁面設定路徑字串，每個人有自己的名稱，就像在 Web 上的 URL 使用一樣，可以根據路徑跳轉到特定頁面。使導航更具可讀性和可維護性，特別是在大型應用中。

在 APP 的初始元件上進行設定，一般幾乎都是使用 **MaterialApp** 或 **CupertinoApp**，根據設計風格決定。它們都允許設置 **initialRoute** 與 **routes**。

1. **initialRoute** 代表**初始頁面**的路徑，大家的統一規範為 **/**，通常就是首頁。

2. **routes** 代表路由清單，APP 內所支援的頁面路徑，自訂義每個路徑對應的頁面元件。我們主要設置一個 **Map<String, WidgetBuilder>** 類型，將路線名稱對應到將建立該路線的元件建構函式。

```
class App extends StatelessWidget {
  const App({super.key});

  @override
  Widget build(BuildContext context) {
    return MaterialApp(
      initialRoute: '/',
      routes: {
        '/': (context) => const HomePage(),
        '/profile': (context) => const ProfilePage(),
      },
    );
  }
}
```

使用每個頁面的路徑進行跳轉，一樣由 **Navigator.of(context)** 啟動，透過 **NavigatorState** 操作。這裡使用 **pushNamed()** 方法，簡潔許多，不需要跟第一種方法一樣，使用 **PageRoute**。

```
Navigator.of(context).pushNamed('/profile')
```

◆ 傳遞參數

以 **PageRoute** 的導航方式向新頁面傳遞資料。只需在頁面裡加上資料屬性即可，並在跳轉時設置資料。

```
class ProfilePage extends StatelessWidget {
  const ProfilePage({
    super.key,
    required this.name,
```

```
  });

  final String name;

  ...
}
```

針對 **ProfilePage** 頁面設置使用者名稱，**name** 為「Jay Chen」。

```
Navigator.of(context).push(
  MaterialPageRoute(
    builder: (context) => const ProfilePage(name: 'Jay Chen'),
  ),
)
```

第二種方式，也可以在 MaterialApp 或是 Navigator 元件上設置 **onGenerateRoute()**
callback。內部參數 settings 為 **RouteSettings**，包含目前路由的相關配置，透
過它取得導航時傳遞的資料，處理後交給頁面元件，而不是直接在元件記憶體取
arguments。

```
class App extends StatelessWidget {
  const App({super.key});

  @override
  Widget build(BuildContext context) {
    return MaterialApp(
      onGenerateRoute: (settings) {
        // 檢查路徑
        if (settings.name == '/profile') {
          // 取得傳遞資料，轉型成特定類型
          final args = settings.arguments as Map?;

          return MaterialPageRoute(
            builder: (context) {
              return ProfilePage(
                name: args?['name'],
                age: args?['age'],
              );
            },
          );
        }
```

```dart
        return null;
      },
    );
  }
}

class ProfilePage extends StatelessWidget {
  const ProfilePage({
    super.key,
    required this.name,
    required this.age,
  });

  final String name;
  final int age;

  @override
  Widget build(BuildContext context) {
    ...
  }
}
```

另外，也可以命名路由的導航方式傳遞資料。使用 **Navigator.of(context). pushNamed()** 導航到下一頁，透過屬性向路由提供參數 arguments。

```dart
await Navigator.of(context).pushNamed(
  '/profile',
  arguments: {
    'name': 'Jay Chen',
    'age': 28,
  },
)
```

從 **ModalRoute** 取得當前路由的配置，所有頁面的根本都是 **ModalRoute**，由它進行延伸。使用 **ModalRoute.of(context)!.settings.arguments**，拿到傳遞過來的資料。

```dart
class ProfilePage extends StatelessWidget {
  const ProfilePage({
    super.key,
```

```
    });

    @override
    Widget build(BuildContext context) {
        // 範例傳遞的是 Map，經過轉型後——透過 Key 將對應的值提取出來
        final args = ModalRoute.of(context)?.settings.arguments as Map?;
        final name = args?['name'];
        final age = args?['age'];

        debugPrint('name: $name, age: $age'); // name: Jay Chen, age: 28

        ...
    }
}
```

> 🔘 **關鍵重點觀念**
>
> 目前已經不建議對大多數應用程式使用命名路由 (Named Routes)，因為它對於現代
> Flutter 的支援沒有完整，並且有許多限制：
> - 儘管命名路由可以處理 Deep Link（深層連結，透過連結直接開啟指定頁面），但行
>   為始終固定且無法客製化。當原生平台收到新的深度連結時，Flutter 會將新連結推送
>   到 Navigator
> - Flutter Web 上不支援瀏覽器的前進與返回按鈕

◆ 處理返回數據

從頁面返回後接收資料，進行後續處理。以範例來看，我在頁面返回時順便設置
了一段訊息，等待上一頁取得後可以做下一步處理。

```
Navigator.of(context).pop("Flutter is awesome.")
```

我們需要做的很簡單，只需要在等待 **push()** 後的回傳值。因為不知道什麼時候下
一頁會退出 **Stack** 返回上一頁，整個過程沒有固定時長，所以操作為非同步，等
到收到頁面返回通知時再取得資料。這裡會使用 **await** 等待 **Future** 回傳值，取得
定義好的資料格式。

```
// 1. 使用 PageRoute
final message = await Navigator.of(context).push(
  MaterialPageRoute(
    builder: (context) => const ProfilePage(name: 'Jay Chen'),
  ),
);

// 2. 使用命名路徑
final message = await Navigator.of(context).pushNamed('/profile');

debugPrint(message.toString()); // flutter: Flutter is awesome.
```

返回的數據什麼類型都可以，只要是 **Object**。例如：String、int、List、Map、Record、Data Object 等等。

7.1.3 自定義路由轉場過渡

允許我們自定義頁面進入和退出時的動畫效果，給予使用者不一樣的效果和體驗。有很簡單的方式，可以使用 **PageRouteBuilder** 和設置 **buildTransitions callback** 來實現自定義轉場。

◆ 頁面淡入淡出的轉場

以下提供一個基本範例，展示如何建立一個讓頁面淡入淡出的效果：

```
Navigator.of(context).push(
  PageRouteBuilder(
    pageBuilder: (context, animation, secondaryAnimation)
      => ProfilePage(),
    transitionsBuilder: (context, animation, secondaryAnimation, child) {
      return FadeTransition(
        opacity: animation,
        child: child,
      );
    },
  ),
);
```

FadeTransition 元件讓我們輕鬆擁有淡入淡出，設置 callback 本身提供的 **animation** 參數即可。當有指定頁面需要特殊轉場時，就可以自定義 **transitionsBuilder** 完成效果。

那如果想要稍微複雜的動畫，例如翻轉、滑動或縮放，可以在 **transitionsBuilder** 中結合 **Tween** 補間和 **AnimatedBuilder** 等動畫相關元件來實作。

◆ 頁面翻轉的轉場

第二個範例，我們實現頁面翻轉的效果，可以使用 **RotationTransition**（旋轉）與 **ScaleTransition**（縮放）來建立翻轉動畫，讓頁面看起來像是沿著某個軸旋轉進出畫面。

```
Navigator.of(context).push(
  PageRouteBuilder(
    pageBuilder: (context, animation, secondaryAnimation) =>
              const VersionPage(),
    transitionsBuilder:
      (context, animation, secondaryAnimation, child) {
        const begin = 0.0;
        const end = 1.0;
        const curve = Curves.easeInOut;

        // 補間動畫，數值從 0 開始到 1，並且加上曲線行進 easeInOut
        final tweenAnimation = Tween(begin: begin, end: end)
              .chain(CurveTween(curve: curve))
              .animate(animation);

        return AnimatedBuilder(
          animation: tweenAnimation,
          builder: (context, child) {
            final rotateY = tweenAnimation.value * 3.14; // 翻轉角度

            return Transform(
              alignment: Alignment.center,
              transform: Matrix4.identity()
                ..setEntry(3, 2, 0.001) // 3D 效果的透視感
                ..rotateY(rotateY),      // Y 軸旋轉
              child: child,
            );
```

```
        },
        child: child,
      );
    },
  ),
);
```

說明

- **Tween 和 CurveTween**：為動畫設置了從 0 到 1 的過渡，並使用 **Curves. easeInOut** 平滑運行
- **Matrix4**：用來定義 3D 變換矩陣，rotateY 數值幫助實現沿著 Y 軸的翻轉
  - **setEntry()**：負責添加透視效果，使得翻轉動畫看起來更有立體感

自定義 **transitionsBuilder** 的動畫處理，這樣的實現方式能夠讓頁面在切換時擁有翻頁的視覺效果。如果你希望更改翻轉的方向，例如沿 X 軸翻轉，只需要將 rotateY 改為 rotateX。

7.1.4 Deep Link 深層連結

使用者在手機點擊外部連結後，打開應用並跳轉到特定頁面或是使用特定功能。基礎方式可以使用 **onGenerateRoute()** 方法來解析 URL，從中解析出我們需要的資訊，例如：商品 ID、Username 等等，進而下一步處理。

範例

1. 第一個檢查的路徑：**/home**。

2. 第二個檢查的路徑：**/profile/yi666**。

```
MaterialApp(
  onGenerateRoute: (settings) {
    final uri = Uri.parse(settings.name!);

    if (uri.pathSegments.length == 1 &&
        uri.pathSegments.first == 'home') {
      return MaterialPageRoute(builder: (_) => HomePage());
```

```
    } else if (uri.pathSegments.length == 2 &&
      uri.pathSegments.first == 'profile') {
  final userId = uri.pathSegments[1];

  return MaterialPageRoute(builder: (_)
      => ProfilePage(userId: userId));
  }

  // 其他路由處理 ...

  return null;   // 如果沒有匹配的路由
  },
);
```

這樣做可以靈活地根據不同的 URL 路徑導航到不同的頁面，並傳遞所需參數。

如果對於 **Deep Link** 想了解更深，知道如何進行前置設定與詳細開發，可以瀏覽 Yii 在 Medium 上發布的系列指南，相信能夠幫助你快速實現連結互動，提生產品體驗。可以直接在網路上搜尋以下標題與關鍵字：

* Flutter 實作 DeepLink 完整指南　Part 1: 基本介紹
* Flutter 實作 DeepLink 完整指南　Part 2: Android 與 iOS 設定
* Flutter 實作 DeepLink 完整指南　Part 3: Flutter 開發
* Flutter 實作 DeepLink 完整指南　Part 4: 適配與掌握社交平台

✎ 7.2 Navigator 2.0

所謂的導航 2.0 是什麼，其實它很早就存在於 Flutter SDK，而它出現的理由是為了解決傳統命令式 API 的不便，如上述提到基本的 **Navigator.pop()**、**Navigator.push()** 等操作，並沒有結合聲明式特色，需要在指定時機透過命令跳轉頁面，我們需要的是根據狀態而自動導航，更符合 Flutter 的方式去管理 **Route Stack**。

Navigator 2.0 更類似於在 Flutter 中建立 Widget 的方式，**build()** 根據 APP 狀態更新和系統事件，整個 Route Stack 就像一個 Widget Tree 一樣，使我們可以更靈活地修改 Stack 中的每個專案，完全控制導航。

使用了 **Router** 元件，它根據 APP 狀態和 System Event 以聲明的方式操作，為開發提供了更大的靈活性和更輕鬆的維護體驗。

為什麼 Navigator 2.0 值得被你需要，有幾個原因，它解決傳統導航遇到的一些問題：

1. 原有的 Navigation 方式如果要再多種情境下替換 Route Stack，需要做很多事情，寫很多程式碼。Navigator 2.0 可以自由地改變 Route Stack 順序與層次，假設今天我有個堆疊順序是 **[Home, Products, ProductDetail, Purchase]**，經過某些操作後，需要更改成 **[Home, Products, Recommend]**。這時原有的命令式 API 就需要透過反覆的命令方法去達成，而對於 Router API 只需要針對狀態改變後給予新的 Page Stack 即可。

2. 可以一次將三個頁面添加 Route Stack，這個情境在使用 Deep Linking 或收到推播通知時可能會發生。需要讓用戶跳轉到指定頁面，而在點擊返回之後，需要回到正常流程的上一頁，或是指定的上一頁，甚至是上上一頁。

3. Navigator 2.0 可以更輕鬆地處理嵌套 Navigator 與 Route。有關 Android 手機設備的返回按鈕只能與 Root Navigator 互動，這個部分，假設今天需要管理一些子分頁，可能會有一個子路由 Stack，而這時我們希望子分頁返回上一頁，點擊了系統的返回按鈕後，原有的方式會直接跟上層的 Root Navigator 互動，導致導航行為不如預期。

4. 如果 App 在背景被銷毀，有能力保持最後的 Navigation Stack，期待下次能恢復原本的路由狀態。

5. 讓路徑分層並且好維護，例如：**/home/doc123/comment1**，對 Flutter Web 很友善。

6. 針對 Flutter Web 在瀏覽器上的操作，保持使用後退和前進按鈕的行為正常，提升操作體驗。

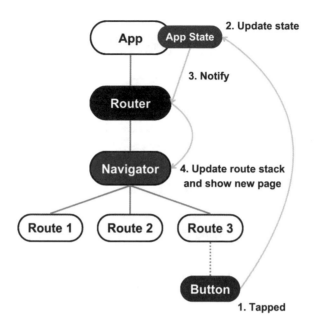

圖 7-2　Navigator 2.0 的流程關係

7.2.1　Router 和 Navigator 元件

Router 是 Navigator 2.0 的核心，負責監聽來自作業系統的事件，如應用啟動時的初始路由、接收意圖後的路由變更等。是 **Navigator** 的好夥伴，一起協同工作。我們可以使用 Router API 自定義 RouterDelegate 撰寫頁面的導航邏輯，或是透過聲明式路由套件（例如：**go_router**、**auto_route**）進行導航。

Navigator 2.0 支援更靈活的頁面跳轉方式，相比 Navigator 1.0 使用 **push** 和 **pop** 來操作堆疊，Navigator 2.0 可以根據應用的狀態直接操作 Route Stack。這意謂著你可以根據業務邏輯動態地決定哪些頁面應該存在於堆疊中。

當我們使用 Router 自定義導航管理或聲明性路由套件進行導航時，代表 **Navigator** 上的每個路由都是 **page-backed** 的，這表示它是透過 Page API 為 Navigator 建立 **pages** 清單，以做到靈活性更佳的聲明式導航。

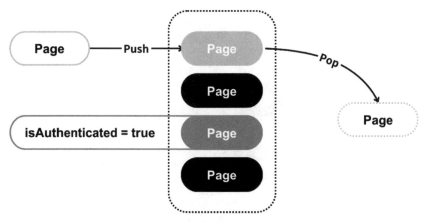

圖 7-3　Router 聲明式管理 Route Stack

以下是實作 Router 需要的其中一個環節 **build()**，管理 **Page** 的順序與存在。大家可以先了解有個概念：

```
Navigator(
  pages: [
    MaterialPage(child: HomeScreen()),
    if (isAuthenticated) MaterialPage(child: ProfileScreen()),
    MaterialPage(child: SettingScreen()),
  ],
  onDidRemovePage: (page) {},
)
```

實際 Router 在應用程式開發中，主要職責還是監聽各種來自系統的路由相關事件，根據自定義邏輯進行路由更新，包括：

- 首次啟動應用程式時，系統請求的初始路由
- 監聽來自系統的新意圖，開啟一個新路由頁面
- 監聽設備返回上一步，關閉路由堆疊中頂端路由

RouteDelegate 核心接收到事件通知後，會執行後續處理，根據狀態的改變，觸發 Navigator 元件重建，此時 APP 就會呈現最新的路由狀態。

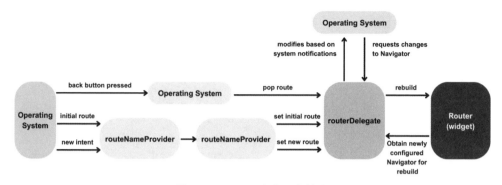

圖 7-4　Router 完整工作流程

7.2.2　路由套件 go_router

適合具有進階導航和路由要求的 Flutter 應用程式（例如：使用連結跳轉到每個螢幕的 Web 應用程式，或具有多個 **Navigator** 的應用程式），都可以使用基於 Navigator 2.0 的路由套件，像是 **go_router** 解決方案。

◆ 功能特性與優點

1. **簡化的路由聲明**：使用更直白的方式來定義路由堆疊。

2. **靈活操作**：支援熟悉的 Push（下一頁）和 Pop（上一頁），Go 可以替代當前路由。

3. **URL 同步**：自動與瀏覽器的 URL 同步，支援 Web 和移動平台。

4. **導航守衛**：可以定義重新導向邏輯，根據狀態來保護某些路由（頁面），例如：身份驗證。

5. **狀態監聽器**：據狀態更新 Route Stack，或是進行特殊處理。

6. **適配網頁應用**：支援 Flutter Web 的前進和後退功能。

7. **錯誤捕捉**：發現陌生路由或是錯誤時進行後續處理，例如：無效的路由名稱。對於 Flutter Web 很方便。

8. **內建 Deep Link 支援**：處理應用啟動時的深層連結，自動與路由連結，不需額外設定。

9. **狀態恢復**：支援 **StateRestoration**，恢復原有的頁面資訊。

◆ 建立聲明路由

一開始先進行路由的初始設定，在 APP 內的路由清單包含哪些頁面，讓路由器知道如何管理。

1. 首先我們需要一個 Route 清單，可以由 builder 拿到 context 和每個路由的配置，並且指定頁面元件。

2. 使用 **GoRoute** 包裹每個路由，基本上會設置 **path** 和 **name**，第一層的路徑設置通常都會有前置符號 **/**。以 **HomeScreen** 的路徑就可以是 **/**，名稱為 **home**。

3. **builder**：參數有 GoRouter 所在的 context 以及 GoRouterState，**state** 包含了此路由的詳細資訊，例如：uri、name、fullPath、extra 等等。**extra** 通常會是導航時給予的其他所需資訊，可以傳遞給下一個頁面。

4. **pageBuilder**：可自定義的 Page 建立 callback，如果今天不使用預設的平台 Page 行為，而是自定義 Page，例如範例中我希望頁面是以整頁視窗的打開方式，那就可以配置客製化 Page 物件。

5. **routes**：每個 Route 裡面都能包含子路由，一樣是路由清單。

```
final routes = [
  GoRoute(
    path: '/',
    name: 'home',
    builder: (context, state) {
      return const HomeScreen();
    },
    routes: [
      GoRoute(
        path: 'profile',
        name: 'profile',
        builder: (context, state) => const ProfileScreen(),
      ),
      GoRoute(
        path: 'profile-edit',
        name: 'profile-edit',
        builder: (context, state) => const ProfileEditScreen(),
      ),
    ],
  ),
  GoRoute(
    path: '/post,
```

```
      name: 'post',
      builder: (context, state) {
        final id = state.extra as int? ?? 0;

        return PostScreen(id: id);
      },
    ),
    GoRoute(
      path: '/menu',
      name: 'menu',
      pageBuilder: (context, state) {
        return const MaterialPage(
          fullscreenDialog: true,
          child: MenuPage(),
        );
      },
    ),
  ];

final appRouter = GoRouter(
  initialLocation: '/',
  routes: routes,
);
```

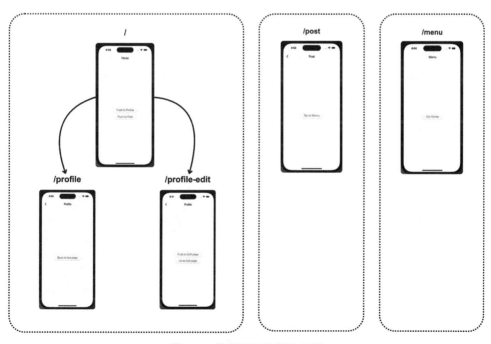

圖 7-5　範例展示的路由結構

◆ 設置路由器

首先建立 Router 實體，接著在 APP 起始點 MaterialApp 進行設置。我們需要使用 **router()** 建構方法，很簡單地，只需要給予 Router 的幾個元素，包含 **routerDelegate**、**routeInformationParser** 和 **routeInformationProvider**，選擇使用自定義的路由器管理頁面堆疊與導航。

```
class MainApp extends StatelessWidget {
  const MainApp({super.key});

  @overrid
  Widget build(BuildContext context) {
    return MaterialApp.router(
      routerDelegate: appRouter.routerDelegate,
      routeInformationParser: appRouter.routeInformationParser,
      routeInformationProvider: appRouter.routeInformationProvider,
    );
  }
}
```

◆ 操作導航

最基本的就是前進跟後退，前進下一頁的分成兩種，第一種為最熟悉的 **push()**，第二種為 **go()**。他們都能前進沒錯，但實際上有一點差異，需根據情境使用

1. **push()**：前往下一頁，直接將新的 Route 添加到 Route Stack，代表最新的頁面在上方。

2. **go()**：前往下一頁，丟棄當下的路由並添加新的路由。代表返回上一頁的結果與 **push()** 不同。

```
// 1.
GoRouter.of(context).push('/profile')

// 2.
GoRouter.of(context).go('/profile')
```

延續上方範例設定的路由器，其中有 5 個頁面，有主路由和子路由，分別為不同的路由路徑。假設今天在相同路徑裡，我從首頁前進到 Profile 頁面，此時的 Stack

為 **[home, profile]**，接著使用 **push()** 前往 ProfileEdit 頁面，Stack 為 **[home, profile, profile-edit]**。但是如果今天在 Profile 頁面使用的是 **go()** 前往 ProfileEdit 頁面，Stack 就會是 **[home, profile-edit]**。兩者的行為有所不同，返回後的上一頁也不同。

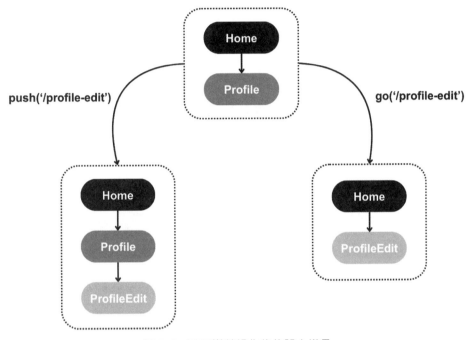

圖 7-6　不同導航操作後的路由堆疊

- 如果使用 **push()**，最終 Stack 上方為 ProfileEdit 頁面，且保有中間 Profile 頁面的路由
- 如果使用 **go()**，最終 Stack 上方為 ProfileEdit 頁面

> **提醒**
>
> 這個範例情境下，根據路由器的配置，Profile 跟 ProfileEdit 都是 Home 的子路由哦。

第二個範例是關於兩個不同主路由的互動

1. 我們在主頁 Home 使用 **push()** 前進到 Post 頁面，Route Stack 會是 **[Home, Post]**，此時使用 **pop()** 可以回到主頁。

2. 在 Post 頁面使用 **go()** 前進到 Menu 頁面，Route Stack 會從 **[Home, Post]** 變成 **[Menu]**，不會有主頁在堆疊裡面，也就代表沒有上一頁可以執行。此時如果要回到主頁需要使用 **go()**，並且捨棄 Menu Route。

圖 7-7　使用 go() 導航操作的路由堆疊

 開發小提醒

從 **GoRouter** 8.0 開始，如果使用 push() 導航路由，將不會更改 Flutter Web 上的 URL。不管下個路由路徑是什麼，都會顯示以目前的路徑為主，這樣的情況會導致較難維護，如果有做一些 redirect 處理，可能抓取到的路由路徑資訊在不同頁面上會相同。所以如果要解決此問題，建議一律使用 **go()** 進行路由導航。

◆ 導航守衛

你可以使用 **redirect** 來處理有關導航過程中的額外處理，進行必要的權限檢查或數據驗證。如果今天是要針對整個全域路由的檢查就在 GoRouter 配置，如果是針對指定路由路徑下的處理就在 GoRoute 配置。通常會撰寫一些檢查邏輯，根據狀態決定導航的最終目的。例如：某些頁面需要確保使用者已經登入，這樣未登入的使用者在存取某些頁面時會自動被重新導向到登入頁面，像是導航中間的 Proxy 中心。

```
GoRouter(
  initialLocation: '/',
  routes: routes,
  redirect: (context, state) {
    final isLoggedIn = Random().nextBool();
    if (!isLoggedIn) {
      return '/login';
    }

    return null;
  },
)
```

從路由的 **GoRouterState** 可以拿到詳細的資料，例如：uri、name、path、pathParameters 等等，這些都能拿來檢查並決定導航的下一步。

◆ 狀態監聽器

GoRouter 擁有一個屬性為 **refreshListenable**，它本身是 **Listenable** 類型，我們可以配置自定義的 Notifier 物件，例如：ChangeNotifier。可以在狀態改變時，通知 Router 需要進行刷新，這時候 Route Stack 可能會不同，並且 redirect 會重新檢查路由，最終顯示的頁面可能就因此不同。

以下範例，建立了一個 RouterRefreshNotifier，它繼承了 **ChangeNotifier** 也是 **Listenable** 類型。目的是希望根據使用者的身份狀態更新路由，所以裡面我傳入了一個自定義的 Stream 物件，透過 **StreamSubscription** 監聽後，一旦發現有變動就觸發 **notifyListeners()**，這個方法負責通知所有監聽者，在這裡就是 Router 本身，最終它收到了通知而重整路由。

```
// 通知者
class RouterRefreshNotifier extends ChangeNotifier {

  // 建構初始化時傳入 isAuthenticatedStream，在一開始進行監聽
  RouterRefreshNotifier(Stream<bool> isAuthenticatedStream) {
    notifyListeners();

    // 當狀態有變動時通知所有監聽者
    _subscription = isAuthenticatedStream.asBroadcastStream().listen(
      (value) {
```

```
      debugPrint('isAuthenticated: $value');
      notifyListeners();
    },
  );
}

late final StreamSubscription<dynamic> _subscription;

@override
void dispose() {
  // 適時地釋放資源，是在物件銷毀時必須做的工作
  _subscription.cancel();

  super.dispose();
}
}

// 這裡模擬登入登出後的身份變化，每一秒給予隨機的 bool 狀態
// 通常大家會在 State Class 或 Logic Class 紀錄類似的狀態，
// 可能是 Bloc 或是 Notifier 等等
final isAuthenticatedStream = Stream.fromFutures([
  for (int i = 0; i < 100; i++)
    Future.delayed(Duration(seconds: i), () => Random().nextBool())
]);

// 在 GoRouter 上設置自定義的 Listenable
final appRouter = GoRouter(
  initialLocation: '/',
  routes: routes,
  redirect: (context, state) {
    debugPrint('redirect: ${state.uri}');
    return null;
  },
  refreshListenable: RouterRefreshNotifier(isAuthenticatedStream),
);
```

7.3　總結

路由與導航是應用設計中不可或缺的一部分。通過合理的路由管理，您可以建立高效、方便且具備良好用戶體驗的 Flutter 應用。繼續練習和嘗試不同的路由策略，將使我們的 APP 更加完善。

聲明式路由和 **go_router** 套件通過這些核心特性，為 Flutter 應用提供了高度靈活且簡化的路由管理方式，既能支援傳統導航操作，又能與現代應用的需求緊密結合，如狀態管理、URL 同步、深層連結和錯誤處理等，絕對是高品質專案的一個重要支柱。

範例程式碼與相關資源

- GitHub 範例專案

  https://github.com/chyiiiiiiiiiii/router_and_navigator_example

Note

08

分身術：
非同步與並行處理的秘技
Async & Isolate

本章學習目標

1. 認識 Dart 與 Flutter 的運作原理。

2. 熟悉 Event Loop 的運作流程。

3. 學習 Async 非同步操作的概念與應用。

4. 探討 Isolate 並行運作的方式，並了解它們在開發中的適用場景。

為什麼在 Flutter 開發中很常會需要 **Async** 非同步操作？因為 APP 內所有畫面的互動、繪製刷新都是在同步的狀況下運行，為了順暢需要一秒快速進行多次的渲染處理，而當我們要執行無法預期時間的相關操作或是繁重任務時，就會需要非同步來幫忙。但非同步本身的工作如果消耗的時間更久更麻煩的話，這時候就會需要重要人物 **Isolate** 隔離的協助。這兩個角色對於開發來說非常重要，我們需要了解它們的定位是什麼，以及在某些情境下該用誰來處裡任務，才能讓應用保持高效運行，給予使用者舒服體驗。

> **範例程式碼與相關資源**
>
> - GitHub 範例專案
>   https://github.com/chyiiiiiiiiiii/dart_isolate

在進入正題之前，需要先了解 Flutter 本身的運行狀況，它是在什麼環境下運行，由哪些重要角色支撐著，才能提供良好的性能表現以及使用者體驗。往下滑囉！

8.1 Dart 和 Flutter 運作原理

當談到運作原理時，了解底層機制是基本的。以下是涵蓋了主隔離（Main Isolate）、事件循環（Event Loop）和佇列（Queue）等概念。

8.1.1 主隔離（Main Isolate）

Dart 本身是「**Single Thread Language**」，在**主要隔離**上運行。隔離（Isolate）是 Dart 中的一個**獨立執行單元**，每個隔離都有自己的記憶體空間和執行環境，這使得它們能夠在不共享狀態的情況下並行運行，互不干擾，與傳統的多執行緒（Thread）模型不同。而主隔離負責處理應用的 UI 和大部分邏輯，它處理事情的效率很大決定了應用的順暢程度。

那為什麼使用 Isolate？使用的主要原因是避免多執行緒運行中的一些常見問題，如 **Race Condition** 和 **Deadlock**。也因為 Isolate 之間不共享記憶體，它們之間的溝通只能透過固定方式達成，這使得運作能更加安全和穩定。

在底層運作上，Isolate 可能會使用多個操作系統的執行緒來運行。開發者不需要關心 Isolate 是如何對應到執行緒，只需關注每個 Isolate 之間的訊息傳遞。

Isolate 的特性讓它適用於需要並行和安全性的場景，例如處理大量計算或 I/O 操作，擁有 Event Loop 進行任務管理，避免阻塞。

在 Flutter 中，可以建立額外的 Isolate 可以用來分擔繁重的計算任務，在背景運行。本章節的後面會說明。

開發小提醒

Isolate 的訊息傳遞成本相對較高，但避免了 Thread 共享記憶體帶來的同步問題。

每個 Isolate 在運行時會有自己的 **Event Loop** 和兩個 Queue，裡面經由 **Event Queue** 和 **Microtask Queue** 處理著所有請求和任務。

8.1.2 事件循環（Event Loop）

在主隔離中，Flutter 使用 **Event Loop** 來處理所有的請求和任務。它是一個無限循環，負責從佇列中取出事件並執行相應的回呼函式。這確保了應用能夠響應用戶操作並保持流暢的體驗。

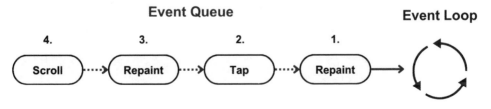

圖 8-1　Event Loop

8.1.3 事件佇列（Event Queue）

Event Loop 裡會使用有序佇列處理大部分任務和來自用戶的操作，例如：手勢、點擊螢幕、I/O 操作、布局、繪製、繪圖、Timer、Steam 等等，它們都會被加入 Queue 中，接著按照順序在 **Event Loop** 中處理。舉例來說：為了順暢的用戶體驗，達到 60 幀，Flutter 每秒 60 次向 **Event Queue** 添加重繪（Repaint）事件。

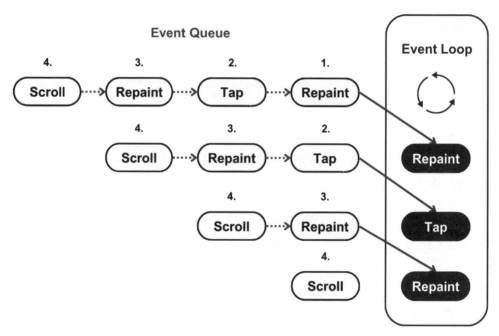

圖 8-2　Event Queue 與 Event Loop 互動細節

8.1.4 微任務佇列（Microtask Queue）

Microtask Queue 負責由內部系統操作生成的任務、在當前 **Event Loop** 結束前完成的任務。這些任務比用戶啟動的任務有更高的優先級，會在循環處理下一個事件之前執行。意思是只要 Microtask Queue 有任務要處理，就會先暫停 **Event Queue** 的工作，以 microtask 為優先。

Event Loop 工作流程：

1. **處理 microtask**：首先，**Event Loop** 會檢查 **Microtask Queue**，並執行所有的 microtask。

2. **處理 event**：如果 **Microtask Queue** 為空，**Event Loop** 會從 **Event Queue** 中取出一個事件並執行和處理。

3. **重複循環**，不斷重複上述步驟，確保應用能夠及時響應用戶操作並保持流暢的體驗。

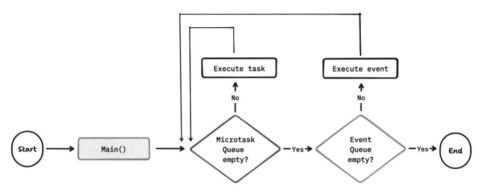

圖 8-3　Event Loop 工作流程

 開發小提醒

為了確保應用的流暢性，在開發時需要注意以下兩點：

1. 避免長時間運行同步操作，會阻塞 **Event Loop**，導致應用卡頓。應將這些複雜任務放在其他的 Isolate 中執行。

2. 適當地使用 **Microtask Queue**，對於需要在當前 **Event Loop** 結束前完成的任務，可以使用它來提高優先度。

8.2 非同步基礎觀念

8.2.1 Async

「Async is the ability to wait for other things without blocking.」

這句話來自某位開發者，很適合用來表示 Async，也就是我們熟知的非同步。正常的 Dart 非同步操作，本身屬於**並發運行**（Concurrency），有處理多個任務的能力，但不一定會同時處理。在進行非同步操作時很常會使用到 **Future**，代表未來的某個時候完成，我們無法知道準確時間點。也是在告訴 Dart：「這段程式碼不急，你有空再幫我處理就好了。」，**Event Loop** 會根據情況、需求自動在不同的 Queue 處理相關程式碼與任務，確保順暢進行。

雖然它是非同步操作，但使用時不會自動生成其他 Thread 來幫忙，在進行 Flutter 開發時通常都是在相同執行緒、相同 Isolate 進行，非同步任務會等待 UI 渲染完成後才進去動作。

App 會在 **Dart VM Thread** 上運行，當 **await** 任務完成後會向主隔離的 **Event Queue** 添加新的事件並標示任務完成，有點類似 Callback。在相同的程式碼函式裡面，**await** 程式碼結束後才會接著處理後方的程式碼，而在 Flutter APP 裡的其他程式碼區塊一樣同時運行，其他工作區不需要停止或等待。

Async 非同步符合大多數的開發情境，但不適合有複雜處理的同步任務，例如：解析大量資料、IO 長時間操作。如果使用非同步處理太久，APP 得其他部分有可能會造成卡頓，因為只要是 OS 操作而非 Dart 程式碼都會暫停執行，造成堵塞。

8.2.2 Flutter 是單執行緒卻能夠運作順暢

整個 Flutter 的 **Rendering Pipeline** 都是在同步中進行，所以當 **Event Loop** 知道要進行布局、繪製等操作的時候，就會讓非同步任務先暫停並等待 Pipeline 執行結束後再繼續，這樣就不會因為進行耗時操作卡住 UI。這也是為什麼使用 **setState()** 刷新只能是同步操作的原因。

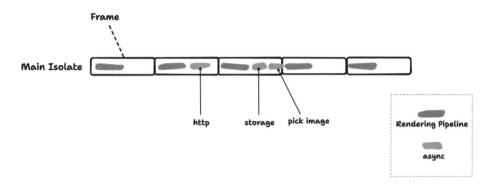

圖 8-4　渲染與其他工作在 Event Loop 的狀況

不過單執行緒畢竟有它的侷限，當有一些比較重的同步任務，例如：解析大量 JSON、處理圖片、長時間 IO 存取，處理過程可能會超過一個 **vsync** 時間，這樣 Flutter 就不能即時將 **layer** 送到 **GPU 執行緒**，會導致 APP Janking 卡頓。這時候我們就會需要 Isolate 來幫忙解決這個情境。

說明

vsync 代表每一幀的渲染信號，通常在開發動畫、使用 **AnimationController** 時就會遇到。而如果以一秒 60 幀順暢運行來說，一幀的時間就是 16 毫秒。

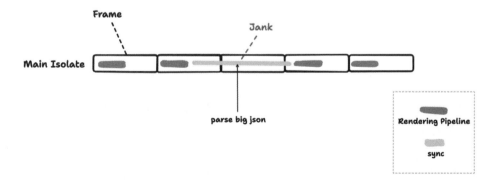

圖 8-5　同步任務的複雜導致卡頓，無法正常渲染

以簡單的例子說明 Async：

當我在跟人聊天的時候，快速檢查手機訊息，短短 0.5 秒停頓，對方感受不出來。但在跟人聊天的時候，這時剛好有重要訊息需要確認，可能盯著訊息 5 秒以上，接著再回來這段對話，對方應該會覺得尷尬或不舒服，而這個情況就會需要 Isolate 幫忙處理。

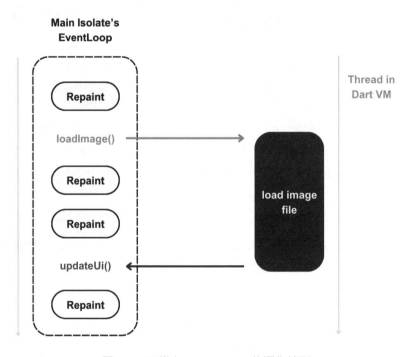

圖 8-6　正常在 Main Isolate 的運作情形

- **非同步操作 1**：使用 **Future** 和 **await**，等待任務在某個時刻完成。以下範例為圖片快取

```
Future<void> _initAsset() async {
  await precacheSvgImages([
    AppAssets.images.image.crushLogo.path,
    AppAssets.images.icon.menu.path,
  ]);
}
```

- 非同步操作 2：使用 **Stream**，監聽資料流。以下範例監聽網路變化

```
Stream<bool> onConnectivityChanged() async* {
  final connectivity = Connectivity();
  yield* connectivity.onConnectivityChanged.map(
    (result) => result.hasInternet
  );
}
```

8.3 進階並行操作

8.3.1 Isolate

「Isolates is the ability to run things in parallel. It can offload heavy computations in the app to a background worker.」

每個 Isolate 實際上是**並行**運作（Parallelism），它也可以稱為 worker isolate、background isolate、background worker。

Isolate 本身不是 Thread，但它佔用一個 Thread。兩者不同的是，每個 Isolate 擁有自己的記憶體空間，它們不共享數據，主要透過 **Event Loop** 管理任務、處理工作。不會遇到執行緒會有的 Critical Sections、Dead Locks、Mutexes 和 Racing Condition 情境。

通常在開發時，只要是一幀無法完成的任務都可以使用 Isolate 解決，將長時間的同步任務、複雜運算分配到多個核心（Core）去進行處理，不同程式碼在不同 Isolate 全速運作，互不影響。同時可以確保 Main Isolate 每秒產生 60 或 120 幀以上，減輕負擔，以獲得舒適的使用者體驗。

開發小提醒

- 假設你是用 VSCode IDE 開發，可以從側邊欄的 **Call Stack** 觀察每個 Isolate 建立出來的 Thread。
- 當有多個 Isolate 同時產生時，無法確保每次都以相同的順序運行。
- Isolates 之間的訊息傳輸通常執行深度的資料複製，因此記憶體使用會因此增加，隨著訊息的大小線性增加，**O(n)** 表示。

直白地說明 Isolate：**當我在跟你講話的時候，也在抓癢，同時做兩件事卻不干擾，對方也不覺得奇怪。**

適合的開發情境：

- 解析大量 JSON 字串
- 資料庫存取
- 大型檔案存取
- 圖像處理、解碼

在 Dart 和 Flutter 中，有幾種方法可以使用 Isolates：

1. **低階 API**：使用 Isolate 類別 **spawn** 產生單獨的 Isolate，並建立用於訊息傳遞的 **SendPort** 和 **ReceivePort**，透過它們進行溝通。

2. **高階 API**：Dart 提供 **Isolate.run()** 函式，包裹第一種方式，省略了實作 Isolate 的管理操作。只需給予 Isolate 工作函式，用完即丟，是個非常方便的 API。

3. **高階 API**：Flutter 提供 **compute()** 函式，跟 **Isolate.run()** 使用方式類似，給予自定義工作函式，並多了參數的額外設置，而在處理完成後提供單一回傳值。

8.3.2 使用 Isolate.spawn()

負責 **long-lived** background tasks，指**長時間的複雜運算與處理**。我們可以自定義 Isolate，使用 **spawn()** 建立，並透過 Port API（ReceivePort 和 SendPort）讓

Main Isolate 與 Worker Isolate 長時間溝通。可自行管理每個 Isolate 的存活時間，
靈活性最高。

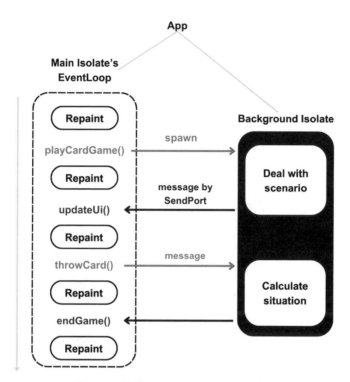

圖 8-7　基礎 Isolate.spawn() 使用流程

以下是基礎範例：

```
void main() async {
  Isolate? isolate;
  // 建立一個接收端
  final ReceivePort receivePort = ReceivePort();

  try {
    // 建立一個新的 Isolate，並傳遞接收埠的發送端，目的是給其他 Isolate 溝通使用
    isolate = await Isolate.spawn(isolateEntry, receivePort.sendPort);

    // 接收來自其他 Isolate 的訊息
    receivePort.listen((dynamic message) {
      debugPrint('Received message from background isolate: $message');
```

```dart
      });
  } catch (e) {
    debugPrint('Error: $e');
  } finally {
    // 監聽 Isolate 的結束
    isolate?.addOnExitListener(
      receivePort.sendPort,
      response: 'isolate has been killed',
    );
  }

  // 結束 Isolate
  isolate?.kill();
}

// Background Isolate 的入口函式
void isolateEntry(SendPort sendPort) {
  // 向 Main Isolate 發送訊息
  sendPort.send('Hello from Background Isolate!');
}
```

在這個範例中，建立了一個新的 Isolate，並通過 ReceivePort 和 SendPort 與 Main Isolate 溝通。這展示了 Isolate 之間如何通過消息傳遞進行通信，而不是共享記憶體。

◆ spawn() - 建立隔離

```dart
Isolate.spawn(_entryPoint, _receivePort.sendPort)
```

1. **第一個參數**：Isolate 要執行的函式。
2. **第二個參數**：ReceivePort 的 SendPort，給 Worker Isolate 跟 Main Isolate 的通訊管道，溝通使用。當有多個函式參數需要使用時，一種方式是可以傳遞 **List<dynamic> args**，裡面再透過 args[0]、args[1] 取得資料。

補充

第二個參數，也可以自定義一個 Map、Record，和 Data 類別，裡面包含主要的 SendPort 跟其他資料欄位，就不用擔心只能傳一個參數的問題。

◆ ReceivePort - 接收訊息

ReceivePort 顧名思義就是接收訊息的通道，本身透過 **Stream** 實作，可以持續監聽。第一個訊息通常會是其他 Isolate 的 **SendPort**（慣用寫法），當前 Isolate 可以使用它發送訊息跟其他 Isolate 溝通。

```
final receivePort = ReceivePort();

receivePort.listen((message) {
  print('Received message from background isolate: $message');
});
```

- **first 屬性**：取得發送過來的訊息，為 **Future**。一般使用 **first** 取得第一筆資料後 stream 就會被關閉，所以如果需要持續接收訊息，需要將 **ReceivePort** 轉成廣播流，使用 **asBroadcastStream()**
- **sendPort 屬性**：Isolate 的通訊管道，提供給其他 Isolate 發送訊息用，我們也才能收到訊息

◆ SendPort - 發送訊息

使用 **SendPort** 發送訊息給建立它的 **ReceivePort**（通常會在其他 Isolate），也有可能多個 SendPort 對應一個 ReceivePort。

```
sendPort.send('message');
```

◆ StreamQueue - 接收訊息的佇列

實際上可以不需要 **StreamQueue**，但它使用上可以跟 **ReceivePort** 很好的進行協作，類似 ReceivePort 的 **broadcastStream**，將 ReceivePort 設為參數傳入，在建構的時候就開始監聽 Stream，是對於後續接收訊息還蠻方便的 API。

```
StreamQueue _streamQueue = StreamQueue(_receivePort);

// 接收來自另一個 Isolate 的訊息
await streamQueue.next;

// 停止接收訊息
await streamQueue.cancel();
```

1. **next()**：負責取得其他 Isolates 透過 SendPort 傳送的訊息。

2. **cancel()**：停止 Stream，也就是停止訊息資料的監聽。

 開發小提醒

缺點：不管是透過 **spawn()** 或是 **compute()** 都會經過 Isolate 的建立以及資料複製，如果頻繁建立或濫用就會有很大的記憶體消耗，這是副作用。

◆ **範例解說**

此範例使用 **jsonFileNameList** 紀錄準備好的 3 個 Json 檔案，放在本地的 **assets/**
目錄，待會要透過 Isolate 進行解析、處理。

```
const List<String> jsonFileNameList = [
  'assets/a.json',
  'assets/b.json',
  'assets/c.json',
];
```

主隔離的 **getJsonDataFromFiles()** 方法，負責建立 Isolate，並請它在背景幫忙處理檔案，按照順序取得 Json 資料後將內容返回主隔離，再讓 **main()** 印出來。下面跟大家一行一行解說，更好地去了解：

1. 首先一開始都會先建立 ReceivePort 物件，而在這個情境使用到了 StreamQueue，
   協助 ReceivePort 更好地處理訊息。

2. 使用最重要的方法 **Isolate.spawn()** 建立隔離，**isolateParsingFile()** 為 Background
   Isolate 要執行的方法名稱，第二個為通訊管道。

3. 兩個 Isolate 在使用時，通常一開始的互動都是互相給予自己的 SendPort，這
   樣對方才能跟我傳訊息。所以這裡先透過 **streamQueue.next** 取得 Isolate 的
   SendPort。

4. 透過迴圈請 Isolate 按照順序幫我處理檔案，一樣再使用 **streamQueue.next** 取得最新訊息，接著透過 Generator functions 傳值到外部。

5. 最後傳遞 **null** 給 Isolate，這是我們訂的約定，只要是 **null** 就代表任務結束，需要釋放資源。

```
Stream<Map<String, dynamic>> getJsonDataFromFiles() async* {
  print('getJsonFilesContent() - Start');

  // 1.
  final ReceivePort receivePort = ReceivePort();
  final StreamQueue streamQueue = StreamQueue(receivePort);

  // 2.
  await Isolate.spawn(isolateParsingFile, receivePort.sendPort);

  // 3.
  final SendPort workerIsolateSendPort = await streamQueue.next;

  // 4.
  for (String fileName in jsonFileNameList) {
    workerIsolateSendPort.send(fileName);

    final Map<String, dynamic> jsonData = await streamQueue.next;
    yield jsonData;
  }
  print('getJsonFilesContent() - Json file parsing finished');

  // 5.
  workerIsolateSendPort.send(null);
  print('getJsonFilesContent() - Request worker isolate to exit()');

  await streamQueue.cancel();
  print('getJsonFilesContent() - Dispose the StreamQueue');
}
```

接下來看 Isolate 要執行的 **isolateParsingFile()**，來仔細了解它的工作內容：

1. 起手式都是建立 **ReceivePort**，接著傳遞自己的 **SendPort** 出去，完成前置作業。

2. 使用 **await for**，代表只要收到訊息就會執行這個區塊。

3. 一開始先檢查型別，而我們確定這個是檔案名稱，所以必須是字串。

4. 讀取本地 JSON 檔案，使用 **jsonDecode()** 轉換成 Map，這一步是最耗時的工作，接著將結果回傳給 Main Isolate。

5. 跟外部約定好了，只要收到訊息為 **null** 就代表工作完成，直接關閉迴圈。

6. 迴圈結束後，在最後使用 **Isolate.current.kill()** 將自己清除，釋放記憶體。

```
void isolateParsingFile(SendPort sendPort) async {
  print('isolateParsingFile() - Worker isolate - Start');

  // 1.
  final ReceivePort receivePort = ReceivePort();
  sendPort.send(receivePort.sendPort);

  // 2.
  await for (dynamic message in receivePort) {
    // 3.
    if (message is String) {
      // 4.
      final String fileContent = await File(message).readAsString();
      final Map<String, dynamic> jsonData = jsonDecode(fileContent);

      print(
        'isolateParsingFile() - Worker isolate - Send data to main isolate'
      );
      sendPort.send(jsonData);
    } else if (message == null) {
      // 5.
      break;
    }
  }

  Isolate.current.kill();
  print('isolateParsingFile() - Worker isolate - Finished');
}
```

主程式 **main()** 呼叫 **getJsonDataFromFiles()**，本身是回傳 Stream，在這裡將每次解析到的 Json 資料印出來，印出三筆資料就完成我們的工作。以下提供 Console Log，協助驗證運行的流程。

```
void main(List<String> arguments) async {
  await for (Map<String, dynamic> jsonData in getJsonDataFromFiles()) {
    print("Get json data - $jsonData");
  }
}
```

```
✓ DEBUG CONSOLE
getJsonFilesContent() - Start
isolateParsingFile() - Worker isolate - Start
isolateParsingFile() - Worker isolate - Send data to main isolate
Get json data - {name: Yii}
isolateParsingFile() - Worker isolate - Send data to main isolate
Get json data - {name: Lina}
isolateParsingFile() - Worker isolate - Send data to main isolate
Get json data - {name: Khalid}
getJsonFilesContent() - Json file parsing finished
getJsonFilesContent() - Request worker isolate to exit()
getJsonFilesContent() - Dispose the StreamQueue
isolateParsingFile() - Worker isolate - Finished

Exited.
```

圖 8-8　範例的輸出結果

8.3.3　使用 Isolate.run()

run() 來自 **dart:isolate** library，在 Dart 2.19 推出，一個更簡單方便的 API。負責 **short-lived** background tasks，省略原本使用 Isolate 的複雜程式碼。不需要使用 **SendPort**、**ReceivePort**，也不用維護 Isolate 的建立、銷毀，甚至錯誤捕捉都已經處理好了，只需要包裹一般的 **try catch** 即可。擁有**簡化程式碼**、**自動管理**和**便捷性**幾種特點。

它支援處理所有函式，回傳值一律都為 Future，因為在不同的 Isolate 處理。最後會使用 **exit()** 將在 **Background Isolate** 中處理的結果記憶體回傳給 **Main Isolate**（不需要因為複製而導致佔用記憶體），然後安全地銷毀 Isolate。

```
try {
  // 1.
  final jsonData = await Isolate.run(_readAndParseJson);
  // 2.
  final jsonData = await Isolate.run(() => _readAndParseJson());
```

```
} catch (error, stackTrace) {
  debugPrint("$error , $stackTrace");
}
```

- 第一個參數：運行的 function 名稱。或是可以使用匿名的方式給予完整函式描述

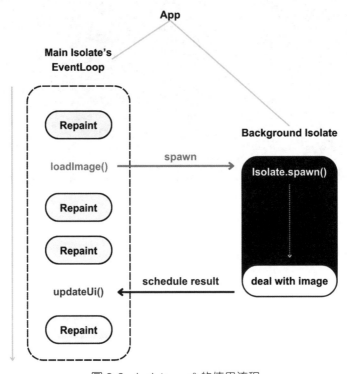

圖 8-9　Isolate.run() 的使用流程

一行的程式碼，卻能將複雜操作移動到其他 Isolate 處理，以 Main Isolate 並行運作，並再完成工作後通知結果，讓應用做後續處理。適合一次性的任務處理，對於暫時且簡易的操作來說，是個很好用的幫手。

8.3.4　使用 compute()

compute() 來自 flutter/foundation library，一樣負責 short-lived background tasks。我們可以使用 Flutter 提供的高階 API，compute() 全域方法，迅速建立

一個 Isolate 幫忙處理任務，結束後返回結果，就跟我們使用 **await** 非同步方法一樣，但實際上不在 Main Isolate，簡單有效。而在完成任務後即銷毀 Isolate 資源。

```
await compute(_parseJson, jsonPath);
```

- 第一個參數：運行的 function 名稱，可提供一個參數
- 第二個參數：function 的參數，如果需要多個參數的話可以使用 Map、List 或 Record 等等包裝

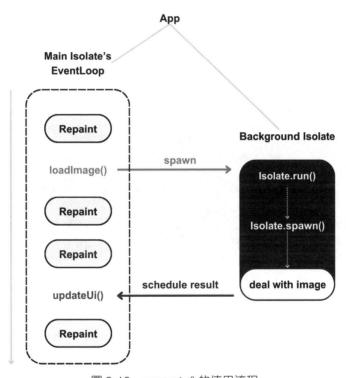

圖 8-10　compute() 的使用流程

那 **compute()** 跟 **Isolate.run()** 的差別是什麼呢？感覺兩者好像呀！實際上挖掘到底層原始碼，就能發現，其實 **compute()** 只是包裹了 **Isolate.run()**，將函式與參數資料分開，實際上兩種使用都是類似效果。

```
/// The dart:io implementation of [isolate.compute].
@pragma('vm:prefer-inline')
Future<R> compute<M, R>(isolates.ComputeCallback<M, R> callback, M message,
  debugLabel ??= kReleaseMode ? 'compute' : callback.toString();

  return Isolate.run<R>(() {
    return callback(message);
  }, debugName: debugLabel);
}
```

圖 8-11　compute() 程式碼

而進一步查看，能發現 **compute()** 的使用在 Flutter Web 上沒有作用，Web 上不會有其他 Isolate 可以運作，而是維持在 **Main Isolate** 的 **Event Loop**，並不是並行處理。而為了不阻塞當前幀的 UI，等到下一幀渲染時才會處理相關任務。

```
/// The web implementation of [isolate.compute].
@pragma('dart2js:tryInline')
Future<R> compute<M, R>(isolates.ComputeCallback<M, R> callback, M message, {
  // To avoid blocking the UI immediately for an expensive function call, we
  // pump a single frame to allow the framework to complete the current set
  // of work.
  await null;
  return callback(message);
}
```

圖 8-12　compute() 在 Web 上的內部處理

🔍 **關鍵重點觀念**

關於 Flutter Web 應用，本身在 **JavaScript** 上運行，而 JavaScript 是單執行緒的。因此由於限制，並不能像原生 Mobile 平台那樣提供完全的 Isolate。它使用 Future 來模擬並行處理，但這實際上是在同一 Isolate 上以非同步方式運行程式碼，而不是在 Dart VM 建立一個新的 Isolate。所以不管是哪種方式都不是完整的並行處理。

如果你還是希望在 Flutter Web 上能擁有平行處理，可以嘗試社群的第三方套件，例如：**isolate_manager** 等等，使用 **Worker** API 處理。這裡就不多贅述了，有興趣可以搜尋相關資訊。

另外，最新的 **dart2wasm**，Wasm Web 也還不支援 Isolate 哦。（版本時間為 2024-10）

8.3.5 注意與改善

- 每個 Isolate 都有自己的記憶體空間和執行環境，建立過程需要分配記憶體、初始化以及設置通訊通道。至少需要 2MB 記憶體左右甚至更多，具體取決於其工作內容和資料。需要一定的時間和資源，通常會耗費約 50-150 毫秒的時間

- 通常實作上可能會使用 **message** 參數傳遞資料或檔案，每次都會經歷一次數據複製，這其實就存在著記憶體不足（Out of Memory，OOM）的風險。想看看，如果要返回 1 GB 大小的資料，在記憶體不多的手機上就會出現問題

為了提升效能並減少資源消耗，可以考慮以下幾點：

1. **重複使用 Isolate**：在可能的情況下，重用已經建立的 Isolate，而不是每次都建立新的 Isolate。這可以顯著減少建立和銷毀的開銷成本。

2. **任務批量處理**：將多個小任務合併為一個大任務，減少 Isolate 的建立次數。

3. **合併傳遞訊息**：將多個小訊息合併為一個大訊息，減少傳遞的次數。

4. **壓縮資料**：在傳遞大訊息大量數據時，考慮對它進行壓縮，減少傳遞的數據大小。

5. **分片傳輸**：將大數據傳輸進行切分，每次只傳遞一部分數據，減少單次傳遞的記憶體佔用。

> 🔍 **加深記憶時間**
>
> Isolate 是 Dart 中的一個獨立執行單元，與傳統的多執行緒模型不同，它們之間不共享記憶體，而是通過訊息溝通，這使得並行處理上更加安全和可控。雖然 Isolate 在底層可能會使用多個操作系統執行緒來運行，但這對開發者是透明的。通過理解 Isolate 的觀念和使用場景，我們可以聰明地利用 Dart 開發高效的應用。

8.4 總結

對於非同步（Async）和隔離（Isolate）有沒有再更了解了，Async 在日常的開發中每天都會遇到，而 Isolate 相對來說就沒這麼頻繁出現，但大家都需要知道他們，並在對的時間選用。建議搭配 Isolate 範例，邊閱讀邊練習，讓自己更理解它的運作方式。更進一步，如果你需要頻繁的操作 Isolate，持續建立和銷毀，那你可以考慮建置一個 Isolate Pool 或是研究相關套件。根據需求進行調整，最終都是為了讓應用的性能表現突出，記得還要搭配 DevTools 檢測哦！

範例程式碼與相關資源

- GitHub 範例專案 https:
  https://github.com/chyiiiiiiiiiiii/dart_isolate

09

掌握數據之道：
後端通訊與數據解析
Data Processing and API Communication

本章學習目標

1. 理解 RESTful API 的基本概念和設計原則，包括統一介面、無狀態性和資源標識等。

2. 掌握使用 Dart 的 **http** 函式庫進行基本的網路請求操作。

3. 學習序列化和反序列化的概念，以及在 Flutter 中處理 JSON 數據的重要性。

4. 熟悉手動序列化的方法，並了解使用 **freezed** 和 **json_serializable** 等工具自動化序列化過程的優勢。

5. 深入學習 **Dio** 函式庫的使用，包括基本請求、攔截器的應用、快取機制的實現等進階功能。

在現代行動應用開發中，與後端伺服器進行有效的通訊是不可或缺的一環。無論是獲取最新資訊、同步用戶數據，還是處理複雜的業務邏輯，都需與後端進行通訊。本章將帶你一起探討 Flutter 應用如何與後端服務進行互動，涵蓋從基本的 HTTP 請求到如何處理這些請求所回應的資料。

我們將從 RESTful API 的基本概念開始，了解這種廣泛使用的 API 設計風格如何影響我們的應用架構。接著，我們會深入探討 Flutter 中進行網路請求的各種方法，從基本的 http 套件到更加強大的 Dio 函式庫。

在學習如何發送請求之後，我們會著重討論如何處理從伺服器接收到的數據。這包括序列化和反序列化的過程，以及如何有效地將 JSON 數據轉換為 Dart 對象。通過掌握這些技能，你將能夠更加靈活地處理各種複雜的數據結構，為你的 Flutter 應用提供強大的數據支持。

讓我們開始一起探索 Flutter 中資料處理與後端通訊的旅程，為建構更加動態和互動的應用打下堅實的基礎吧！

9.1 RESTful API 介紹

9.1.1 基本概念與設計原則

在我們進入網路通信的實作以前，有一些知識是我們必須要提前了解的。
RESTful API：也就是 Representational State Transfer Application Programming Interface，是一種設計網路 API 的方式，非常適合基於 HTTP 的應用。簡單來說，它就是利用我們平常用的網址（URL）來存取和操作服務端的資源。這種設計背後有幾個核心原則：

1. 統一介面（**Uniform Interface**）：REST 充分利用 HTTP 協議的特性，主要使用以下方法：

   - **GET**（獲取，Retrieve）：讀取資源

- **POST**（發布，Create）：建立新資源
- **PUT**（放置，Update）：更新現有資源
- **DELETE**（刪除，Delete）：刪除資源

2. 無狀態性（**Stateless**）：每次請求都是獨立的，就像點外賣一樣，每次都得把完整的訂單資訊告訴店家，不會依賴上一次的訂單。這讓伺服器處理起來更簡單，但也意味著請求要包含所有所需資訊。

3. 統一介面（**Uniform Interface**）：使用標準的 HTTP 方法和狀態碼，確保了 API 的一致性和可預測性。

4. 可快取性（**Cacheability**）：伺服器會告訴客戶端哪些數據可以暫時保存下來，這樣下次需要時不用重新獲取，大幅減少了流量和回應時間。

5. 分層系統（**Layered System**）：客戶端通常無法判斷它是直接與端伺服器還是中間伺服器通信，這允許更靈活的架構設計。

6. 資源標識（**Identification of Resources**）：每個資源都有唯一的位址（URL），就像每個網頁都有自己的網址。這樣一來，只要知道 URL，就可以存取到想要的數據。

7. 表現層和數據分離（**Representation of Resources**）：伺服器只負責提供數據，而不管數據怎麼展示。客戶端可以根據自己的需求來展示數據，比如手機 App 可能用 JSON，其他應用可能用 XML，彼此都不受影響。

下面提供一個簡單的 RESTful API 設計範例，讓你感受一下實際他是如何使用的：

- GET /users：獲取所有用戶
- GET /users/$userId：獲取 ID 為 $userId 的用戶
- POST /users：建立新用戶
- PUT /users/$userId：更新 ID 為 $userId 的用戶
- DELETE /users/$userId：刪除 ID 為 $userId 的用戶

在這個設計中，「/users」代表用戶資源的集合，而「/users/$userId」代表特定的用戶資源。可以簡單透過 HTTP 方法表明了我們要對這些資源執行的操作。

通過遵循這些原則，RESTful API 提供了一種簡潔、直觀且高效的方式來設計網路應用程式介面。在 Flutter 應用程式中使用 RESTful API 可以大幅簡化與後端服務的通信過程，使得數據交換更加標準化和可靠。

9.2 HTTP 網路請求

9.2.1 http 介紹

網路請求是現代開發中不可或缺的一環，所以 dart 官方有提供了 **http** 來處理 HTTP 請求。這個 library 簡單易用，適合基本的網路操作。

安裝

在 **pubspec.yaml** 文件中添加依賴：

```
dependencies:
    http: ^1.2.2
```

添加後，別忘了運行 **flutter pub get** 來更新你的依賴。

最基本用法

```
import 'package:http/http.dart' as http;

var url = Uri.https('example.com', 'whatsit/create');
var response = await http.post(url, body: {'name': 'doodle',
'color': 'blue'});
print('Response status: ${response.statusCode}');
print('Response body: ${response.body}');

print(await http.read(Uri.https('example.com', 'foobar.txt')));
```

在這個例子中，**http.post()** 方法用於發送 POST 請求。我們可以通過 **body** 參數傳遞數據，並且返回我們需要的結果。

9.3 序列化與反序列化

在上一節中，我們學習了如何使用 http 套件發送網路請求。但是，從伺服器接收到的數據通常是 JSON 格式的字串。雖然 JSON 格式易於閱讀和傳輸，但在 Dart 中直接操作 JSON 的結構並不方便，也容易出錯。這就是為什麼我們需要透過序列化和反序列化來解決它。

序列化是將 Dart 的類別轉換為 JSON 字串的過程，這樣我們就可以將數據發送到伺服器。反序列化則是將接收到的 JSON 數據轉換回 Dart 類別的過程，這樣我們就可以在應用中方便地使用這些數據。

使用 Dart 類來表示數據結構有幾個重要的優勢：

1. **類型安全**：Dart 是一種強類型語言，使用類可以確保數據類型的正確性，減少運行時錯誤。

2. **程式碼補全**：IDE 可以為類的屬性和方法提供智慧提示，提高開發效率。

3. **封裝性**：可以在類中添加自定義方法，更好地操作和處理數據。

4. **維護性**：當數據結構變化時，只需修改相應的類定義，而不是散布在程式碼各處的 JSON 操作。

現在，讓我們來看看如何實現這個過程，以及如何使用一些工具來簡化這個過程。

內心話抒發

序列化與反序列化聽起來很複雜，其實就只是把 JSON 轉換成 Dart 的類別的過程。在開發過程中，我們如果直接去操作 JSON 很容易會不小心出錯，因為編輯器沒辦法先替我們檢查是否有誤操作的情況。在絕大多數的情況下，做好序列化的工作能夠替後面開發省下不小 Debug 的心力哦！

9.3.1 手動序列化

最基本的方法是手動編寫序列化和反序列化程式碼。雖然對於簡單的模型來說這種方法還行，但對於複雜的類別你可能會崩潰。

```dart
class User {
  final String name;
  final int age;

  User(this.name, this.age);

  Map<String, dynamic> toJson() => {
    'name': name,
    'age': age,
  };

  factory User.fromJson(Map<String, dynamic> json) {
    return User(
      json['name'] as String,
      json['age'] as int,
    );
  }
}

// usage
// 建立 User 對象
var user = User('John Doe', 30);

// 序列化
var userJson = user.toJson();
print(userJson);  // 輸出：{name: John Doe, age: 30}

// 反序列化
var newUser = User.fromJson(userJson);
print('${newUser.name}, ${newUser.age}');  // 輸出：John Doe, 30
```

9.3.2 使用 freezed 和 json_serializable 套件

手動序列化對於小型專案可能足夠，但隨著專案規模增大，它可能變得難以維護。這就是 freezed 和 json_serializable 發揮作用的地方。

1. 在 **pubspec.yaml** 中添加依賴，要特別注意的是哪些是放在 **dependencies** 哪些是放在 **dev_dependencies**，在 **dev_dependencies** 的專案在最後打包成 App 的時候不會一起被打包，只限於開發使用。因此如果弄錯的話可能會造成打包後的 App 尺寸異常增大的情況哦：

```yaml
dependencies:
  freezed_annotation: ^2.2.0
  json_annotation: ^4.8.0
dev_dependencies:
  build_runner: ^2.3.3
  freezed: ^2.3.2
  json_serializable: ^6.6.0
```

2. 建立 Dart 類：

```dart
import 'package:freezed_annotation/freezed_annotation.dart';

part 'user.freezed.dart';
part 'user.g.dart';

@freezed
class User with _$User {
  factory User({
    required String name,
    required int age,
    String? email,
    @Default(false) bool isActive,
  }) = _User;

  factory User.fromJson(Map<String, dynamic> json) => _$UserFromJson(json);
}
```

注意必須在檔案夾上 **part** 語句，它們告訴 Dart 這個文件與將要生成的 **.freezed. dart** 和 **.g.dart** 文件相關。

在這個範例中，我們可以注意到這些用法：

- **required** 表示這個內容是必須的。在建立 User 時，必須提供 **name** 和 **age**
- **String?** 表示 **email** 是可選非必要（Optional）的，可以是 null

- **@Default(false)** 為 **isActive** 提供了一個預設值。如果在建立對象時沒有指定，它將預設為 **false**

在 teminal 運行程式碼生成命令：

```
flutter pub run build_runner build
```

這行命令會做什麼呢？它會呼叫 build_runner，這是一個自動化程式碼生成工具。build_runner 會掃描你的專案，找到帶有特殊註解的類（如 **@freezed**），然後為這些類生成額外的程式碼。

運行後，你會發現專案中多了兩個文件：

- **user.freezed.dart**：這個文件包含了 freezed 生成的程式碼，如 copyWith 方法、相等性比較等
- **user.g.dart**：這個文件包含了 json_serializable 生成的序列化和反序列化程式碼

這些生成的文件包含了 **toJson** 和 **fromJson** 方法的實現，以及其他有用的功能。你**不需要也不該**手動編輯這些文件，它們會在每次運行 **build_runner** 時自動更新。

我強烈推薦你使用 **freezed** 來管理這些序列化的功能，這不僅節省了時間，還減少了出錯的可能性。如果你改寫了類別，記得再次運行 **build_runner** 命令，生成的程式碼就會自動更新。

> **內心話抒發**
>
> 如果在開發過程中，你會頻繁修改類別，重複的重新輸入很麻煩，你可以使用 **flutter pub run build_runner watch** 命令，它會監視你的文件變化並自動重新生成程式碼。

9.4 dio 網路請求套件

如果說到網路請求，很多 Flutter 用戶們的首選就是 Dio，Dio 是一個強大的 HTTP 客戶端，提供了比標準 http 套件更多的進階功能。它支持攔截器、全域配置、請求取消、文件下載等功能，接下來就讓我們一起來看看他有哪些功能以及如何使用吧！

9.4.1 基本用法

在 **pubspec.yaml** 中添加依賴：

```
dependencies:
  dio: ^5.0.0
```

Dio 的基本用法非常簡單，以下是一個發送 **GET 請求**的例子：

```
import 'package:dio/dio.dart';

final dio = Dio();

Future<void> getHttp() async {
  try {
    final response = await dio.get('<https://api.example.com/test>');
    print(response.data);
  } catch (e) {
    print(e);
  }
}
```

這個例子裡面我們針對 **api.example.com/test** 的這個網址發出 GET 請求，並且列印出請求結果，跟 http 一樣都非常簡單。

9.4.2 攔截器（Interceptor）

Interceptor 是 Dio 的一個強大特性，允許你在請求發送之前或響應接收之後執行自定義邏輯。這對於添加認證標頭（header）、日誌記錄或其他錯誤處理非常有用。

```
dio.interceptors.add(InterceptorsWrapper(
  onRequest: (options, handler) {
    // 在請求發送之前做些什麼
    return handler.next(options);
  },
  onResponse: (response, handler) {
    // 在響應返回之後做些什麼
    return handler.next(response);
  },
  onError: (DioError e, handler) {
    // 當請求失敗時做些什麼
    return handler.next(e);
  }
));
```

除了直接 **add InterceptorsWrapper**，你也可以選擇繼承 **Interceptor**，把這部分的邏輯獨立出來成一個類別，在管理上會更加方便。

```
class ErrorInterceptor extends Interceptor {
  @override
  void onError(DioError err, ErrorInterceptorHandler handler) {
    switch (err.type) {
      case DioErrorType.connectionTimeout:
      case DioErrorType.sendTimeout:
      case DioErrorType.receiveTimeout:
        // 考慮重試邏輯
        _retry(err, handler);
        break;
      case DioErrorType.badResponse:
        // 處理不同的 HTTP 狀態碼
        _handleHttpError(err, handler);
        break;
      default:
        // 處理其他錯誤
        handler.next(err);
    }
  }

  void _retry(DioError err, ErrorInterceptorHandler handler) {
    // 實現重試邏輯
  }
```

```
  void _handleHttpError(DioError err, ErrorInterceptorHandler handler) {
    // 根據不同的 HTTP 狀態碼處理錯誤
  }
}

// 加入自定義攔截器
dio.interceptors.addAll([
  ErrorInterceptor()
]);
```

在開發時，可以考慮用 dio 自帶的 **LogInterceptor**，他會幫忙 print 出請求與 API 的回應。

```
dio.interceptors.add(LogInterceptor())
```

9.4.3 快取

雖然 Dio 本身不提供快取功能，但他有很多其他人寫好的 plugins 可以使用，例如 使用 **dio_cache_interceptor** 套件來實現快取機制：

1. 首先，添加依賴：

```
dependencies:
  dio_cache_interceptor: ^3.4.0
```

2. 然後，設置快取：

```
import 'package:dio_cache_interceptor/dio_cache_interceptor.dart';
// 快取選項
final options = CacheOptions(
 // 使用 MemoryCache，把快取資料存在記憶體
  store: MemCacheStore(),
  // 快取的使用政策，如果某些 API 你不希望他被快取，可以在這裡設定
  policy: CachePolicy.request,
  // 如果請求失敗，並且 error code 是下面提供的情況，使用快取先回應
  hitCacheOnErrorExcept: [401, 403],
  // 保存快取的最長時間
  maxStale: const Duration(days: 7),
  // 是否要快取 POST 的方法
  allowPostMethod: false,
```

```
);

// 添加快取攔截器到 dio
dio.interceptors.add(DioCacheInterceptor(options: options));
```

這樣設置後，你的 Dio 客戶端就具備了快取功能。它可以減少不必要的網路請求，
提高應用性能，特別是在處理不經常變化的數據時。

9.4.4 Dio 最佳實踐

在使用 Dio 時，維護單一實例是一個重要的最佳實踐。這種做法不僅能有效管理資
源，還能確保所有網路請求的配置一致性，例如錯誤管理或者是標頭（header）
管理。通過集中管理攔截器和共享快取，單一 Dio 實例能提高應用的效率和可維護
性。此外，它還簡化了除錯和監控過程，使得追蹤和優化網路性能變得更加容易。

```
class DioClient {
  static final DioClient _instance = DioClient._internal();
  factory DioClient() => _instance;

  late final Dio dio;

  DioClient._internal() {
    dio = Dio(BaseOptions(
      baseUrl: '<https://api.example.com>',
      connectTimeout: Duration(seconds: 5),
      receiveTimeout: Duration(seconds: 3),
      headers: {
        'Content-Type': 'application/json',
        'Accept': 'application/json',
      },
    ));
    _configureInterceptors();
  }

  // 添加攔截器
  void _configureInterceptors() {
    dio.interceptors.add(LogInterceptor());
    dio.interceptors.add(ErrorInterceptor());
    ...
  }
}
```

9.4.5 取消請求

在實際應用中，很常遇到在畫面中需要請求資料的需求。但用戶可能會在請求完成之前就關閉這個頁面，那可能就會導致不必要的記憶體浪費，這時候就可以透過 **CancelToken** 來協助我們取消這些請求。

```dart
class MyWidget extends StatefulWidget {
  @override
  _MyWidgetState createState() => _MyWidgetState();
}

class _MyWidgetState extends State<MyWidget> {
  // 建立 Cancel Token
  CancelToken _cancelToken = CancelToken();

  Future<void> fetchData() async {
    try {
      var response = await DioClient().dio.get(
        '/data', cancelToken: _cancelToken
      );
      // 處理響應
    } catch (e) {
      if (CancelToken.isCancel(e)) {
        print('Request canceled: ${e.message}');
      } else {
        // 處理其他錯誤
      }
    }
  }

  @override
  void dispose() {
    _cancelToken.cancel('Widget disposed');
    super.dispose();
  }

  // 建構 UI
}
```

9.5 總結

在這一章，我們深入探討了如何在 Flutter 應用中處理與後端的通訊，特別是使用 RESTful API 進行數據交換。首先，我們了解了 REST 的設計原則，像是無狀態、統一介面以及資源的唯一標識，這些都讓 API 的設計更簡潔、可預測。

接著，我們學習了如何使用 Dart 的 http 函式庫來發送網路請求，並討論了序列化與反序列化的過程。這一部分強調了將 JSON 轉換為 Dart 類別的重要性，這不僅讓程式碼更具類型安全性，也大幅減少了出錯的機會。

此外，我們還介紹了 Dio 函式庫，這是很多 Flutter 開發者的首選工具。Dio 不僅能發送基本的 HTTP 請求，還提供了攔截器、請求取消以及快取管理等功能，讓我們可以更靈活地控制網路請求。

總的來說，這一章我們從基礎的 HTTP 操作，到進階的網路通訊策略，逐步掌握了如何有效且高效地處理與後端的互動。這將是後續應用開發中不可或缺的一環。

10

UI 與數據的分工合作：
揭開狀態管理的秘密
State Management

本章學習目標

1. 理解狀態管理在 Flutter 應用開發中的重要性，包括短暫狀態和應用狀態的區別。

2. 掌握 Flutter 基本狀態管理工具的使用，如 **setState**、**InheritedWidget**、**ValueNotifier** 和 **ChangeNotifier**。

3. 學習使用 **InheritedWidget** 實現跨 Widget 層級的數據共享，理解其優點和注意事項。

4. 熟悉 **Bloc** 狀態管理套件的基本概念，包括 **Cubit** 和 **Bloc** 的使用方法及其區別。

5. 了解 **Riverpod** 框架的特點和優勢，如類型安全、自動依賴管理和資源自動釋放等。

6. 掌握 **Riverpod** 的基本使用方法，包括 **Provider** 的定義、**ConsumerWidget** 的應用和 **ref** 的各種用法。

7. 能夠比較不同狀態管理方案的優缺點，並根據專案需求選擇適合的解決方案。

在 Flutter 應用開發中，狀態管理扮演著關鍵角色。它決定了我們如何組織、儲存和更新應用中的數據，以及如何在數據變化時更新用戶介面。要深入理解狀態管理，我們首先需要明確什麼是狀態。

狀態，本質上是應用中任何可能發生變化並影響用戶介面的數據。這可能是用戶輸入的文字、從伺服器獲取的資訊，或是用戶的設置選項等。在 Flutter 中，當狀態發生變化時，相關的 UI 部分會自動更新以反映這些變化。

✎ 10.1 狀態管理基礎

想像一下，當你使用一個社交媒體應用時，你看到的每一條動態、每一個點讚數，甚至是你的個人資料，都是狀態的體現。當你發布一條新動態時，應用的狀態發生了變化，隨之而來的是介面的更新，新的動態出現在你的時間線上。

狀態管理的重要性不言而喻。它就像是應用的神經系統，確保數據和 UI 之間的和諧一致。一個優秀的狀態管理方案能夠大幅提升應用的性能，因為它可以精確地控制哪些 UI 部分需要更新，避免不必要的重繪。同時，它還能使程式碼結構更加清晰，提高可維護性，讓開發者能夠更容易地理解和擴展應用的功能。

在 Flutter 的生態系統中，我們通常會遇到兩種主要類型的狀態：

1. **短暫（臨時）狀態：** 這種狀態的生命週期通常與特定的 widget 綁定。例如，一個下拉列表的展開狀態，或是一個文字輸入框的當前內容。這些狀態通常不需要在應用的不同部分之間共享，它們的存在**僅在當前上下文中有意義**。

2. **應用狀態：** 這種狀態的影響範圍遠超單個 widget，往往需要在整個應用中共享。用戶的登入狀態、主題設置、或是購物車的內容，都是典型的應用狀態。這些狀態的**變化可能會影響多個頁面或元件**，因此需要更加全面的管理策略。

Flutter 提供了多種工具和方法來管理這些不同類型的狀態。從最基本的 **setState** 方法，到更加複雜的 **InheritedWidget**，再到強大的第三方套件如 **Bloc** 和 **Riverpod**，每種方法都有其獨特的優勢和適用場景。

在接下來的章節中，我們將深入探討這些狀態管理方法。我們會學習如何在不同的情況下選擇最合適的策略，以建構出反應靈敏、性能卓越的 Flutter 應用。通過掌握這些技巧，你將能夠更加自如地處理複雜的數據流，創造出流暢而強大的用戶體驗。

10.2 基本狀態管理工具

Flutter 提供了幾種內建的狀態管理工具，它們是建構響應式用戶介面的基石。在這一節中，我們將探討 **setState**、**InheritedWidget**、**ValueNotifier** 和 **ChangeNotifier** 這幾種基本工具，了解它們的特點和適用場景。

10.2.1 setState

setState 是 Flutter 中最基本的狀態管理方法，我們在前面的章節也介紹過，主要用於管理 StatefulWidget 的本地狀態。當我們呼叫 setState 時，Flutter 框架會重新運行 build 方法，從而更新 UI。每次點擊按鈕，**_incrementCounter** 方法都會被呼叫，通過 **setState** 更新 **_counter** 的值，並重新建構 widget。

setState 的優點是簡單直接，特別適合管理局部的、簡單的狀態。然而，當應用變得複雜，需要在多個 widget 之間共享狀態時，單純使用 setState 可能會導致程式碼難以維護，或根本無法做到。

10.2.2 InheritedWidget

InheritedWidget 是 Flutter 提供的一個強大工具，也是很多狀態管理工具的基石。用於在 widget 樹中向下傳遞數據。它允許子孫 widget 存取儲存在祖先 widget 中的數據，而無需一層一層的通過建構子傳遞。使用 InheritedWidget 通常包含以下步驟：

1. 建立 InheritedWidget 子類

首先，我們需要建立一個繼承自 InheritedWidget 的類，用於封裝我們想要共享的數據：

```
class CounterProvider extends InheritedWidget {
  final int counter;
  final VoidCallback increment;

  CounterProvider({
    Key? key,
    required this.counter,
    required this.increment,
    required Widget child,
  }) : super(key: key, child: child);

  static CounterProvider? of(BuildContext context) {
    return context.dependOnInheritedWidgetOfExactType<CounterProvider>()!;
  }

  @override
  bool updateShouldNotify(CounterProvider oldWidget) {
    return counter != oldWidget.counter;
  }
}
```

在這個例子中，**CounterProvider** 封裝了一個計數器值和一個增加計數器的方法。

注意 **updateShouldNotify** 方法的實現。這個方法決定了當 **InheritedWidget** 重建時，是否需要通知其依賴的 widget。在這裡，我們比較新舊 counter 值，如果不同，就通知依賴的 widget 重建，而你也可以自訂義想要更新的時機。

2. 在 Widget 樹中使用 InheritedWidget

要使用 **InheritedWidget**，我們需要將它放在 widget 樹中，使其成為需要存取數據的 widget 的祖先，在這裡設定 CounterWidget 為之後要取用這些數據的子 widget：

```
class CounterApp extends StatefulWidget {
  @override
  _CounterAppState createState() => _CounterAppState();
```

```
}

class _CounterAppState extends State<CounterApp> {
  int _counter = 0;

  void _incrementCounter() {
    setState(() {
      _counter++;
    });
  }

  @override
  Widget build(BuildContext context) {
    return CounterProvider(
      counter: _counter,
      increment: _incrementCounter,
      child: CounterWidget()
    );
  }
}
```

3. 在子 Widget 中存取 InheritedWidget 的數據

現在，任何 **CounterProvider** 的子 widget 都可以存取計數器數據：

```
class CounterWidget extends StatelessWidget {
  @override
  Widget build(BuildContext context) {
    final provider = CounterProvider.of(context);
    if (provider == null) {
      return const SizedBox();
    }
    return Column(
      children: [
        Text('Count: ${provider.counter}'),
        ElevatedButton(
          onPressed: provider.increment,
          child: Text('Increment'),
        ),
      ],
    );
  }
}
```

這裡我們使用 **CounterProvider.of** 方法來獲取最近的 **CounterProvider** 實例。在 **of** 方法裡我們使用了 **dependOnInheritedWidgetOfExactType**，它不僅返回 InheritedWidget，還會建立了依賴關係，確保當 InheritedWidget 更新時，依賴它的 widget 也會重建。

另要注意，我們必須檢查 provider 是否為 null。因為它處理了 **CounterWidget** 可能不屬於 **CounterProvider** 的子 widget 的情況。如果 provider 為 null，我們返回一個空的 **SizedBox** 或其他適當的 fallback widget。這樣可以防止在無法存取時出現運行時錯誤。

使用 **InheritedWidget** 也有一些注意事項：

1. 它可能會使程式碼結構變得複雜，特別是當需要管理多個相互依賴的狀態時。

2. 過度使用可能導致性能問題，因為每次 InheritedWidget 更新時，所有依賴它的 widget 都可能重建。

3. 對於更複雜的狀態管理需求，可能需要結合其他技術或使用更進階的狀態管理解決方案。

10.2.3 ValueNotifier 和 ChangeNotifier

ValueNotifier 和 **ChangeNotifier** 是 Flutter 提供的兩個用於觀察值變化的類。它們允許我們建立可以被監聽的對象，當這些對象的值發生變化時，會通知所有的監聽者。

◆ ValueNotifier

ValueNotifier 是一個簡單的可觀察對象，用於包裝單個值。當這個值發生變化時，它會通知所有的監聽者。我們一樣用計數器的例子來看怎麼實作：

```
final counter = ValueNotifier<int>(0);

class CounterApp extends StatelessWidget {
  @override
  Widget build(BuildContext context) {
    return MaterialApp(
```

```
    home: Scaffold(
      appBar: AppBar(title: Text('ValueNotifier Counter')),
      body: Center(
        child: ValueListenableBuilder<int>(
          valueListenable: counter,
          builder: (context, value, child) {
            return Column(
              mainAxisAlignment: MainAxisAlignment.center,
              children: [
                Text('Count: $value'),
                ElevatedButton(
                  onPressed: () => counter.value++,
                  child: Text('Increment'),
                ),
              ],
            );
          },
        ),
      ),
    ),
  );
  }
}
```

ValueNotifier 的主要特點：

1. 專注於單一值的管理。

2. 使用 **.value** 屬性來獲取和設置值。

3. 配合 **ValueListenableBuilder** 使用，實現 UI 的自動更新。

ValueNotifier 非常適合管理簡單的狀態，例如開關狀態、數值或者單個對象。

◆ ChangeNotifier

ChangeNotifier 更加靈活，可以用於管理複雜的狀態。它不僅允許我們在一個對象中管理多個相關的值，還能夠封裝狀態變更的邏輯，如 **increment**、**decrement** 等操作。這種設計使得狀態的管理和修改更加集中和一致。

ChangeNotifier 的核心是 **notifyListeners()** 方法。每當狀態發生變化時，我們呼叫這個方法來通知所有的監聽者。這是實現響應式更新的關鍵機制。

```
class CounterModel extends ChangeNotifier {
  int _count = 0;
  int get count => _count;

  void increment() {
    _count++;
    notifyListeners();      // 通知所有監聽者狀態已更新
  }

  void decrement() {
    if (_count > 0) {
      _count--;
      notifyListeners();    // 通知所有監聽者狀態已更新
    }
  }

  void reset() {
    _count = 0;
    notifyListeners();      // 通知所有監聽者狀態已更新
  }
}
```

在這個例子中，每次呼叫 **increment()**、**decrement()** 或 **reset()** 方法改變 _count
的值後，我們都會呼叫 **notifyListeners()**。這個方法會通知所有正在監聽這個
ChangeNotifier 的 widget，告訴它們狀態已經改變，需要重新建構。

使用 ChangeNotifier 的 widget 通常會用 **AnimatedBuilder** 或 **ListenableBuilder**
來包裝，這些 builder 會自動監聽 ChangeNotifier，並在 **notifyListeners()** 被呼叫
時重新建構。

```
class CounterAppChangeNotifier extends StatelessWidget {
  final model = CounterModel();

  CounterAppChangeNotifier({super.key});

  @override
  Widget build(BuildContext context) {
    return MaterialApp(
      home: Scaffold(
        appBar: AppBar(title: const Text('ChangeNotifier Counter')),
        body: Center(
```

```
        child: ListenableBuilder(
          listenable: model,
          builder: (context, child) {
            return Column(
              mainAxisAlignment: MainAxisAlignment.center,
              children: [
                Text('Count: ${model.count}'),
                ElevatedButton(
                  onPressed: model.increment,
                  child: const Text('Increment'),
                ),
              ],
            );
          },
        ),
      ),
    ),
  );
  }
}
```

ChangeNotifier 的設計理念使得狀態管理變得更加集中和一致。通過將所有狀態相關的操作封裝在一個類中，它確保了狀態變更的一致性和可控性。開發者可以精確控制何時通知監聽者，避免不必要的更新，同時也方便添加新的狀態操作方法。

響應式程式設計的基礎

ValueNotifier 和 **ChangeNotifier** 是 Flutter 中響應式程式設計的基礎。它們引入了幾個重要的概念：

1. **可觀察對象**：這些類建立了可以被監聽的對象，使得狀態變化可以被追蹤。

2. **通知機制**：當狀態發生變化時，這些類會自動或手動通知監聽者。

3. **自動 UI 更新**：通過使用特定的 Builder widgets（如 **ValueListenableBuilder** 和 **AnimatedBuilder**），UI 可以自動響應狀態的變化。

4. **狀態封裝**：特別是 ChangeNotifier，展示了如何在一個類中封裝狀態和修改狀態的方法。

5. **分離關注點**：這種模式鼓勵將狀態邏輯與 UI 邏輯分離，提高程式碼的可維護性。

儘管如此，理解這兩個基本類是深入學習更進階狀態管理技術的重要基礎。它們介紹了許多核心概念，這些概念在更複雜的狀態管理解決方案中也會出現。在接下來的章節中，我們將看到如何基於這些基本概念，建構更強大、更靈活的狀態管理系統。

10.3 Bloc 狀態管理套件

bloc 套件是 Flutter 生態系統中一個強大的狀態管理解決方案。它的設計理念是幫助開發者將**表現層**（presentation）與**業務邏輯**（business logic）分離。遵循 bloc 模式可以提高應用的可測試性和可重用性。這個套件抽象了模式中的響應式部分，使開發者能夠專注於編寫業務邏輯。

在 bloc 套件中，主要有兩種實現狀態管理的方式：**Cubit** 和 **Bloc**。這兩種方式都基於 **BlocBase** 類，但在複雜度和使用場景上有所不同。讓我們先從相對簡單的 **Cubit** 開始，然後再深入探討更複雜的 **Bloc**。

10.3.1 使用 Cubit

Cubit 是 bloc 套件中後來才引入的，目的是為了簡化狀態管理。Cubit 的出現主要是為了解決傳統 Bloc 模式在某些場景下可能過於複雜的問題。

◆ Cubit 的由來

傳統的 Bloc 模式雖然強大，但對於一些簡單的狀態管理場景來說，可能顯得有些重量級。開發者需要定義**事件**（Events）、**狀態**（States）和它們之間的映射，這在某些簡單的情況中可能會顯得過於繁瑣。

Cubit 的設計目標是提供一種更簡單、更直接的狀態管理方式。它保留了 Bloc 的核心優勢 —— 將**業務邏輯與 UI 分離**，同時簡化了 API，使得在不需要複雜事件處理的場景下，狀態管理變得更加直觀和易於使用。

◆ Cubit 的基本概念

1. **初始狀態**：Cubit 需要一個初始狀態。

2. **狀態更新**：通過 emit 方法來更新狀態。

3. **當前狀態**：可以通過 state getter 來存取當前狀態。

老樣子讓我們通過一個簡單的計數器例子來了解 Cubit：

```
class CounterCubit extends Cubit<int> {
  CounterCubit() : super(0);
  void increment() => emit(state + 1);
}
```

在這個例子中，**CounterCubit** 管理一個 **int** 類型的狀態。初始狀態為 0，**increment** 方法用於增加計數。

◆ 使用 Cubit

```
class CounterPage extends StatelessWidget {
  const CounterPage({super.key});

  @override
  Widget build(BuildContext context) {
    return BlocProvider(
      create: (_) => CounterCubit(),
      child: const CubitCounterView(),
    );
  }
}

class CubitCounterView extends StatelessWidget {
  const CubitCounterView({super.key});

  @override
  Widget build(BuildContext context) {
    return Scaffold(
      appBar: AppBar(title: const Text('Counter')),
      body: Center(
        child: BlocBuilder<CounterCubit, int>(
          builder: (context, count) {
```

```
        return Column(
          children: [
            Text('Count: $count'),
            ElevatedButton(
              onPressed: () => context.read<CounterCubit>().
increment(),
              child: const Text('Increment'),
            ),
          ],
        );
      },
    ),
  ),
);
  }
}
```

我 們 使 用 **BlocProvider** 來 建 立 和 提 供 **CounterCubit**。**BlocBuilder** 用 於 建
構響應 Cubit 狀態變化的 UI。當用戶點擊按鈕時，我們通過 **context.read<
CounterCubit>().increment()** 來呼叫 Cubit 的方法。

這種方式與前面介紹的 **ChangeNotifier** 相似，都是把狀態管理邏輯與 UI 清晰地
分離。並且狀態變化會自動反映在 UI 上，無需手動管理狀態更新。

> **內心話抒發**
>
> 如果以前有用過 bloc 的朋友可能會擔心要關閉 Stream 的問題。但現在使用 Cubit 時，
> **BlocProvider** 會自動關閉它，所以不需要手動呼叫 **close()** 方法。

◆ 觀察 Cubit

Cubit 提供了幾種方法來幫助我們方便觀察他的狀態變化，在錯誤處理或者觸發連
鎖反應時可能會用到：

1. **onChange**：可以覆寫以觀察單個 Cubit 的狀態變化。

2. **onError**：可以覆寫以觀察單個 Cubit 的錯誤。

```
class CounterCubit extends Cubit<int> {
  CounterCubit() : super(0);

  void increment() => emit(state + 1);

  @override
  void onChange(Change<int> change) {
    super.onChange(change);
    print(change);
  }

  @override
  void onError(Object error, StackTrace stackTrace) {
    print('$error, $stackTrace');
    super.onError(error, stackTrace);
  }
}
```

10.3.2 使用 Bloc

Bloc 是一個更進階的類，它依賴事件來觸發狀態變化。與 Cubit 相比，Bloc 提供了更細粒度的控制和更強的可擴展性。Bloc 更適合處理複雜的業務邏輯和需要更精確控制的場景。

◆ Bloc 的基本概念

Bloc 的核心概念包括我們先前提到的：

1. 事件（**Event**）：觸發狀態變化的輸入。
2. 狀態（**State**）：表示應用在特定時刻的狀態。
3. **EventHandler**：處理特定類型事件的函式。

在 Bloc 的設計理念中，我們希望所有的事件都是由事件驅動，事件多數是用戶的操作觸發或者接收到特定的訊息。現在讓我們用 Bloc 覆寫計數器例子：

```
sealed class CounterEvent {}
final class CounterIncrementPressed extends CounterEvent {}
```

```
class CounterBloc extends Bloc<CounterEvent, int> {
  CounterBloc() : super(0) {
    on<CounterIncrementPressed>((event, emit) => emit(state + 1));
  }
}
```

在這個例子中，我們定義了一個事件（CounterIncrementPressed）和一個 Bloc（CounterBloc）。Bloc 接收 **CounterEvent** 類型的事件，並管理 int 類型的狀態。

> **內心話抒發**
>
> 這裡出現一個你可能不熟悉的詞 **sealed**。它會限制所有子類必須與它在同一個文件中定義。可以避免 CounterEvent 在其他地方被繼承或使用，減少錯誤的發生。

◆ 在 Widget 中使用 Bloc

下面是如何在 Flutter Widget 中使用 Bloc 的範例：

```
import 'package:flutter/material.dart';
import 'package:flutter_bloc/flutter_bloc.dart';

class CounterPage extends StatelessWidget {
  @override
  Widget build(BuildContext context) {
    return BlocProvider(
      create: (_) => CounterBloc(),
      child: CounterView(),
    );
  }
}

class CounterView extends StatelessWidget {
 @override
  Widget build(BuildContext context) {
    return Scaffold(
      appBar: AppBar(title: const Text('Counter')),
      body: Center(
        child: BlocBuilder<CounterBloc, int>(
          builder: (context, count) {
            return Column(
```

```
                 children: [
                   Text('Count: $count'),
                   ElevatedButton(
                     onPressed: () => context
                         .read<CounterBloc>()
                         .add(CounterIncrementPressed()),
                     child: const Text('Increment'),
                   ),
                 ],
               );
             },
           ),
         ),
       );
     }
   }
```

在這個例子中：

1. 我們使用 **BlocProvider** 來建立和提供 **CounterBloc**。

2. **BlocBuilder** 用於建構響應 Bloc 狀態變化的 UI。

3. 當用戶點擊按鈕時，我們通過 **context.read<CounterBloc>().add (CounterIncrementPressed())** 來發送事件給 Bloc。

◆ 觀察 Bloc

除了 Cubit 提供的 **onChange** 和 **onError**，Bloc 還提供了額外的觀察方法：**onEvent** 當新事件被添加時呼叫。**onTransition**：在狀態變化之前呼叫，包含當前狀態、事件和下一個狀態。

這些方法在以下情況下特別有用：

- onEvent：當你需要記錄所有傳入的事件，或在事件被處理前執行某些操作時

- onTransition：當你需要詳細追蹤狀態變化的過程，包括觸發變化的事件時

以下是一個使用這些方法的例子：

```
class CounterBloc extends Bloc<CounterEvent, int> {
  CounterBloc() : super(0) {
    on<CounterIncrementPressed>((event, emit) => emit(state + 1));
```

```
}

@override
void onEvent(CounterEvent event) {
  super.onEvent(event);
  print('CounterBloc 接收到事件 : $event');
  // 這裡可以添加事件日誌記錄
  // eventLogger.log(event);
}

@override
void onTransition(Transition<CounterEvent, int> transition) {
  super.onTransition(transition);
  print('CounterBloc 轉換 : $transition');
  // 這裡可以添加狀態變化的詳細日誌
  // stateLogger.log(transition);
}

@override
void onChange(Change<int> change) {
  super.onChange(change);
  print('CounterBloc 變化 : $change');
}

@override
void onError(Object error, StackTrace stackTrace) {
  print('CounterBloc 錯誤 : $error');
  super.onError(error, stackTrace);
}
}
```

通過覆寫這些方法，你可以深入了解 Bloc 的內部工作原理，這對於除錯複雜的狀態管理邏輯特別有幫助。在實際應用中，你可能會使用這些方法來實現詳細的日誌記錄、性能監控或與其他系統的整合。

🔑 關鍵重點觀念

Bloc 提供了比 Cubit 更細緻的控制，特別適合那些需要處理複雜事件流和狀態轉換的應用。選擇使用 Cubit 還是 Bloc 主要取決於你的應用複雜度和個人偏好。

10.4 Riverpod 狀態管理套件

在 Flutter 開發中，狀態管理扮演著至關重要的角色。雖然 Flutter 本身提供了一些基本的狀態管理工具（如 **InheritedWidget**、**ChangeNotifier** 等），但隨著應用程式的複雜度增加，這些工具可能會顯得不夠靈活或高效。這就是 **Riverpod** 出現的原因。

Riverpod 由 Provider 和 freezed 的作者 Remi Rousselet 開發，旨在解決 Provider 的一些限制並提供更強大的功能。官方將 Riverpod 定義為「**一個響應式快取和數據綁定框架**」，而不僅僅是一個狀態管理工具。

10.4.1 Riverpod 的特點

1. **獨立於 Widget 樹**：Riverpod 的 Provider 不是 Widget，可以在 Widget 樹之外管理。

2. **類型安全**：在編譯時就能發現潛在的錯誤。

3. **自動依賴管理**：Riverpod 自動處理 Provider 之間的依賴關係。

4. **靈活性**：可以擁有多個相同類型的 Provider。

5. **性能優化**：實現精準更新，提高應用性能。

6. **測試友好**：易於進行模擬、數據偽造和驗證。

7. **資源自動釋放**：未使用的 Provider 會被自動銷毀，釋放記憶體。

10.4.2 使用 Riverpod

下面同樣讓我們透過一個計數器例子來了解如何使用 Riverpod。

首先，在 pubspec.yaml 中添加依賴：

```
dependencies:
  flutter_riverpod: ^2.3.6
```

首先必須先把 **ProviderScope** 放置到所有的 Widget 最頂層，聰明的你可能猜到，**ProviderScope** 的部分實現依賴前面提到的 **InheritedWidget**。所以我們也必須在一開始對 Widget 樹進行注入。

```
void main() {
  runApp(
    ProviderScope(
      child: MyApp(),
    ),
  );
}
```

接下來我們就需要定義 Provider，你可以想像每一個 Provider 都管理一個對應的狀態，而你在 **ProviderScope** 底下的 Widget 都可以去取得 Provider 所管理的狀態。

```
final counterProvider =
    StateNotifierProvider<CounterNotifier, int>((ref) {
  return CounterNotifier();
});

class CounterNotifier extends StateNotifier<int> {
  CounterNotifier() : super(0);

  void increment() => state++;
}
```

接下來我們需要在 UI 中讀取和監聽 Provider 的狀態，Riverpod 提供了一個方便的 Widget 叫做 **ConsumerWidget**，他可以用來取代我們使用的 **StatelessWidget**。你可以看到在 **build** 的方法中，多了一個 **WidgetRef** 的參數，我們就是要利用這個 ref 來呼叫監聽 Provider 的方法。

```
class CounterWidget extends ConsumerWidget {
  @override
  Widget build(BuildContext context, WidgetRef ref) {
    final count = ref.watch(counterProvider);

    return Scaffold(
      appBar: AppBar(title: const Text('Riverpod 計數器 ')),
      body: Center(
```

```
    child: Column(
      children: [
        Text('計數 : $count'),
        ElevatedButton(
          onPressed: () => ref.read(
            counterProvider.notifier).increment(),
          child: const Text('Increment'),
        ),
      ],
    ),
  ),
);
  }
}
```

在這個例子中，我們利用了 ref.watch 來監聽數據的變化，如果 Provider 的狀態改變，build 就會被刷新，達到更新畫面的效果。除此之外，在按鈕裡面我們也用到了 ref.read 來取得 Provider 的當前狀態，並且使用 Provider 提供的方法。

關鍵重點觀念

這裡幫大家整理 ref 能夠實現的各種方法：

- **exists**：檢查指定的 Provider 是否已初始化並存在於 **ProviderScoper** 中
- **read**：一次性讀取 Provider 的當前狀態，不會建立依賴關係或觸發重建
- **watch**：訂閱 Provider 的狀態變化，在值更新時自動重建使用該值的部分
- **listen**：監聽 Provider 的狀態變化，當值更新時執行指定的回呼函式，不觸發重建
- **refresh**：強制重新初始化指定的 Provider，丟棄舊狀態並返回新的狀態值
- **invalidate**：將指定 Provider 的狀態標記為無效，確保下次存取時重新初始化

10.4.3 深入理解 Provider

在看過前面的例子後，我們基本可以理解 Provider 是狀態和邏輯的容器。它的工作原理有以下幾個關鍵概念：

1. **建立和儲存**：當 Provider 被定義時，它不會立即被建立。只有在第一次被存取時，Provider 才會建立並快取其值。

2. **依賴追蹤**：Riverpod 使用細粒度的依賴追蹤系統。當一個 Provider 被另一個 Provider 或 Widget 讀取時，Riverpod 會自動建立它們之間的依賴關係。

3. **狀態更新**：當 Provider 的狀態改變時，Riverpod 會自動通知所有依賴這個 Provider 的其他 Provider 和 Widget。

4. **記憶化**：Provider 會記住它的最後一個值，除非它的依賴發生變化。這有助於提高性能，避免不必要的重建。

在前面我們有展示過 Provider 可以透過 **ref.watch** 來監聽變化，並且觸發刷新 UI。其實不只是在 UI 層面，當兩個 Provider 有依賴關係時，也可以透過 watch 來監聽變化並且重新觸發建構。

以下是一個簡單例子：

```
final counterProvider = StateProvider((ref) => 0);

final doubledCounterProvider = Provider((ref) {
  final count = ref.watch(counterProvider);
  return count * 2;
});

void main() {
  final container = ProviderContainer();

  // 監聽 doubledCounterProvider 的變化
  container.listen<int>(
    doubledCounterProvider,
    (previous, next) {
      print('Doubled count changed from $previous to $next');
    },
    fireImmediately: true,
  );

  // 初始值
  print('Initial count: ${container.read(counterProvider)}');
  print('Initial doubled count: ${container
      .read(doubledCounterProvider)}');
```

```
    // 更新 counterProvider 的值
    container.read(counterProvider.notifier).state = 5;

    // 再次讀取值
    print('Updated count: ${container.read(counterProvider)}');
    print('Updated doubled count: ${container
        .read(doubledCounterProvider)}');

    // 再次更新 counterProvider 的值
    container.read(counterProvider.notifier).state = 10;

    // 清理資源
    container.dispose();
}
```

在 這 個 例 子 中，**doubledCounterProvider** 依 賴 於 **counterProvider**。 每 當 **counterProvider** 的值改變時，**doubledCounterProvider** 會自動重新計算。

最終的輸出：

```
// doubledCounterProvider 被建立
Doubled count changed from null to 0
Initial count: 0
Initial doubled count: 0
Updated count: 5
// counterProvider 被改變，所以 doubledCounterProvider 又被觸發更新
Doubled count changed from 0 to 10
Updated doubled count: 10
```

📎 **10.5 總結**

Flutter 的狀態管理是一個豐富而複雜的話題，反映了現代應用開發的多樣性和挑戰性。從最基本的 setState 到進階的 Riverpod，每種方法都有其獨特的優勢和適用場景。這個進化過程不僅展示了 Flutter 生態系統的成熟，也反映了開發者社群不斷追求更好解決方案的努力。在選擇狀態管理方案時，沒有一種方法是萬能的。開發者需要根據專案的規模、複雜度和團隊的熟悉程度來做出明智的選擇。

對於小型專案，簡單的 setState 可能已經足夠；而對於大型、複雜的應用，Bloc
或 Riverpod 等框架則能提供更強大的工具來管理複雜的狀態邏輯。重要的是要理
解，狀態管理不僅僅是一個技術問題，更是一個設計問題。好的狀態管理應該能夠
使程式碼更加清晰、可維護，並提高應用的整體性能。它應該服務於業務邏輯，
而不是成為開發的障礙。

11

掌控應用脈動：
解剖 **Flutter** 的生命週期
LifeCycle

本章學習目標

1. 認識並掌握 **AppLifecycleListener** 的功能與運作方式。

2. 學習常見的 **App** 生命週期開發情境與應用。

3. 深入理解 **StatefulWidget** 和 **State** 的生命週期階段及其對應的操作。

4. 透過原始碼解析，了解 **Flutter** 應用生命週期與狀態管理的底層機制。

5. 學會在適當的階段釋放資源與處理狀態，提升應用的穩定性與效能。

到了 Mobile 開發非常重要的章節，生命週期！在本章中，我們將深入探討 Flutter 應用程式的生命週期，這是每個開發者必須掌握的重要知識。生命週期管理有助於開發者在正確的時機執行對的操作，從而提升產品的效能。

除了介紹 App 生命週期的運作機制，還會新增對 **StatefulWidget** 和 **State** 的生命週期解析，讓讀者能夠更全面地掌握 Flutter 的生命狀態管理，理解如何在應用的不同階段進行適當的資源管理和操作。

常見的情境，包含我們在做一些 Socket 通訊的應用，即時在用戶到背景的時候失去連線，或是遊戲玩到一半返回桌面需要先暫停。在每個狀態下即時進行一些相對應的措施，讓使用者擁有良好的體驗。本文中會跟大家說明監聽生命週期的幾種方式（新舊方法），特別是 **AppLifecycleListener** 類別。

11.1 App 的生命週期

從字面上來看 AppLifecycleListener 就是負責監聽 APP 生命週期，而它跟我們另一種常用的方式 **didChangeAppLifecycleState()** 不同地方，就是能掌握的情境更多。

11.1.1 App 所有狀態

- resumed：在裝置前景
- inactive：剛退出螢幕前景
- hidden：隱藏內容
- paused：退到裝置背景
- detached：APP 被銷毀、釋放

◆ resumed

- 在應用前景運行（顯示在螢幕），通常手機正在顯示 APP 畫面
- 可以跟使用者互動

◆ inactive

- 非活動狀態。在前景時插入其他應用，切到手機的 APP 選擇頁、子母畫面、電話、下滑的控制中心、系統視窗訊息等等，接著就是進入 hidden 狀態
- 此狀態等於 Android 系統的 **onPause()**

◆ hidden

- 應用即將進入背景時的過渡階段

◆ paused

- 在背景運行。無法跟使用者互動，基於非活動狀態
- 此狀態等於 Android 系統的 **onStop()**

◆ detached

- 應用一開始與結束的停止狀態。一旦從 Platform 收到第一個生命週期更新，就會更新到當前狀態
- 實際情況：APP 被關閉清除

11.1.2 狀態的改變流程與關係

知道 APP 五大狀態後，接下來要了解狀態轉變過程中會觸發哪些情境也就是程式裡的 callback，總共有八種。我們需要了解從 APP 啟動到被銷毀的過程以及從背景回到前景過程。

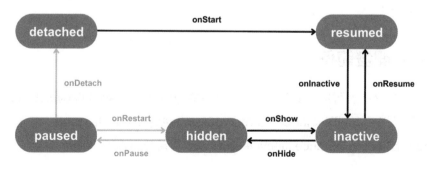

圖 11-1　生命週期的流程關係

◆ APP 開啟到停止運作

1. state: detached
2. onStart()
3. state: resumed
4. onInactive()
5. state: inactive
6. onHide()

7. state: hidden
8. onPause()
9. state: paused
10. onDetach()
11. state: detached

◆ APP 背景回到前景

1. state: paused
2. onRestart()
3. state: hidden
4. onShow()

5. state: inactive
6. onResume()
7. state: resumed

> **提醒**
>
> onPause()、onDetach()、onRestart() 這三種狀況只會出現在 iOS 和 Android 裝置。

有人看到這裡可能會問說，有沒有任何狀態改變都能捕捉的 callback ？當然有呀！這時候我們可以使用 **onStateChange()**，除了個別狀態的 callback 會被觸發以外這個方法每次都會被觸發，讓我們在開發時可以進行不同處理。文章後面會有實際開發方式

11.1.3 開發範例

取得當前 APP 狀態可以使用幾個方式，可以通過建立新的 **AppLifecycleListener**、通過覆寫 **WidgetsBindingObserver.didChangeAppLifecycleState**，也能經由 **SchedulerBinding.instance.lifecycleState** 來查看當前的 APP 狀態。

◆ 取得當前狀態（**SchedulerBinding**）

使用 **SchedulerBinding.instance.lifecycleState**，本身是 **nullable**，所以存取前記得檢查是否為空值。

```
@override
void initState() {
  super.initState();

  _state = SchedulerBinding.instance.lifecycleState;
  if (_state != null) {
    debugPrint(_state!.name);
  }
}
```

◆ 監聽所有狀態（**WidgetsBindingObserver**）

這件事很簡單，只需幾個步驟即可。首先我們要在 StatefulWidget 的 State 上去 with **WidgetsBindingObserver** 這個 **mixin class**，透過它我們才能進行 APP 狀態監聽。

```
class _MyHomePageState extends State<MyHomePage> with
WidgetsBindingObserver {
  ...
}
```

那我們如何透過 **WidgetsBindingObserver** 去監聽呢，首先我們需要透過 **addObserver()** 去註冊這個 State 為監聽者，當有週期變化的時候才會通知我們。

WidgetsBinding 本身是一個 **Flutter Framework** 和 **Flutter Engine** 層溝通的橋樑，其中針對 SchedulerBinding（安排任務）、GestureBinding（手勢操作）、RendererBinding（渲染操作）等等都是它服務的對象。而在這過程中如何做到通知呢？核心都會使用到 **InheritedWidget** 去執行狀態更新。

1. 在 **State** 裡的 **initState()**，在一開始的時候進行觀察者註冊。使用 **WidgetsBinding.instance.addObserver(this)**。

```
@override
void initState() {
  super.initState();

  WidgetsBinding.instance.addObserver(this);
}
```

2. 在 **State** 裡的 **dispose()**，在銷毀的時候進行觀察者釋放，讓記憶體有效使用。
   使用 **WidgetsBinding.instance.removeObserver(this)**。

```
@override
void dispose() {
  WidgetsBinding.instance.removeObserver(this);

  super.dispose();
}
```

```
/// See also:
///
///  * [removeObserver], to release the resources reserved by this method.
///  * [WidgetsBindingObserver], which has an example of using this method.
void addObserver(WidgetsBindingObserver observer) => _observers.add(observer);

/// Unregisters the given observer. This should be used sparingly as
/// it is relatively expensive (O(N) in the number of registered
/// observers).
///
/// See also:
///
///  * [addObserver], for the method that adds observers in the first place.
///  * [WidgetsBindingObserver], which has an example of using this method.
bool removeObserver(WidgetsBindingObserver observer) => _observers.remove(observer);
```

圖 11-2　WidgetsBinding 的 Oberver 操作

3. 覆寫 **didChangeAppLifecycleState()**，監聽 APP 的五種狀態。

```
@override
void didChangeAppLifecycleState(AppLifecycleState state) {
  super.didChangeAppLifecycleState(state);

  if (state == AppLifecycleState.resumed) {
  } else if (state == AppLifecycleState.inactive) {
  } else if (state == AppLifecycleState.hidden) {
  } else if (state == AppLifecycleState.paused) {
```

```
  } else if (state == AppLifecycleState.detached) {
  }
}
```

你以為這樣就結束了嗎？當然還沒，我們來了解一下底層做了哪些事。

在 APP 一開始 **Flutter Engine** 會透過 **_updateInitialLifecycleState()** 進行初始狀態的通知，接著 **ServiceBinding** 裡的 **readInitialLifecycleStateFromNativeWindow()** 會使用 **_handleLifecycleMessage()** 處理來自平台的初始狀態。

```
@pragma('vm:entry-point')
void _updateInitialLifecycleState(String state) {
  PlatformDispatcher.instance._updateInitialLifecycleState(state);
}
```

圖 11-3　_updateInitialLifecycleState() 方法

```
@protected
void readInitialLifecycleStateFromNativeWindow() {
  if (lifecycleState != null || platformDispatcher.initialLifecycleState.isEmpty) {
    return;
  }
  _handleLifecycleMessage(platformDispatcher.initialLifecycleState);
}
```

圖 11-4　readInitialLifecycleStateFromNativeWindow() 方法

一開始會解析狀態字串，將從 **Flutter Engine** 拿到的字串轉成我們熟悉的 **AppLifecycleState** enum（看到這裡就想到可以使用 switch expression 來優化一下 XD）。

```
Future<String?> _handleLifecycleMessage(String? message) async {
  final AppLifecycleState? state = _parseAppLifecycleMessage(message!);
  final List<AppLifecycleState> generated = _generateStateTransitions(lifecycleState, state!);
  generated.forEach(handleAppLifecycleStateChanged);
  return null;
}
```

圖 11-5　_handleLifecycleMessage() 方法

```
static AppLifecycleState? _parseAppLifecycleMessage(String message) {
  switch (message) {
    case 'AppLifecycleState.resumed':
      return AppLifecycleState.resumed;
    case 'AppLifecycleState.inactive':
      return AppLifecycleState.inactive;
    case 'AppLifecycleState.hidden':
      return AppLifecycleState.hidden;
    case 'AppLifecycleState.paused':
      return AppLifecycleState.paused;
    case 'AppLifecycleState.detached':
      return AppLifecycleState.detached;
  }
  return null;
}
```

圖 11-6　_parseAppLifecycleMessage 方法，轉換字串

接著使用 **_generateStateTransitions()** 計算上一個狀態跟當前狀態的差異，返回一個 **AppLifecycleState** List，實際上有可能是 **resume** 到 **paused**，過程就會包含 **inactive** 跟 **hidden**。

圖 11-7 中紅線為重點部分，如果是 **paused** 到 **detached** 就不需要計算，直接回傳有 **detached** 狀態的 List。

```
if (previousState == state) {
  return const <AppLifecycleState>[];
}
if (previousState == AppLifecycleState.paused && state == AppLifecycleState.detached) {
  // Handle the wrap-around from paused to detached
  return const <AppLifecycleState>[
    AppLifecycleState.detached,
  ];
}
final List<AppLifecycleState> stateChanges = <AppLifecycleState>[];
if (previousState == null) {
  // If there was no previous state, just jump directly to the new state.
  stateChanges.add(state);
} else {
  final int previousStateIndex = AppLifecycleState.values.indexOf(previousState);
  final int stateIndex = AppLifecycleState.values.indexOf(state);
  assert(previousStateIndex != -1, 'State $previousState missing in stateOrder array');
  assert(stateIndex != -1, 'State $state missing in stateOrder array');
  if (previousStateIndex > stateIndex) {
    for (int i = stateIndex; i < previousStateIndex; ++i) {
      stateChanges.insert(0, AppLifecycleState.values[i]);
    }
  } else {
    for (int i = previousStateIndex + 1; i <= stateIndex; ++i) {
      stateChanges.add(AppLifecycleState.values[i]);
    }
  }
}
```

圖 11-7　_generateStateTransitions() 方法

取得改變的狀態清單後，呼叫 **SchedulerBinding** 裡的 **handleAppLifecycleStat eChanged()**，在背景針對狀態做一些處理，同時通知有訂閱的 Observer，也就是 State 裡我們使用的 **didChangeAppLifecycleState()**。

```dart
Future<String?> _handleLifecycleMessage(String? message) async {
  final AppLifecycleState? state = _parseAppLifecycleMessage(message!);
  final List<AppLifecycleState> generated = _generateStateTransitions(lifecycleState, state!);
  generated.forEach(handleAppLifecycleStateChanged);
  return null;
}
```

圖 11-8　針對每個 AppLifecycleState 處理

```dart
@protected
@mustCallSuper
void handleAppLifecycleStateChanged(AppLifecycleState state) {
  if (lifecycleState == state) {
    return;
  }
  _lifecycleState = state;
  switch (state) {
    case AppLifecycleState.resumed:
    case AppLifecycleState.inactive:
      _setFramesEnabledState(true);
    case AppLifecycleState.hidden:
    case AppLifecycleState.paused:
    case AppLifecycleState.detached:
      _setFramesEnabledState(false);
  }
}
```

圖 11-9　handleAppLifecycleStateChanged() 處理新狀態的通知

同時可以看到針對 **inactive** 狀態，在 APP 不活躍不可互動的時候，會呼叫 _ **setFramesEnabledState()** 更新 **_framesEnabled** 為 false，也就代表現在不用再執行渲染了，暫停工作，節省手機電量。反之當 App 為 **resume** 狀態的時候，回來前景了，這時候繼續執行 **scheduleFrame()** 開始後續的渲染工作。

```
bool get framesEnabled => _framesEnabled;

bool _framesEnabled = true;
void _setFramesEnabledState(bool enabled) {
  if (_framesEnabled == enabled) {
    return;
  }
  _framesEnabled = enabled;
  if (enabled) {
    scheduleFrame();
  }
}
```

圖 11-10　更新 _framesEnabled，根據情境決定渲染工作

後續每當 APP 生命週期有變動的時候，在 **ServicesBinding** 裡都會透過 **_handleLifecycleMessage()** handler 進行接收，一樣會先將狀態字串轉換成 **AppLifecycleState**，最後傳遞給每個觀察者 observer，我們的 **didChangeAppLifecycleState()** 就會一直被通知，我們就能做一些對應的動作囉。

```
mixin ServicesBinding on BindingBase, SchedulerBinding {
  @override
  void initInstances() {
    super.initInstances();
    _instance = this;
    _defaultBinaryMessenger = createBinaryMessenger();
    _restorationManager = createRestorationManager();
    _initKeyboard();
    initLicenses();
    SystemChannels.system.setMessageHandler((dynamic message) => handleSystemMessage
    SystemChannels.lifecycle.setMessageHandler(_handleLifecycleMessage);
    SystemChannels.platform.setMethodCallHandler(_handlePlatformMessage);
    TextInput.ensureInitialized();
    readInitialLifecycleStateFromNativeWindow();
  }
}
```

圖 11-11　setMessageHandler 監聽生命週期

```
Future<String?> _handleLifecycleMessage(String? message) async {
  handleAppLifecycleStateChanged(_parseAppLifecycleMessage(message!)!);
  return null;
}
```

圖 11-12　_handleLifecycleMessage() 方法

```
@override
void handleAppLifecycleStateChanged(AppLifecycleState state) {
  super.handleAppLifecycleStateChanged(state);
  for (final WidgetsBindingObserver observer in _observers) {
    observer.didChangeAppLifecycleState(state);
  }
}
```

圖 11-13　_handleLifecycleStateChanged 通知所有監聽者

看下方的例子，可以當 APP 到背景的時候印出訊息，而當回到前景的時候顯示 Snack message。很多的情境都會使用到，可以發通知提醒使用者，或是有使用 藍牙服務的話，可以即時暫停掃描。

```
@override
void didChangeAppLifecycleState(AppLifecycleState state) {
  super.didChangeAppLifecycleState(state);

  if (state == AppLifecycleState.resumed) {
    ScaffoldMessenger.of(context).showSnackBar(const
      SnackBar(content: Text('App resumed.')));
  } else if (state == AppLifecycleState.inactive) {
  } else if (state == AppLifecycleState.hidden) {
  } else if (state == AppLifecycleState.paused) {
    debugPrint('App paused.');
  } else if (state == AppLifecycleState.detached) {
  }
}
```

◆ 監聽所有狀態（**AppLifecycleListener**）

建立 **AppLifecycleListener** 實例，我們只需要在元件建立的 **initState()** 進行監 聽，最後再銷毀 **dispose()** 的時候釋放資源。這個動作很重要，記得不要忘記，否 則會造成記憶體洩漏哦。

```
@override
void initState() {
  super.initState();

  _listener = AppLifecycleListener(
    onShow: () => _handleTransition('show'),
    onResume: () => _handleTransition('resume'),
```

```
  onHide: () => _handleTransition('hide'),
  onInactive: () => _handleTransition('inactive'),
  onPause: () => _handleTransition('pause'),
  onDetach: () => _handleTransition('detach'),
  onRestart: () => _handleTransition('restart'),
  onStateChange: _handleStateChange,
);
}

/// 處理各個情境
void _handleTransition(String name) {
  debugPrint(name)
}

/// 當狀態改變時做處理
void _handleStateChange(AppLifecycleState state) {
  // do something
}

@override void dispose() {
  _listener.dispose();

  super.dispose();
}
```

原始碼環節，直接深入 **AppLifecycleListener** 這個類別，可以看到 State 一樣
with **WidgetsBindingObserver**，進行 observer 監聽，它包了一層，並暴露一些
實用的 API。

```
class AppLifecycleListener with WidgetsBindingObserver, Diagnosticable {
  /// Creates an [AppLifecycleListener].
  AppLifecycleListener({
    WidgetsBinding? binding,
    this.onResume,
    this.onInactive,
    this.onHide,
    this.onShow,
    this.onPause,
    this.onRestart,
    this.onDetach,
    this.onExitRequested,
    this.onStateChange,
  }) : binding = binding ?? WidgetsBinding.instance,
       _lifecycleState = (binding ?? WidgetsBinding.instance).lifecycleState {
    this.binding.addObserver(this);
  }
```

圖 11-14　AppLifecycleListener

主要在 **didChangeAppLifecycleState()** 監聽到狀態的時候，做了很多檢查還有觸發 callback，判斷上一個狀態跟當前狀態的差異，得知現在的場景，而不管怎麼樣都會觸發 **onStateChange.call()**。

```
switch (state) {
  case AppLifecycleState.resumed:
    assert(previousState == null || previousState == AppLifecycleState.inactive || previousSta
    onResume?.call();
  case AppLifecycleState.inactive:
    assert(previousState == null || previousState == AppLifecycleState.hidden || previousState
    if (previousState == AppLifecycleState.hidden) {
      onShow?.call();
    } else if (previousState == null || previousState == AppLifecycleState.resumed) {
      onInactive?.call();
    }
  case AppLifecycleState.hidden:
    assert(previousState == null || previousState == AppLifecycleState.paused || previousState
    if (previousState == AppLifecycleState.paused) {
      onRestart?.call();
    } else if (previousState == null || previousState == AppLifecycleState.inactive) {
      onHide?.call();
    }
```

圖 11-15　檢查狀態並觸發對應的 callback

◆ 監聽 APP 關閉退出

使用 **onExitRequested()** 可監聽退出時的請求，決定是否要讓應用關閉退出。

我們使用以下的官方範例來理解，可以建立一個 callback 接收事件，再被觸發的時候回傳 **AppExitResponse**，當有退出請求的時候我們可以告訴它是否允許退出，或是取消這請求。

```
@override
void initState() {
  super.initState();

  _listener = AppLifecycleListener(
    onExitRequested: _handleExitRequest,
  );
}

/// 當退出請求產生時做處理。可以根據自定義狀態決定退出還是取消操作
Future<AppExitResponse> _handleExitRequest() async {
```

```
final AppExitResponse response = _shouldExit ?
  AppExitResponse.exit : AppExitResponse.cancel;
debugPrint(response.name);

return response;
}

/// 另外，可以根據 AppExitType 執行 exitApplication()，允許的情況下就會執行關閉
Future<void> _quit() async {
  final AppExitType exitType = _shouldExit ? AppExitType.required
    : AppExitType.cancelable;
  await ServicesBinding.instance.exitApplication(exitType);
}
```

AppExitResponse 擁有兩個類型：

1. exit：允許 APP 退出。

2. cancel：禁止退出 APP。

```
enum AppExitResponse {
  /// Exiting the application can proceed.
  exit,
  /// Cancel the exit: do not exit the application.
  cancel,
}
```

圖 11-16　AppExitResponse enum

_quit() 用來關閉運行中的 APP，執行 **ServicesBinding.instance.exitApplication(exitType)** 方法，其中參數是 **AppExitType**，一樣擁有兩個 type

1. required：允許 APP 退出。

2. cancelable：禁止退出 APP。

```
enum AppExitType {
  /// Requests that the application start an orderly exit, sending a request
  /// back to the framework through the [WidgetsBinding]. If that responds
  /// with [AppExitResponse.exit], then proceed with the same steps as a
  /// [required] exit. If that responds with [AppExitResponse.cancel], then the
  /// exit request is canceled and the application continues executing normally.
  cancelable,

  /// A non-cancelable orderly exit request. The engine will shut down the
  /// engine and call the native UI toolkit's exit API.
  ///
  /// If you need an even faster and more dangerous exit, then call `dart:io`'s
  /// `exit()` directly, and even the native toolkit's exit API won't be called.
  /// This is quite dangerous, though, since it's possible that the engine will
  /// crash because it hasn't been properly shut down, causing the app to crash
  /// on exit.
  required,
}
```

圖 11-7　AppExitType enum

當 我 們 使 用 **ServicesBinding** 的 **exitApplication()** 時 會 檢 查 是 否 有 覆 寫 **onExitRequested()**，沒有的話會直接回傳 **AppExitResponse.exit**，有的話會確認自定義的回應，接下來會檢查 AppExitResponse type 和 AppExitType type，總共有三種情況：

1. 如果在預設沒有覆寫的情況下，就會自然關閉 APP。

2. 如果 AppExitResponse 和 AppExitType 其中有一個是允許退出的話，APP 就會執行關閉。

3. 只有在兩個都是 cancel 語義的情況下 APP 才不會退出。

透 過 **ServicesBinding** 的 **exitApplication()** 使 用 SystemChannels 將 Flutter Engine 關閉並呼叫 Platform 的 **exit** API。

🔍 **關鍵重點觀念**

exitApplication() 與 **exit()** 方法不同的是，它讓 Engine 有機會清理資源，以便在退出時不會崩潰，建議使用此方式退出 APP。

```
Future<ui.AppExitResponse> exitApplication(ui.AppExitType exitType, [int exitCode = 0]) async {
  final Map<String, Object?>? result = await SystemChannels.platform.invokeMethod<Map<String, Obj
    'System.exitApplication',
    <String, Object?>{'type': exitType.name, 'exitCode': exitCode},
  );
  if (result == null ) {
    return ui.AppExitResponse.cancel;
  }
  switch (result['response']) {
    case 'cancel':
      return ui.AppExitResponse.cancel;
    case 'exit':
    default:
      // In practice, this will never get returned, because the application
      // will have exited before it returns.
      return ui.AppExitResponse.exit;
  }
}
```

圖 11-18　exitApplication() 方法，處理退出意圖

這 時 侯 會 從 原 生 Platform 取 得 **System.requestAppExit** 事 件，同 時 使 用 **handleRequestAppExit()** 取得 AppExitResponse，它本身預設為 exit type，但我們有覆寫 **didRequestAppExit()** 也就是在 Widget-State 裡的 **onExitRequested** callback，看我們給予什麼 AppExitResponse。

```
Future<dynamic> _handlePlatformMessage(MethodCall methodCall) async {
  final String method = methodCall.method;
  assert(method == 'SystemChrome.systemUIChange' || method == 'System.requestAppExit');
  switch (method) {
    case 'SystemChrome.systemUIChange':
      final List<dynamic> args = methodCall.arguments as List<dynamic>;
      if (_systemUiChangeCallback != null) {
        await _systemUiChangeCallback!(args[0] as bool);
      }
    case 'System.requestAppExit':
      return <String, dynamic>{'response': (await handleRequestAppExit()).name};
  }
}
```

圖 11-19　_handlePlatformMessage() 方法

handleRequestAppExit() 裡 面 的 邏 輯 是 只 要 有 一 個 observer 是 設 置 **AppExitResponse.cancel**，也就是取消關閉，APP 就不會被關閉。

```
@override
Future<AppExitResponse> handleRequestAppExit() async {
  bool didCancel = false;
  for (final WidgetsBindingObserver observer in _observers) {
    if ((await observer.didRequestAppExit()) == AppExitResponse.cancel) {
      didCancel = true;
      // Don't early return. For the case where someone is just using the
      // observer to know when exit happens, we want to call all the
      // observers, even if we already know we're going to cancel.
    }
  }
  return didCancel ? AppExitResponse.cancel : AppExitResponse.exit;
}
```

圖 11-20　_handlePlatformMessage() 方法

```
@override
Future<AppExitResponse> didRequestAppExit() async {
  assert(_debugAssertNotDisposed());
  if (onExitRequested == null) {
    return AppExitResponse.exit;
  }
  return onExitRequested!();
}
```

圖 11-21　didRequestAppExit() 方法

最後檢查 result Map 裡的 response 欄位，如果是 **cancel** 就繼續運行，**exit** 或沒
有東西就會將 APP 關閉。

```
Future<ui.AppExitResponse> exitApplication(ui.AppExitType exitType, [int exitCode = 0])
  final Map<String, Object?>? result = await SystemChannels.platform.invokeMethod<Map<S
    'System.exitApplication',
    <String, Object?>{'type': exitType.name, 'exitCode': exitCode},
  );
  if (result == null ) {
    return ui.AppExitResponse.cancel;
  }
  switch (result['response']) {
    case 'cancel':
      return ui.AppExitResponse.cancel;
    case 'exit':
    default:
      // In practice, this will never get returned, because the application
      // will have exited before it returns.
      return ui.AppExitResponse.exit;
  }
}
```

圖 11-22　didRequestAppExit() 方法，檢查 result 資料，確認是否退出

開發小提醒

官方說明，不要在 **onExitRequested()** 觸發時儲存重要數據，可能會錯誤和失敗。
APP 本身可以通過很多種方式退出，而且不會提前告知，例如：拔掉電源、取出電池、任務管理器或使用 command line 終止。

11.2 StatefulWidget 和 State 的生命週期

生命週期在大部分的軟體開發中都會了解這個名詞，簡單來說就是某個東西從出現到消失，中間的每個階段都會有一個對應的狀態，那為什麼要有狀態？這些狀態都是為了讓開發者在特定情境下去針對應用程式、物件、UI 或是進行合適的操作，例如：在一開始的時候，我們需要將某些服務啟動或是給予屬性初始值，準備待會使用；在初始化後的第二階段，可以開始進行資料的操作，可能是請求資料，也可能是數據處理；最後在被銷毀，準備死亡的階段，可以進行資源的釋放，防止記憶體洩漏，讓整體效能提升。開發者在對的時間做對的事，告訴 APP 該怎麼運行和顯示，確保使用者擁有好的體驗，以及 APP 能流暢的呈現，這些都是我們的職責。所以生命週期對於 Mobile 開發來說非常重要，是不可忽視的一環。

大家都知道 Flutter 中有 **StatelessWidget** 和 **StatefulWidget**，而 StatefulWidget 因為需要長期保持狀態，會需要透過 **State** 去維護，它本身是託管在 **Element** 底下，也因為成本高的關係不適合重複建立，**Flutter Framework** 讓 **Element** 以及 **State** 可以在不同情境下觸發一些介面，讓我們能即時針對當前的 Widget 或是資源去進行處理，而在 State 中就有比較多環節我們需要注意，以下就跟著我來了解它們。

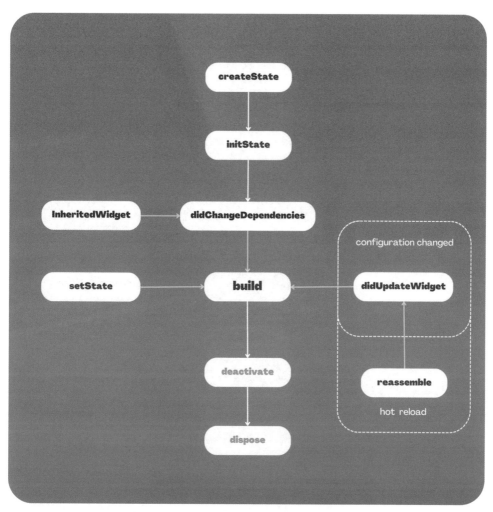

圖 11-23　StatefulWidget 生命週期

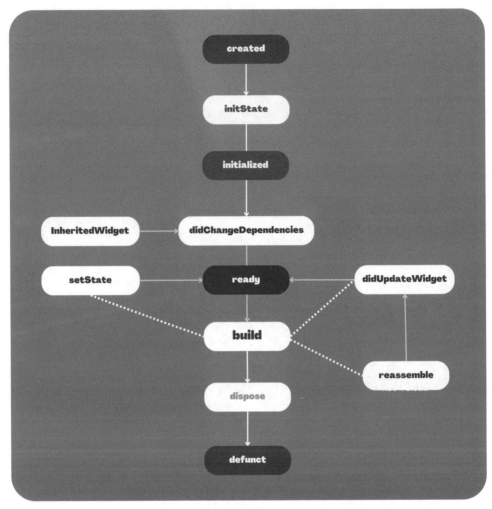

圖 11-24　StatefulWidget 與 State 的生命週期

11.2.1　createState()

- Widget 初次建立時，同時會建立一個 **State**，負責在接下來記錄所有狀態
- 詳細過程

1. StatefulWidget 呼叫 **createElement()**，建立 **StatefulElement** 同時注入 **Widget**。

```
///     be read by descendant widgets.
Ian Hickson, 12 months ago | 6 authors (Adam Barth and others)
abstract class StatefulWidget extends Widget {
  /// Initializes [key] for subclasses.
  const StatefulWidget({ super.key });

  /// Creates a [StatefulElement] to manage this widget's location in the tree.
  ///
  /// It is uncommon for subclasses to override this method.
  @override
  StatefulElement createElement() => StatefulElement(this);

  /// Creates the mutable state for this widget at a given location in the tree.
  ///
```

圖 11-25　createElement() 函式

2. 在建構子由 Widget 呼叫 **createState()** 建立新的 **State**，並由 **Element** 記錄下來。

3. 最後再將此 Widget 更新到 **state** 身上的 **widget** 屬性。

```
/// An [Element] that uses a [StatefulWidget] as its configuration.
Michael Goderbauer, 12 months ago | 15 authors (Alexandre Ardhuin and others)
class StatefulElement extends ComponentElement {
  /// Creates an element that uses the given widget as its configuration.
  StatefulElement(StatefulWidget widget)
      : _state = widget.createState(),
        super(widget) {
    assert(() {
      if (!state._debugTypesAreRight(widget)) {
        throw FlutterError.fromParts(<DiagnosticsNode>[
          ErrorSummary('StatefulWidget.createState must return a subtype of State<${widget.runtimeType}>'),
          ErrorDescription(
            'The createState function for ${widget.runtimeType} returned a state '
            'of type ${state.runtimeType}, which is not a subtype of '
            'State<${widget.runtimeType}>, violating the contract for createState.',
          ),
        ]);
      }
      return true;
    }());
    assert(state._element == null);
    state._element = this;
    assert(
      state._widget == null,
      'The createState function for $widget returned an old or invalid state '
      'instance: ${state._widget}, which is not null, violating the contract '
      'for createState.',
    );
    state._widget = widget;
    assert(state._debugLifecycleState == _StateLifecycle.created);
  }
```

圖 11-26　StatefulElement 建構子細節

11.2.2　initState()

- Widget 建立後的初始化（只會呼叫一次），此時 State 狀態為 **created**
- 狀態轉變的過程，首先呼叫 **super.initState()**，接著 StateLifecycle 會轉變為 **initialized**，並呼叫 **didChangeDependencies()**
- 可在這裡進行其他服務的初始化，例如 Animation、Controller 等等
- 提醒：避免在函式裡使用 **InheritedWidget** 和 **Provider** 的 **context** 存取，因為有可能依賴物更新後不會被通知要更新，請確保 **MediaQuery.of(context)** 這類的操作放置在 didChangeDependencies()、**build()** 等等其他位置

State 生命週期包含 4 個部分，包含 **created**、**initialized**、**ready**、**defunct**

```
/// Tracks the lifecycle of [State] objects when asserts are enabled.
enum _StateLifecycle {
  /// The [State] object has been created. [State.initState] is called at this
  /// time.
  created,

  /// The [State.initState] method has been called but the [State] object is
  /// not yet ready to build. [State.didChangeDependencies] is called at this time.
  initialized,

  /// The [State] object is ready to build and [State.dispose] has not yet been
  /// called.
  ready,

  /// The [State.dispose] method has been called and the [State] object is
  /// no longer able to build.
  defunct,
}
```

圖 11-27　State 生命週期

11.2.3　didChangeDependencies()

- State 狀態為 **initialized**
- 觸發後裡面只有做了一件事，就是 **markNeedsBuild()**，也就是我們使用 **setState()** 做的事情，進行多層的生命週期與狀態檢查後，標記此元件對應的

element 為 **dirty**，並添加到 **_dirtyElements** 這個清單，等候待會下一幀進行 rebuild

- 直接幫大家歸納幾個關鍵的觸發原因

  1. 元件初次執行 **createElement()** 的時候被 mount 綁定到樹上，這時候就會呼叫。

  2. 依賴的 **InheritedWidget** 產生變化、有更新。例如：**Theme.of(context)**、**Locale.of(context)** 等發生變化時，依賴元件的 **didChangeDependencies()** 方法將會被呼叫。

  3. 父元件的階層改變。

  4. 元件本身的 **Type** 與 **Key** 改變。

```
/// Called when a dependency of this element changes.
///
/// The [dependOnInheritedWidgetOfExactType] registers this element as depending on
/// inherited information of the given type. When the information of that type
/// changes at this location in the tree (e.g., because the [InheritedElement]
/// updated to a new [InheritedWidget] and
/// [InheritedWidget.updateShouldNotify] returned true), the framework calls
/// this function to notify this element of the change.
@mustCallSuper
void didChangeDependencies() {
  assert(_lifecycleState == _ElementLifecycle.active); // otherwise markNeedsBuild is a no-op
  assert(_debugCheckOwnerBuildTargetExists('didChangeDependencies'));
  markNeedsBuild();
```

圖 11-28　didChangeDependencies() 執行 markNeedsBuild()

```
void markNeedsBuild() {
  assert(_lifecycleState != _ElementLifecycle.defunct);
  if (_lifecycleState != _ElementLifecycle.active) {
    return;
  }
  assert(owner != null);
  assert(_lifecycleState == _ElementLifecycle.active);
  assert(() {
  if (dirty) {
    return;
  }
  _dirty = true;
  owner!.scheduleBuildFor(this);
}
```

圖 11-29　markNeedsBuild() 會標記元件的 element 為 dirty

11.2.4 didUpdateWidget()

- 可以在此檢查新舊元件、屬性是否不同，根據不同條件進行服務的重置，或是調整某個狀態。例如：在 **didUpdateWidget()** 中取消 Old Widget 訂閱的 callback，並改讓 New Widget 訂閱 callback

- 透過 Widget.**canUpdate()** 來檢查 Widget Tree 中同一位置的新舊節點，決定是否要更新，如果返回 **true**，代表新舊元件的 **key** 和 **runtimeType** 都相同，就會觸發 **didUpdateWidget()**。使用新 Widget 配置更新原本的 **Element** 配置；反之如果返回 **false** 則建立新的 **Element**

- 幾個常見場景

  1. 本身進行 hot reload，在 **ressemble()** 後會觸發 **didUpdateWidget()**。

  2. 父元件執行 **setState()** 或其他會執行 **build()** 的操作，父元件不會觸發 **didUpdateWidget()**，而子元件 **didUpdateWidget()** 會被觸發。

- 提醒：**setState()** 在這使用會沒有作用，因為 **didUpdateWidget()** 執行完後就會執行 **rebuild()**，也就是 **State** 的 **build()**

```
@override
void update(StatefulWidget newWidget) {
  super.update(newWidget);
  assert(widget == newWidget);
  final StatefulWidget oldWidget = state._widget!;
  state._widget = widget as StatefulWidget;
  final Object? debugCheckForReturnedFuture = state.didUpdateWidget(oldWidget) as dynamic;
  assert(() {
    if (debugCheckForReturnedFuture is Future) {
      throw FlutterError.fromParts(<DiagnosticsNode>[
        ErrorSummary('${state.runtimeType}.didUpdateWidget() returned a Future.'),
        ErrorDescription( 'State.didUpdateWidget() must be a void method without an `async` keyword.'),
        ErrorHint(
          'Rather than awaiting on asynchronous work directly inside of didUpdateWidget, '
          'call a separate method to do this work without awaiting it.',
        ),
      ]);
    }
    return true;
  }());
  rebuild(force: true);
}
```

圖 11-30　didUpdateWidget() 執行完後就會執行 rebuild()

11.2.5 reassemble()

- 為了 **debug** 開發使用，在執行 **Hot Reload** 後呼叫

- **release** 模式下會被忽略，不會使用

- 執行順序

  1. **reassemble()**

  2. **didUpdateWidget()**

  3. **build()**

針對當前元件執行 **markNeedsBuild()**，觸發 **build()** 進行 rebuild，接著同時針對所有的 child 都執行 **reassemble()**

```
///   * [State.reassemble]
///   * [BindingBase.reassembleApplication]
///   * [Image], which uses this to reload images.
@mustCallSuper
@protected
void reassemble() {
  if (_debugShouldReassemble(_debugReassembleConfig, _widget)) {
    markNeedsBuild();
    _debugReassembleConfig = null;
  }
  visitChildren((Element child) {
    child._debugReassembleConfig = _debugReassembleConfig;
    child.reassemble();
  });
  _debugReassembleConfig = null;
}
```

圖 11-31　reassemble() 執行細節

11.2.6 build()

- **State** 狀態為 **ready**

- 最熟悉的部分，也就是建立 Widget 內容、整個 Widget Tree，或是更新

- 大部分操作都會影響 build()，通常前面執行了 didChangeDependencies()、didUpdateWidget()，或是我們手動執行 setState()，都會觸發它

底層是 **Element** 會執行 **performRebuild()**，接著觸發 StatelessWidget-**build()** 或
是 State.**build()** 建立 Widget Tree，並將 Element 本身的 **dirty** 屬性設為 **false**，代
表乾淨了、更新完成，最後在使用 **updateChild()** 進行 child 刷新

```
        @override
        @pragma('vm:notify-debugger-on-exception')
        void performRebuild() {
          Widget? built;
          try {
            assert(() {
              _debugDoingBuild = true;
              return true;
            }());
            built = build();
            assert(() {
              _debugDoingBuild = false;
              return true;
            }());
            debugWidgetBuilderValue(widget, built);
          } catch (e, stack) {
            _debugDoingBuild = false;
            built = ErrorWidget.builder(
              _reportException(
                ErrorDescription('building $this'),
                e,
                stack,
                informationCollector: () => <DiagnosticsNode>[
                  if (kDebugMode)
                    DiagnosticsDebugCreator(DebugCreator(this)),
                ],
              ),
            );
          } finally {
            // We delay marking the element as clean until after calling build() so
            // that attempts to markNeedsBuild() during build() will be ignored.
            super.performRebuild(); // clears the "dirty" flag
          }
          try {
            _child = updateChild(_child, built, slot);
            assert(_child != null);
          } catch (e, stack) {
            built = ErrorWidget.builder(
```

圖 11-32　Element 的 performRebuild() 執行細節

11.2.7 deactivate()

- 當 Widget 從 **Widget Tree** 中被移出後呼叫，移出後會等待重新添加到 Widget Tree，可能會在當前幀更改完成之前重新插入樹中，如果未被插入到其他節點時，則會繼續執行 **dispose()**

- 重新插入其他樹中，可以通過 **GlobalKey** 來實現，Widget 從這棵樹移動到另一棵樹，或是移動到其他的階層位置，這個技巧稱為「**Tree Sugery**」，其中還包含對應的兩個好夥伴 **Element** 以及 **RenderObject**

看程式碼的部分，同時在這裡也會將此元件原本有依賴的 **InheritedWidget** 都拿出來，以迴圈的方式，將此 Widget 從他們的依賴者名單中移除，也就代表之後的更新不會再通知我了。最後將 **Element** 生命週期設為 **inactive**

```
@mustCallSuper
void deactivate() {
  assert(_lifecycleState == _ElementLifecycle.active);
  assert(_widget != null); // Use the private property to avoid a CastError during hot reload.
  if (_dependencies != null && _dependencies!.isNotEmpty) {
    for (final InheritedElement dependency in _dependencies!) {
      dependency._dependents.remove(this);
    }
    // For expediency, we don't actually clear the list here, even though it's
    // no longer representative of what we are registered with. If we never
    // get re-used, it doesn't matter. If we do, then we'll clear the list in
    // activate(). The benefit of this is that it allows Element's activate()
    // implementation to decide whether to rebuild based on whether we had
    // dependencies here.
  }
  _inheritedElements = null;
  _lifecycleState = _ElementLifecycle.inactive;
}
```

圖 11-33　deactivate() 處理依賴與生命週期

11.2.8 dispose()

- **State** 狀態為 **defunct**

- 將 Widget 永久銷毀，包含 **Element** 和 **Render Object**，釋放資源

- **context.mounted** 屬性會被設置為 **false**，也代表生命週期的結束，所以不能在此執行 **setState()**

- 其中 **super.dispose()** 應該作為 Widget-**dispose()** 的最後一個執行函式，資源釋放需要在之前執行，如果在後面則不會處理

- 提醒：在元件使用到的資源記得要釋放掉，否則會造成記憶體洩漏。例如：TextEditingController、AnimationController、Ticker、Stream 等等

元件的 **Element** 會執行 **unmount()**，從樹上拔除，並將元件和相關依賴資源釋放，然後生命週期從 **inactive** 轉變為 **defunct**，這個時候 **State** 生命週期也會轉變為 **defunct** 狀態。

```dart
@mustCallSuper
void unmount() {
  assert(_lifecycleState == _ElementLifecycle.inactive);
  assert(_widget != null); // Use the private property to avoid a CastError during hot reload.
  assert(owner != null);
  if (kFlutterMemoryAllocationsEnabled) {
    MemoryAllocations.instance.dispatchObjectDisposed(object: this);
  }
  // Use the private property to avoid a CastError during hot reload.
  final Key? key = _widget?.key;
  if (key is GlobalKey) {
    owner!._unregisterGlobalKey(key, this);
  }
  // Release resources to reduce the severity of memory leaks caused by
  // defunct, but accidentally retained Elements.
  _widget = null;
  _dependencies = null;
  _lifecycleState = _ElementLifecycle.defunct;
}
```

圖 11-34　dispose() 釋放元件並更新生命狀態

```dart
@override
void unmount() {
  super.unmount();
  state.dispose();
  assert(() {
    if (state._debugLifecycleState == _StateLifecycle.defunct) {
      return true;
    }
    throw FlutterError.fromParts(<DiagnosticsNode>[
      ErrorSummary('${state.runtimeType}.dispose failed to call super.dispose.'),
      ErrorDescription(
        'dispose() implementations must always call their superclass dispose() method, to ensure '
        'that all the resources used by the widget are fully released.',
      ),
    ]);
  }());
  state._element = null;
  // Release resources to reduce the severity of memory leaks caused by
  // defunct, but accidentally retained Elements.
  _state = null;
}
```

圖 11-35　unmount() 釋放 State 物件

11.2.9 mounted & context.mounted

- 用來檢查 **Element** 是否存在，是否還在 **Element Tree**，還在的話代表我們可以繼續存取 **context** 物件以及它的屬性

- 這裡使用到的 **context** 本身是 **BuildContext**，它也是 **Element** 的介面，實際上就是 Element，也代表這個 Widget 在樹中的位置

- 常見用法，通常我們進行在非同步操作後，需要透過它檢查是否綁定，接著才能進行 **setState()**，或是其他 **context** 操作

可以看到原始碼，很簡單的就是檢查 **Element** 是否為 **null**。可以由註解得知，同時也是在檢查 **State** 物件是否還存在。最後一行也提到，避免在 **mounted** 為 **false** 的時候執行 **setState()**，不然就會報錯。

如果專案有使用 **flutter_lints** 套件保護程式碼品質的話，它本身也有提供相對的規則來幫我們檢查是否有在非同步操作後直接使用 **context**。也提醒大家 **Linting Tool** 程式碼分析是很重要的哦。

```
/// Whether this [State] object is currently in a tree.
///
/// After creating a [State] object and before calling [initState], the
/// framework "mounts" the [State] object by associating it with a
/// [BuildContext]. The [State] object remains mounted until the framework
/// calls [dispose], after which time the framework will never ask the [State]
/// object to [build] again.
///
/// It is an error to call [setState] unless [mounted] is true.
bool get mounted => _element != null;
```

圖 11-36　使用 mounted 確認 Element 是否存在

✎ 11.3 總結

本章強調了 Flutter 應用程式生命週期管理的重要性，這是每位開發者必須具備的核心技能。透過對 **AppLifecycleListener**、**StatefulWidget** 和 **State** 生命週期的深入解析，我們學會了如何在應用的不同狀態下進行正確的處理。無論是應用切換到背景、回到前景，還是 Widget 的狀態變化，每個階段都至關重要。我們掌握了如何在適當時機初始化、更新及釋放資源，這有助於防止記憶體洩漏並提升應用效能。

總的來說，生命週期的管理不僅能優化應用的資源使用，還能改善用戶體驗，讓應用在各種使用情境下表現穩定。透過了解 **StatefulWidget** 和 **State** 的生命週期，開發者能在正確的階段進行狀態更新、資料處理及介面渲染。

另外，在 Flutter 中關於生命週期這件事，**Element** 是核心角色，它掌管著 Widget 和 State、RenderObject 更新，建議開發者可以去了解 **Flutter 三棵樹**，或是花點時間解析 Source Code。當我們越熟悉也代表越了解 Flutter 以及 APP 是如何運作，開發過程中會更有感覺喔！

Flutter 三巨頭：
Widget Tree、
Element Tree、
RenderObject Tree

本章學習目標

1. 理解三棵樹的概念與作用。

2. 掌握三棵樹之間的層級與互動關係。

3. 探討 Flutter 高效運行的原因，並了解其高效渲染的機制。

Flutter 作為一款高性能、跨平台的 UI 框架，高效的渲染性能是廣為人知的。而這一切的背後，都離不開 Flutter 獨特的「三棵樹」架構。本章節將深入探討 Flutter 的三棵樹：Widget Tree、Element Tree 和 RenderObject Tree。我們將了解它們的定義、作用與關係，逐步揭開 Flutter 渲染的神秘面紗。透過對三棵樹的詳細了解，你將能夠更好地理解 Flutter 的渲染流程，做出更高效、更高品質的 Flutter 應用。

對於 Flutter 工程師來說，了解這三棵樹就等於了解房子的建築結構，能更有效率地施工，就能寫出更高效的程式碼。而當房子出現問題時，你就能快速定位問題根源，並對症下藥。

12.1 什麼是樹？

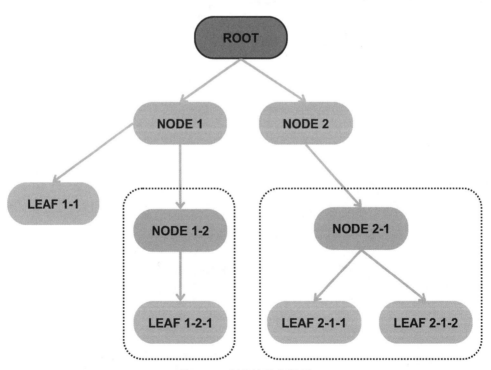

圖 12-1　樹與節點的關係

1. 樹只能有一個 **Root**，從一個節點出發。

2. 每個節點只能有一個父節點。除了最根本的 Widget，例如大家最熟悉的 **MaterialApp**。

3. 樹中的元素節點稱為 **Node**。

4. 沒有子節點的節點稱為 **Leaf**，代表是支線路徑的終端尾巴。

5. 每個節點都是子節點的根節點，擁有自己的子樹。

✎ 12.2 三棵樹

可以想像 Flutter 開發就像我們在蓋一棟房子，從設計圖（Widget 樹）到實際的磚塊瓦片（RenderObject 樹），中間還需要一個公頭和施工團隊（Element 樹）來負責蓋房子。

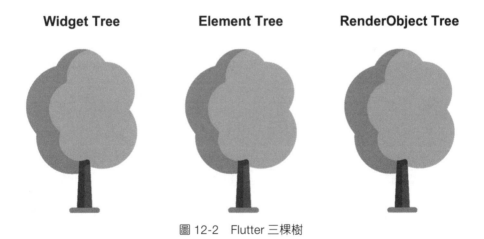

Widget Tree　　**Element Tree**　　**RenderObject Tree**

圖 12-2　Flutter 三棵樹

- **Widget Tree**：就像設計圖，描繪了房子的外觀、房間的布局、擺設裝飾等等
- **Element Tree**：就像施工團隊，負責把設計圖轉換成實際的建築物，管理每個房間的建材和裝潢，並將每項工作分派出去給合適的人員負責
- **RenderObject Tree**：就像房子的骨架和外牆，負責支撐整個房子，讓你看見實際的建築物

三棵樹在 Flutter 裡也是一樣，非常簡單直白：

- **Widget Tree** 負責定義元件的外觀樣貌和行為，描述 UI 配置。每個 Widget 對應 UI 上的一個元素

- **Element Tree** 作為 Widget 的本體，除了管理 Widget 的生命週期，也負責在合適的時機指派任務並觸發刷新動作。是 Widget 和 RenderObject 中間的黏著劑，三者之間的核心

- **RenderObject Tree** 負責接收訊號，根據 Widget 給的配置，進行實際的排版布局和繪製，將 UI 元素完整呈現在螢幕上

那開發者為什麼要了解它們，不就想辦法將我們看到的畫面與效果堆疊出來嗎？當然沒這麼簡單，它們能帶來的好處有幾項：

- **精緻客製化**：熟悉每個元件，可以懂得組合它們，形成複雜的 UI 結構，打造出獨一無二的 App

- **解決開發問題**：遇到 Bug、崩潰時，能幫助開發者快速定位問題，不需要多餘的擔心害怕

- **保持高品質**：能幫助寫出更有效率的程式碼，在元件設計與使用上知道哪種組合最適合最好

簡單來說，了解三棵樹就像是一個 Flutter 工程師的內功心法，能讓你更深入地掌握 Flutter 的運作原理，寫出更優質的應用程式。

12.2.1 三棵樹之間的關係

1. **層級關係**：Widget Tree 是最高層級，Element Tree 是中間層級，RenderObject Tree 是最低層級。對應關係：每個 Widget 對應一個 Element，每個 Element 不一定對應一個 RenderObject。少數元件只有 **Widget 和 Element**，例如：身為 ComponentElement 的 Container 元件。

2. **資料流動**：配置資料從 Widget 開始傳遞，經由 Element 最終影響 RenderObject 的渲染結果。

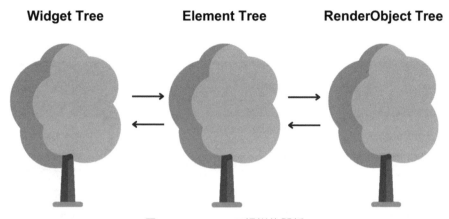

圖 12-3　Flutter 三棵樹的關係

以下使用 Widget Tree 一步一步說明：

```
ColoredBox(
  color: Colors.blue,
  child: Padding(
    padding: EdgeInsets.all(20.0),
    child: Text('Text is inside a ColoredBox',
      style: TextStyle(color: Colors.white),
    ),
  ),
),
```

圖 12-4　簡易 Widget Tree 的 UI 範例

關於**圖 12-4**，畫面裡擁有一個文字，外層依照順序包了一個 **Padding** 和 **ColoredBox** 元件，它們在樹的層面以下方**圖 12-5** 呈現

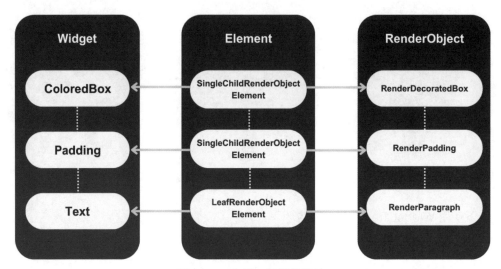

圖 12-5　內部三棵樹的細節

三個元件由上到下代表樹的由裡到外，邊緣節點為 Text 元件。以範例來看，每個元件都有自己的 Element 以及 RenderObject，ColoredBox 與 Padding 各自由 **SingleChildRenderObjectElement** 管理，SingleChild 代表它們都可能包裹一個元件。而 Text 使用的是 **LeafRenderObjectElement**，因為通常使用它都為最終節點，不會在包裹其他元件，**Leaf** 代表的是終端樹葉。

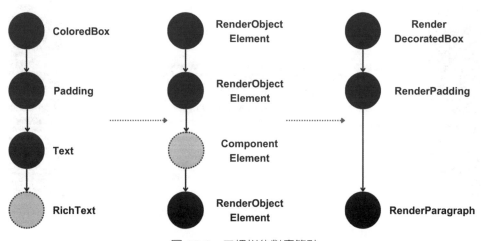

圖 12-6　三棵樹的對應節點

12.2.2 三者的簡易建立流程

1. Widget 執行 **createElement()** 建立 Element。

2. Element 透過 Widget 執行 **createRenderObject()** 建立 RenderObject，載入所有屬性配置的設定。

3. RenderObject 執行 UI 布局與繪製。

整個 Widget Tree 是一個由各種 Widget 複合出來的樹，要去渲染它時透過遞迴去呼叫 StatelessWidget 和 StatefulWidget 的 **build()**，直到遇到某個沒有 **build()** 的 **RenderObjectWidget**，由它產生其對應的 **RenderObject**。

12.2.3 樹的生成步驟

1. 根據 **Widget Tree** 生成一個 Element Tree，Element Tree 中的節點都繼承 Element。

2. 根據 **Element Tree** 生成 RenderObject Tree，RenderObject Tree 中的節點都繼承 RenderObject。

3. 最終 **RenderObject Tree** 會生成 Layer Tree（隱藏的第四棵樹），然後在畫面顯示。

> 🔍 **關鍵重點觀念**
>
> 三大主角的職責：
> - **Widget**：配置
> - **Element**：管理
> - **Render Object**：布局與繪製

通常 Element 分為幾種選項：

1. ComponentElement

是 **StatelessElement** 和 **StatefulElement** 的父類，用於管理樹狀結構中複合 Widget 的 Element 邏輯。通常它不會有對應的 RenderObject。

2. SingleChildRenderObjectElement

用於管理只有包裹一個子元件的 RenderObjectWidget。例如：Container、Padding。

3. MultiChildRenderObjectElement

用於管理多個子元件的 RenderObjectWidget。例如：Row、Column、Stack。

4. LeafRenderObjectElement

用於那些不包含子元素的 RenderObjectWidget。這些元件通常負責渲染最基礎的內容。例如：Text、Image。

5. ProxyElement

用於那些通過代理來改變子元件行為的元件。InheritedElement 就是一個典型的例子。例如：Theme、MediaQuery。

在 Flutter 中，RenderObject 是負責布局、繪製的底層類型。擁有多種子類型，用於處理不同的 UI 需求。以下是常見的幾種 RenderObject 選項：

1. RenderBox

是最常見的 RenderObject 子類之一。它使用 2D 座標系統，處理尺寸測量和布局，適用於大多數的視覺元素。相關元件：RenderPadding、RenderDecoratedBox。

2. RenderProxyBox

用來包裝其他 RenderObject，它可以在不改變外觀的情況下添加行為或修改渲染過程。常見於添加陰影、邊框等效果，相關元件：RenderOpacity、RenderTransform。

3. RenderSliver

用於實現滾動效果的 UI 元素。Sliver 是彈性大小的區塊，可以根據滾動位置動態調整其大小和位置。相關元件：RenderSliverList、RenderSliverGrid、RenderSliverToBoxAdapter。

4. RenderFlex

用於實現彈性布局，例如水平或垂直布局，控制子元素的排列方式和空間分配。
相關元件：Row、Column。

5. RenderStack

用於實現堆疊布局。子元素可以彼此重疊，並根據位置參數進行排列。相關元件：
Stack、Positioned。

6. RenderParagraph

專門用於渲染多行文字。它負責處理文字的對齊、行數、布局等等。相關元件：
Text、RichText。

RenderObject 的多個子類型提供了靈活的布局和渲染能力，每種類型都針對特定
的布局需求或渲染效果。這些選項讓 Flutter 能夠高效地管理和渲染各種 UI 組件，
輕鬆完成理想的精美畫面。

12.2.4 為什麼設計成三棵樹的結構？

你可能好奇為什麼不要三者合而為一，就像 Android 一樣，一個 View 包含了上萬
行程式碼，建立一個技術精通的主角就好呢？其實這也是 Flutter 特別的地方，它
不是透過原生平台進行渲染，而是自行使用 **Canvas** 繪製，所有一切都靠自己。而
為了達成跟原生一樣的性能，過程中將整個 UI 的建置與渲染分成三核心元素，大
家各自有負責的工作，以分工的形式運行，大家只在畫面有需要的時候才運作。
這樣的設計大幅節省了 UI 更新的成本，也是 Flutter App 能運行順暢的關鍵。使得
Flutter 可以實現 **120fps** 的流暢動畫效果。

1. Widget Tree

元件本身是**不可變的**。更新成本很低，因為它只包含元件外觀的配置資訊，不涉
及實際的狀態管控與渲染，隨時都在丟棄與建立。而當 UI 外觀改變時，Flutter 只
需要重建需要更新的部分元件，而不需要重新建構整個 UI，也就是整棵樹。

2. Element Tree

Element 本身是核心角色，負責管理大家並指揮工作內容。因為可以重用，大幅減少了建立和銷毀的成本開銷。

3. RenderObject Tree

由 Element 管理，只在必要時進行更新，避免不必要的重繪。透過精細的更新機制，Flutter 可以有效地利用 GPU 渲染。

在實際開發中，會用到上千種 Widget，導致樹龐大臃腫，如果要所有元件的 RenderObject 進行布局重繪，成本會太高。所以 Flutter 透過三棵樹的概念花最少力氣去繪製與更新畫面，**盡可能保持元件的 Element 和 RenderObject 存活和覆用是 Flutter 性能高效的關鍵因素**。

Flutter 的三棵樹結構就像是一個高效的生產線，每一個部分都有其特定的任務，共同協作，最終產出一個流暢、美觀的 UI。它不僅提升了畫面的渲染的效率和靈活性，還保證了應用的性能和穩定性。

12.3 Flutter 高效運行的原因

12.3.1 One Pass, Depth-first Traversal

使用**遍歷樹**（Tree Traversal）演算法，只存取所有子節點一次。「**深度優先遍歷**」的主要特點是，它會先深入到一個子樹的最底部，然後再回溯到上一層，繼續遍歷下一個子樹。

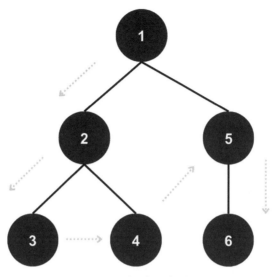

圖 12-7　深度優先遍歷

◆ 實現高效渲染

Flutter 的 UI 是一個樹狀結構，使用 **depth-first traversal** 讓 Flutter 可以在每次更新或重建 UI 時，能快速地從根節點開始，逐層深入地遍歷整個 Widget Tree，精準地定位到受影響的子樹，並僅對這些子樹進行重新渲染，不必重新處理整棵樹。這避免了無謂的重新渲染，不花費多餘成本，大幅提升了性能。這對於提高性能至關重要，特別是在處理複雜和大型的 UI 結構時。

◆ 減少中間狀態

傳統的渲染引擎可能需要多次遍歷 UI 樹，並在每次遍歷後生成中間狀態。**One Pass Algorithm** 通過一次性完成所有操作，將布局、繪製和合成等操作合併成一次遍歷，減少了中間狀態的生成，提高效率並降低了記憶體消耗。

12.3.2 Initially Linear, Subsequently Sub-linear

Flutter 布局與建構階段存在的「**初始線性，後續次線性**」行為，初始建立 Widget Tree 時為**線性**性能，之後建立和刷新則為**次線性**性能，這也是高效的原因。

◆ 初始階段

當應用首次啟動、Widget Tree 首次建構時，Flutter 需要進行一次線性遍歷整個 Widget Tree，以確定每個元件的位置、大小等相關資訊。這意謂著建構時間可能與元件數量成**正比**。

◆ 後續階段

一旦 Widget Tree 的結構穩定，Flutter 利用一些優化技術進行後續刷新。Element Tree 維護一個**髒元素**列表，並使用 **Diff 演算法**來比較新舊 Widget，找出差異並只更新有改變的元件，而不需要重新遍歷整個樹。

特點

- 髒元素標記（**Dirty Element Marking**）：維護一個髒元素列表，只更新需要變化的部分。
- 建構優化（**Build Optimization**）：在 **build** 階段，直接處理髒元素，跳過乾淨的元素，大幅減少了處理時間。

這些優化使得 Flutter 在後續的渲染過程中，可以實現**次線性**的時間複雜度。也就是說，**隨著 Widget 數量的增加**，渲染時間的增長速度會慢於線性關係。

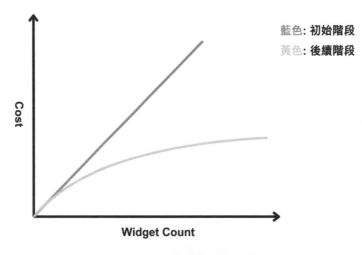

圖 12-8　兩階段的成本消耗

◈ Sublinear Layout

如果子元件沒有將自己的布局標記為 **dirty**，則子元件可以立即從布局中返回，中斷後續檢查。

特點

1. **單程演算法（Single-pass Algorithm）**：布局過程採用自上而下傳遞約束，自下而上返回大小的單程演算法。

2. **約束快取（Constraint Caching）**：只要父元件給予子元件的 **constraints** 與之前布局給的約束相同時，就不需要再處理。

> **關鍵重點觀念**
>
> 每個 Render Object 節點最多被存取兩次。一次在往樹下的路上，一次在往樹上的路上。「**Once on the way down the tree, and once on the way up the tree**」

◈ Sublinear Building

- 在每幀處理期間，子 element 僅被其父 element 檢查一次
- Widget 初始建立的時候性能為**線性 O(n)**，取決於元件總數
- Widget 要重建都是根據 Element 有沒有被標記為 **dirty**，有的話才會進行重建，所以不是每個元件都會重建，也就是**次線性**

以下屬於再深入一點的內容，我們從原始碼了解 Element 如何管理元件更新，核心方法為 **updateChild()**。將情境分成五個部分，：

場景 1

```
if (newWidget == null) {
  if (child != null)
    deactivateChild(child);

  return null;
}
```

1. 如果原本的 Element 不是 **null** 空值，而新元件的 Element 為 **null**，則從 Element Tree 中移除子 Element。

2. 父 Element 同時呼叫 **deactivateChild()** 將子 Element 轉為 **inactive** 狀態，並將子 Element 的 Render Object 從樹中分離出來。因為在 build 重建工作完成之前，仍然有機會使用 **GlobalKey** 保存子 Element，等待之後使用，可能會插入另一個 Element Tree。

3. 這個情境為『**Tree Sugery**』，使用 **GlobalKey** 進行 Widget Tree 轉移。

當使用**樹手術**時，Flutter 不會銷毀與子樹相關的 Element，而是將這個子樹從一個位置轉移到另一個位置。這可以保持子樹的狀態不變，避免不必要的重新建構。

好處是避免了整個子樹的重建，理論上能夠提高性能。然而，有好也有壞，這個過程涉及到深層次的樹結構操作和狀態管理，特別是在子樹複雜的情況下，這樣的操作可能仍然很昂貴。非特殊需求，盡量避免使用它。

場景 2

```
if (hasSameSuperclass && child.widget == newWidget) {
  if (child.slot != newSlot) {
    updateSlotForChild(child, newSlot);
  }

  newChild = child;
}
```

1. 如果原本的 Element 和新元件的 Element 都不為 null，並且原本的 Widget 和新 Widget 是相同實體，那麼就使用原本的 Element 而不需要更新，而元件的 **build()** 也不會被呼叫。

2. 這個情境代表兩個 **Widget 為相同實體**，通常是使用 **const** Widget，**就性能而言，這是最理想的情況**。

> **關鍵重點觀念**
>
> 建議元件的使用上，如果可以使用 **const** 就必須使用，因為 **const** 可以確保相同元件不
> 管重建幾次都是使用同一個記憶體，不會有任何的額外消耗。在編譯期間就確定資源
>
> ```
> const SizedBox.shrink()
> ```

場景 3

```
else if (hasSameSuperclass && Widget.canUpdate(child.widget, newWidget)) {
  if (child.slot != newSlot) {
    updateSlotForChild(child, newSlot);
  }

  child.update(newWidget);

  assert(child.widget == newWidget);
  assert(() {
    child.owner!._debugElementWasRebuilt(child);
      return true;
  }());

  newChild = child;
}
```

1. 如果原本的 Element 和新元件的 Element 都不為 null，原本的 Widget 和新
   Widget 不是相同實體，而且 **canUpdate()** 返回 true，則呼叫原本 Element 上
   的 **update()** 方法。

2. 更新並保持原有的 Element 和 Render Object，重複使用，最後將原本的 Widget
   替換成新 Widget。

3. 這個情境為**相同元件更新配置的時候**。

場景 4

```
else {
  deactivateChild(child);
  assert(child._parent == null);
```

```
newChild = inflateWidget(newWidget, newSlot);
}
```

1. 如果原本的 Element 和新元件的 Element 都不為 null，並且原本的 Widget 和新 Widget 不是相同類型，代表 **canUpdate()** 也返回 false。

2. 會在原本 Element 上呼叫 **deactivateChild()** 方法，將 Render Object 從樹上脫離，接著透過 **inflateWidget()** 建立 Element，最後加入新的 Element 和 Render Object 到樹上。

3. 這個情境為**性能最昂貴的場景**。

Flutter 需要將舊的 Element 銷毀，並建立一個新的 Element 來表示新的 Widget，為新的元件重建它的子樹，並在必要時重新執行布局和繪製過程。

這個情境涉及整個子樹的銷毀和重建，通常會執行完整的布局和重繪，因此在某些情況下可能**是成本較高的操作**，尤其是在子樹非常龐大的情況下。

場景 5

```
} else {
  newChild = inflateWidget(newWidget, newSlot);
}
```

1. 如果原本的 Element 為 null，而新元件的 Element 不為 null，代表這個位置出現了一個新的 Widget。

2. 父 Element 透過 **inflateWidget()** 建立子 Element，參數為新 Widget 和新 **slot**。在裡面使用 **createElement()** 方法，將新 Widget 交給新 Element 去管理，並返回新的子 Element。

3. 這個情境為**新元件建立的時候**。

12.3.3 高效的樹操作（Efficient Tree Operations）

◆ Element 樹的高效更新

- 就地更新（**In-place Update**）：當新舊 Widget 類型相同時，Element 可以就地更新，無需重建整個子樹

- 鍵值比對（**Key Matching**）：當 Key 相同時 Element 可以直接更新。而使用 GlobalKey 則可以在不同樹之間重用 Element，保留狀態和布局資訊

```
// Flutter 原始碼
void update(Widget newWidget) {
  if (widget.runtimeType != newWidget.runtimeType) {
    recreateElement();
  } else {
    widget = newWidget;
    performRebuild();
  }
}
```

◆ RenderObject 樹的延遲更新

- 標記和清除（**Mark and Sweep**）：當 RenderObject 需要更新時，它會被標記為「**需要布局**」或「**需要繪製**」，但實際操作會延遲到下一幀

- 批量處理（**Batch Processing**）：多個更新會被批量處理，減少不必要的中間狀態計算

```
// Flutter 原始碼
void markNeedsLayout() {
  if (!_needsLayout) {
    _needsLayout = true;
    parent?.markNeedsLayout();
  }
}
```

> 🔑 關鍵重點觀念
>
> - 5 個情境，性能高到低的順序為：**場景 2 > 場景 3 > 場景 5 > 場景 1 > 場景 4**
> - 只要 Element 重複使用的次數越多，Flutter 應用的性能就會越好

12.3.4 其他影響性能的因素

另外，Flutter 的高效運行還得益於以下幾個方面：

1. **Impeller 圖形引擎**：Flutter 使用專屬設計的 Impeller 為其底層圖形引擎，這是一個高效的 2D、3D 圖形渲染庫，能夠快速地繪製圖形，並提供了更高的靈活性和性能。

2. **GPU 加速**：Flutter 使用硬體加速，透過 GPU 來處理大量的圖形運算，從而提高渲染速度。

3. **單一渲染執行緒**：Flutter 將所有渲染操作放在單一執行緒中，避免了多執行緒間的同步問題，減少了潛在的性能擔憂與瓶頸。

4. **記憶體管理**：Flutter 擁有 GC，會自動釋放不再需要的記憶體，並且透過垃圾回收機制來管理記憶體使用，減少洩漏和不必要的佔用。

12.4 總結

在本章中，我們深入探討了 Flutter 的核心概念，三棵樹結構（Widget Tree、Element Tree 和 RenderObject Tree）。了解 Flutter 的高效更新機制，包括**遍歷樹、次線性演算法、Element Tree 更新原理**等技術。這些知識不僅幫助我們更好地理解 Flutter 的設計理念，也為我們提供了優化應用性能的指導。無論你是 Flutter 新手還是有經驗的開發者，掌握這些概念都將有助於你建立更高效、更易維護的 Flutter 應用。隨著我們繼續深入 Flutter 開發，這些基礎知識將成為你建構複雜、高性能應用的堅實基礎。

然而，Flutter 的高效運行不僅僅依賴於渲染過程的演算，還包含了渲染引擎、硬體加速、高效的記憶體管理等多方面的設計和技術。這些共同作用，確保了 Flutter 應用能夠在不同平台上運行的高品質表現。

13

DevTools 深度探險：
Flutter 應用性能的優化指南

DevTools

本章學習目標

1. 認識 DevTools 裡的常用工具。
2. 了解工具的意義與使用方式。
3. 掌握性能優化的開發技巧。

13.1 何謂 APP 的順暢表現？

APP 的每一幀建立和渲染在各別的執行緒上運行，分別是 UI Thread 和 Raster Thread，如果要避免延遲，需在 16 毫秒或更短的時間內建立、處理並顯示一幀，才能期望一秒達成 60 幀。如果發現 APP 總渲染時間低於 16 毫秒，即使存在一些效能缺陷，也不必擔心，因為可能不會產生視覺差異，比較難感受出來。隨著近幾年 120fps 設備的普及，就需要 8 毫秒內完成渲染流程，以提供最流暢的體驗，而在順暢的運行下也可以有效改善電池壽命和散熱問題。

在 Flutter 裡，官方提供了 DevTools 工具協助我們開發，那什麼情境下需要使用工具來優化 APP 呢？

- 畫面幀數偏低
- 操作卡頓
- 圖片載入緩慢
- 記憶體使用過多
- 網路請求等待時間長
- APP 體積過大，不理想
- 電量消耗速度快
- 啟動時間過長

其中幾點情況你的 APP 有遇到嗎？有的話是不是要考慮優化專案了？我們趕緊往下邊閱讀邊操作吧！

13.2 專案的運行模式

13.2.1 Dev 模式

沒有壓縮資源檔案，也沒有做性能優化，導致 APP 體積大，而運行上會比實際還要卡頓，如果要做效能調校是建議在 Profile mode。

- 使用 Dart **JIT Compiler**
- 適合開發階段
- 支援設備和模擬器
- 可以使用 **Hot reload**
- 可以插入 **Breakpoints**
- DevTools 支援檢查布局排版、尋找元件

```
flutter run --debug

# 根據 flavor 環境運行專案
flutter run --debug --flavor dev --target ./lib/main_dev.dart
```

13.2.2 Profile 模式

沒有壓縮資源檔案，但整體性能有優化，可以實現接近 Release mode 的性能。

- 使用 Dart **AOT Compiler**
- 適合分析性能、效能調校
- 只支援實體設備
- DevTools 支援完整的性能檢測，適合查看 Performance、CPU、Memory...

```
flutter run --profile
```

13.2.3 Release 模式

透過 **tree-shaking** 壓縮資源檔案,實現運行時的效能最優化。因此,APP 容量最小,可以快速啟動、處理運算。

- 使用 Dart **AOT Compiler**
- 適合正式產品
- 只支援實體設備

```
flutter run --release
```

> 🔑 **關鍵重點觀念**
>
> 影響性能的兩個關鍵因素:
>
> **時間**
> - UI 和 Raster 花的時間過長,渲染畫面需要每一幀 16ms 內完成才能保證順暢,確保一秒 60 幀
> - 當有某一幀超過 16ms,代表會佔用或跳過下一幀的圖像,導致卡頓的情況發生
>
> **空間**
> - 記憶體佔用過多、建立太多無意義實體、保存了不需要的記憶體
> - 記憶體洩露。通常是沒有正常的管理資源,在對的時間點關閉服務、釋放資源

✎ 13.3 DevTools 開發工具

- 官方使用 Flutter 開發的視覺化檢測工具。**Material 3** 設計風格,以圓弧為重點,視覺上較為舒服
- 包含許多功能,包含程式碼檢測、布局瀏覽、CPU 檢查、渲染性能檢查、記憶體檢查、網路檢查、體積分析。可以輕鬆了解用戶體驗,例如:卡頓狀況、頁面載入速度或回應時間

以下圖 **13-1** 與圖 **13-2** 說明如何從 VSCode 開啟 DevTools 工具：

圖 13-1　使用 **command+shift+p(macOS)** 開啟快捷面板

圖 13-2　點擊 DevTools in Web Browser

關鍵重點觀念

檢測性能：

1. 找出影響最大的原因，清楚了解哪些 UI、操作表現良好，哪些部分表現不佳。
2. 專注於性能較差的地方，從中量化影響，比較改動之前後，確認優化結果，在有限時間內取得最大的改善。

優先處理：

1. 使用者花費最多時間的部分。
2. 對使用者來說影響最大的部分。

13.3.1 Flutter Inspector

Flutter Inspector 負責檢查 UI 排版布局、診斷布局問題，完整瀏覽 APP WidgetTree。當 UI 有問題時錯誤會直接提醒，點擊元件即可查看詳細資訊。

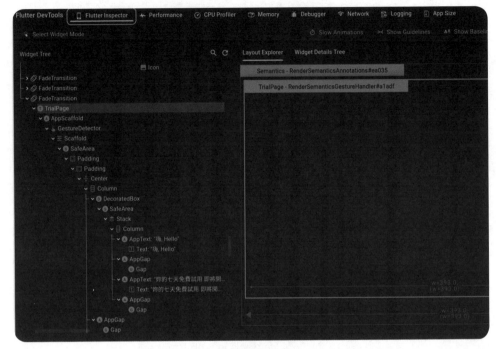

圖 13-3　Flutter Inspector 介面

13.3.2　Layout Explorer

Layout Explorer 為布局管理器。使用它查看元件與元件之前的排版資訊，包含設置的屬性，例如：長寬大小、主軸配置、次軸配置、最小與最大約束。

尤其在開發複雜布局時，甚至可以直接調整元件的屬性配置，調整後會即時更新 UI，我們不用從程式碼上修改，能更快地確定排版效果，幫助更快地調整和優化。提高了開發效率和 UI 偵錯的便利性，節省大量時間。

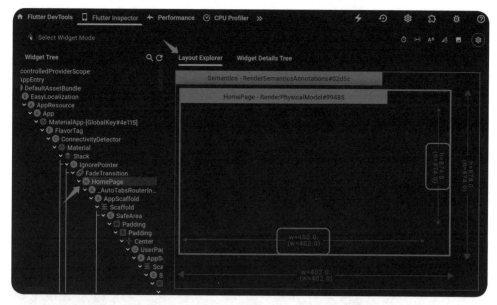

圖 13-4　Layout Explorer 介面，瀏覽排版資訊

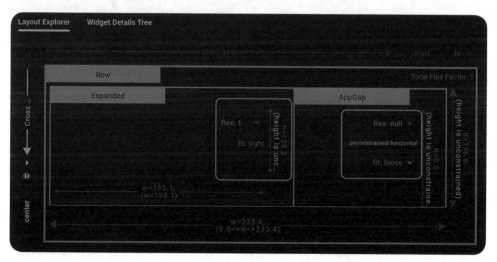

圖 13-5　Layout Explorer 介面，調整布局配置

以下範例**圖 13-6**，我針對 Column 做了調整，動了 DecoratedBox 和 AppGap 兩個元件的配置，當我調整後，右邊的 UI 也即時更新，可以確認效果後再去改程式碼就好。

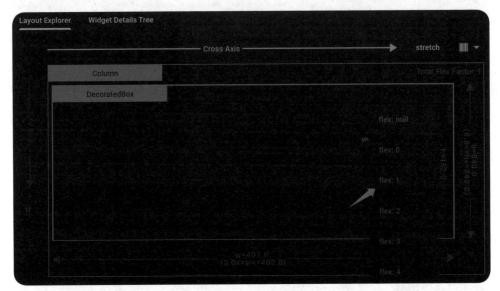

圖 13-6　Layout Explorer 介面，調整了 DecoratedBox

13.3.3　Widget Details Tree

Widget Details Tree 顯示了應用中所有元件的層級關係，從根本一直到最深的子元件。這種樹狀結構讓開發者能夠清楚地看到元件是如何嵌套和組織在一起的，有助於理解整個 UI 的架構。

同時，每個元件的節點不僅顯示類型，還會列出詳細的屬性資訊。例如，你可以查看它的狀態、大小、約束條件、樣式設定、布局方向等等。這些資訊對於我們在除錯元件的行為和外觀非常有幫助。很常用的一項功能

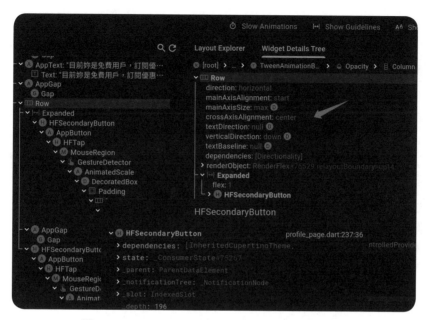

圖 13-7　Widget Details Tree 介面，瀏覽元件屬性

13.3.4　Select Widget Mode

顧名思義，它就是**元件選擇模式**。支援點擊畫面上的元件，IDE 會直接跳轉到對應的元件程式碼。而當我們有打開 Flutter Inspector，Widget Tree、Layout Explorer或是 Details Tree 都會進行跳轉。但是如果 Widget Tree 剛好很多層元件，比較深的話，就會變的比較難找到，可能會需要嘗試點擊好幾次。

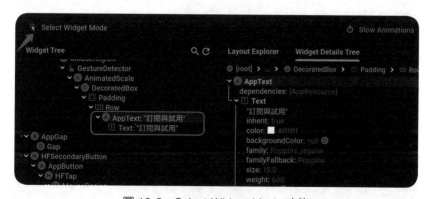

圖 13-8　Select Widget Mode 功能

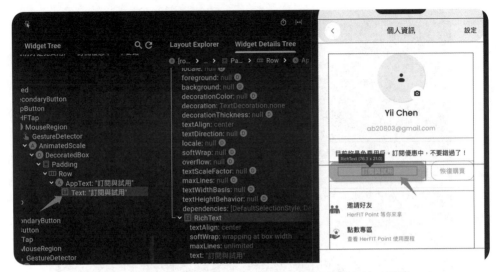

圖 13-9　Select Widget Mode 功能，點擊螢幕上的元件

13.3.5　Show guidelines

這個功能會在元件周圍和邊緣繪製輔助線，顯示對齊和間距情況。這可以幫助我們看到元件在整個布局中的相對位置及其如何排列。顯示渲染框，也方便了解元件的填充大小、剪裁細節。

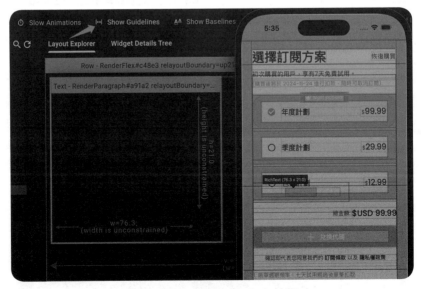

圖 13-10　Show guidelines 功能

13.3.6　Show baselines

檢查文字元件的對齊狀況，以相同布局層次的元件進行比對。

圖 13-11　Show baselines 功能

13.3.7　Highlight Repaints

顯示元件渲染框，根據元件的重繪次數呈現不一樣的顏色，註記那些會頻繁重繪的範圍。在每次重繪時有刷新的元件線條顏色會一直變換，如果此時有看到不應該重繪的元件頻繁更新顏色，就代表程式碼需要優化，嚴重的話會影響 APP 效能表現。

以下方範例來看，點擊的選項顏色與外框都會比較突出，所以選擇後會根據狀態更新新舊兩個元件，這時候會看到有兩個元件的外框顏色在變化，其他不相關的部分會保持原本顏色，也代表沒有無意義更新。

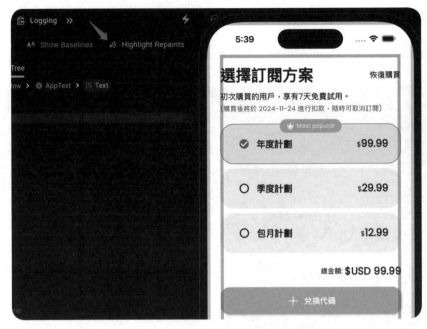

圖 13-12　Highlight Repaints 功能

圖 13-13　Highlight Repaints 功能，刷新 UI

開發小提醒

如果不想開啟 DevTools 也可以在主函式 **main()** 設置 **debugRepaintRainbowEnabled** 為 true，需要匯入 **rendering.dart**。

```
debugRepaintRainbowEnabled = false;
```

13.3.8　Highlight Oversized Images

Highlight Oversized Images 用來標示大型圖像，通過顏色反轉和顛倒來標示體積 過大、使用大量記憶體的圖像。不管是本地圖像還是雲端圖像都可以檢測。如果有 使用到很長的 ScrollView，當大量大體積圖像載入時，可能會有效能表現的影響。

那多大的體積，會被標記為大型圖像呢？超出 **debugImageOverheadAllowance** 設置大小，預設為 **128kb**。

圖 13-14　Highlight Oversized Images 標示大體積圖像

當發現大型圖像時 Console 也會看到 Painting Exception。以下圖 13-15 顯示，元件實際的寬長為 852×563 但是卻解析了 1179×786 尺寸的圖像，同時也給予了建議，可以設置 cacheWidth、cacheHeight，或是使用 ResizeImage 優化。

```
══╡ EXCEPTION CAUGHT BY PAINTING LIBRARY ╞══
The following message was thrown while painting an image:
Image null has a display size of 852×563 but a decode size of 1179×786, which uses an additional
2325KB (assuming a device pixel ratio of 3.0).

Consider resizing the asset ahead of time, supplying a cacheWidth parameter of 852, a cacheHeight
parameter of 563, or using a ResizeImage.

Another exception was thrown: Image null has a display size of 852×563 but a decode size of 1179×786, which uses an addi
tional 2325KB (assuming a device pixel ratio of 3.0).
Another exception was thrown: Image null has a display size of 852×563 but a decode size of 1179×786, which uses an addi
tional 2325KB (assuming a device pixel ratio of 3.0).
Another exception was thrown: Image null has a display size of 852×563 but a decode size of 1179×786, which uses an addi
tional 2325KB (assuming a device pixel ratio of 3.0).
```

圖 13-15　Highlight Oversized Images 標示大體積圖像

如果不想開啟 DevTools 也可以在主函式 **main()** 設置 **debugInvertOversizedImages** 為 true。

```
debugInvertOversizedImages = true
```

當然也可以設置圖片的允許大小，透過 **debugImageOverheadAllowance** 進行調整。下方範例調整為 256kb，不過實際上要評估普遍用戶的裝置類型與記憶體使用來設置，太大反而是個風險。

```
debugImageOverheadAllowance = 256 * 1024;
```

13.4 Performance 性能指標

Performance 可讓開發者瀏覽視覺化的性能指標，資訊包含每一幀在 **UI Thread** 和 **Raster Thread** 處理時間。如果此幀 UI 有卡頓情況，代表超過 16 毫秒，會以 Jank(slow frame) 顯示，這時候會是粉紅顏色來呈現。

圖表以柱狀圖表呈現，**x 軸為第幾幀，y 軸為消耗毫秒數**。中間灰色線代表 8ms，
也就是在它以下即可擁有 120 幀的表現。

圖 13-16　Performance 性能圖表

右邊有告知每個顏色所代表的資訊：

1. 淺藍色：UI Thread(CPU Thread)，代表 Dart VM 上的所有運行程式碼，處理
   Layout、Paint，接著將 Layer Tree 交給 Raster Thread。必須確保過程同步運
   行，不能阻塞。

2. 深藍色：Raster Thread(GPU Thread)，負責處理渲染，背後有 Skia 和 Impeller
   圖形引擎的計算，最終透過 GPU 將像素顯示出來。

3. 橘紅色：**Jank 卡頓幀**，代表一幀可能接近或超過 16ms，有性能疑慮。

4. 深紅色：**著色器編譯問題**，在目前 Impeller 引擎上不會有影響，比較有關係的
   是還在使用 Skia 的 Android 設備，需要注意。

5. 顯示一秒的**平均幀數**。以範例使用的設備，支援 ProMotion 120 fps，性能上有
   一點差異。

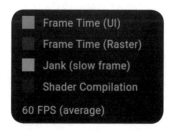

圖 13-17　Performance 性能圖表，側邊資訊

13.4.1 Frame Analysis

Frame Analysis 能查看當前幀的 UI 與 Raster 處理時間。查看範例圖 13-18 與圖 13-19，就是 Raster 部分特別耗時。以經驗來看可能跟顯示圖片、圖像有關。

圖 13-18　點擊指定幀

圖 13-19　查看指定幀的工作處理時間

13.4.2 Rebuild Stats

Rebuild Stats 可以捕獲元件名稱、建立數量、所在檔案位置，讓我們可以檢查是否元件數量比預期更多、消耗更大的成本。預設來說會檢查最新一幀 UI 的狀況，也可以點擊指定幀確認。

1. 目前僅在 **Debug** 模式支援。

2. 需要開啟『**Track widget build counts**』。

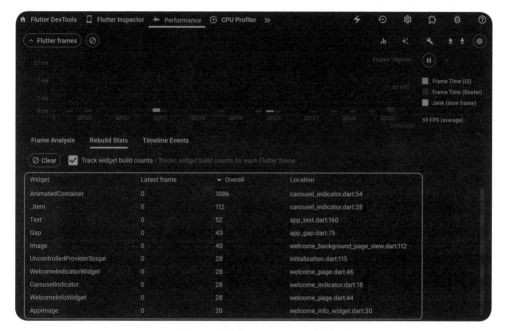

圖 13-20　查看操作幀的元件建立狀況

13.4.3 Raster Stats

Raster Stats 為**渲染光柵狀態**。針對當下取得快照，了解當前幀的詳細資訊，包含被處理的每個元素、渲染時間、每個元素佔的總體比例。

實際在 Flutter Rendering Pipeline 裡 RenderObject Tree 會轉為 Layer Tree，接著交給 Compositor 將每個 Layer 組合起來並匯出圖層，詳細可以留到其他文章來討論。所以畫面上才會顯示第幾 Layer。

以範例**圖 13-21** 來看，確實最耗時的部分為顯示整頁的背景圖片，接下來可以根據這點進一步確認相關程式碼，進行檢驗和優化。

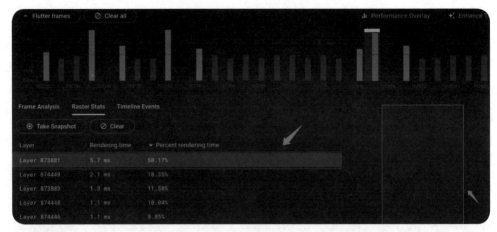

圖 13-21　查看指定幀的 Layer 渲染狀態

 開發小提醒

在 Flutter 3.24 版本的 DevTools，Raster Stats 功能被隱藏，不確定是否會再釋出。目前替代成了 Rebuild Stats，但使用舊版的開發者不會被影響。

13.4.4　Timeline Events

以火焰圖顯示每幀的事件、任務資訊。使用 **Perfetto** 開源工具實現，可處理更多數據，同時性能表現更好。有非常多資訊可用來檢測運行表現。

◆ **多元操作與特點：**

- 使用鍵盤 **WASD** 操控，上下為縮放，左右為移動
- 框選多幀的工作任務，查看每個任務耗時多久、執行次數
- 支援 **SQL** 查詢，擷取特定數據

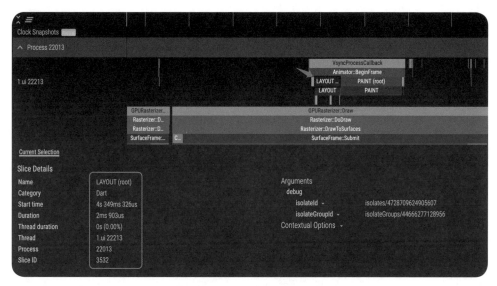

圖 13-22　火焰圖與渲染資訊

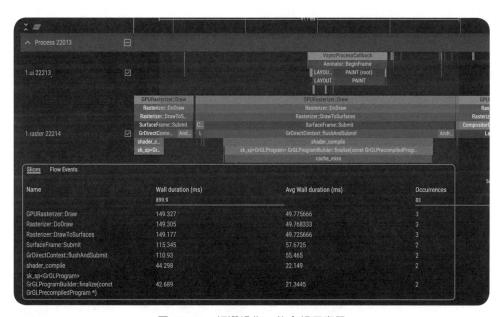

圖 13-23　框選操作，整合相同資訊

開發小提醒

在 Flutter 可以使用 Timeline 計算事件的運作時間

```
Timeline.startSync("tag")
...
Timeline.finishSync()
```

13.4.5 Performance Overlay

Performance Overlay 可以在設備上顯示每幀的即時渲染資訊，包含最高和平均處理時間。

說明

- 上方為 Raster Thread。如果超過 16ms，表示場景渲染成本太高
- 下方為 UI Thread。如果超過 16ms，表示 build、layout、paint 成本過高

圖 13-26　檢測範例應用，查看即時的 Raster 與 UI Thread

圖 13-24　檢測範例應用　圖 13-25　檢測範例應用

13.4.6 Enhance Tracking

針對 Timeline Events 進行更詳細的追蹤，可以開啟 **Widget Builds**、**Layouts**、**Paints** 三種模式。也因為要追蹤更多數據，所以開啟後可能會影響 APP 的運行表現，幀數可能下降，這點需要特別注意。

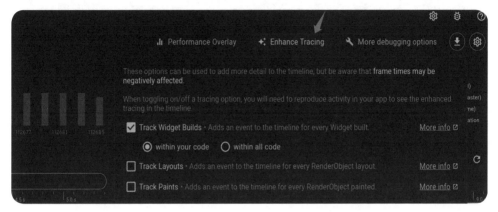

圖 13-27　Enhance Tracking 面板

從中也可以更了解 Rendering Pipeline 的整個過程，**Build**、**Layout**、**Paint**、**Compositing**、**Finalize Tree**，接著到 GPU 的 Rasterizing 處理。

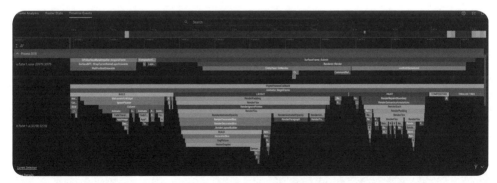

圖 13-28　Enhance Tracking 根據過濾開關，顯示指定資訊

◆ Track Widget Builds

可以清楚了解這一幀建置的 Widget Tree 結構層次，每一個元件建立的消耗時間與過程。

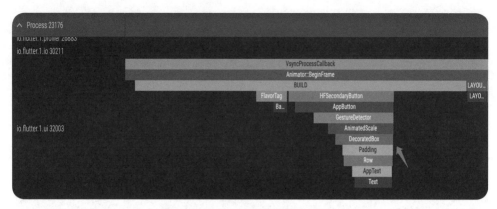

圖 13-29　查看元件的建立情況

◆ Track Layouts

追蹤布局排版，所以會看到 RenderBox、RenderPadding、RenderFlex 等等相關角色。

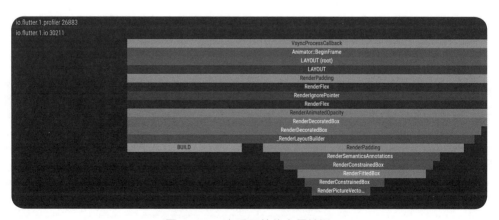

圖 13-30　查看元件的布局情況

◆ Track Paints

追蹤繪製過程中的相關資訊。

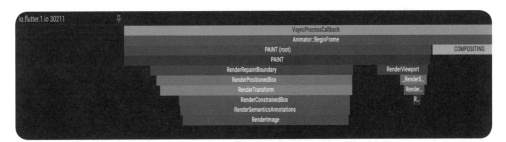

圖 13-31　查看元件的繪製情況

 開發小提醒

以上的每個選項再打開後，都記得要 reload 開發工具的網頁，讓它重新載入新的設定。

13.4.7　More debugging options

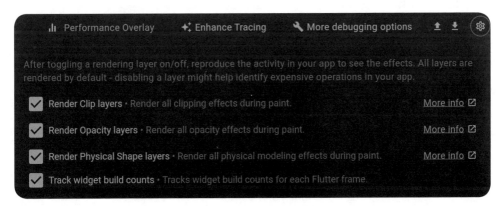

圖 13-32　更多的偵錯選項

◆ Render Clip layers

檢查有關裁剪的相關操作，例如：ClipRRect。屬於昂貴任務，尤其是對於 Skia 圖形引擎，濫用可能會造成掉幀、卡頓。

◆ Render Opacity layers

檢查不透明效果的相關操作，例如：Opacity、BackdropFilter。屬於昂貴、高成本任務。

◆ Render Physical Shape layers

檢查使用 Physical Shape 陰影效果的操作，例如：Shadow、Elevation。濫用也有可能造成效能影響。

> **關鍵重點觀念**
>
> 以上三個操作對於 **Skia** 引擎來說成本較高，對 **Impeller** 引擎成本較小，但還是要適當地使用它們，必須持續觀察整體的效能表現。

✎ 13.5 總結

本章從說明何謂 APP 順暢、性能影響因素，再到個別工具的使用，讓大家可以搭配圖片與實際範例更好地去理解。身為開發者都應該懂的如何使用它們，開發過程中使用 **Inspector** 協助檢查畫面結構與元件細節。接著，在產品需求完成後，可以花時間使用 **Performance** 確認實際的 release 表現，幀數是否正常、是否有卡頓發生。持續地改善產品，給予使用者完美體驗，這是身為 Flutter 開發者都要注重的環節，也是你的價值所在！

14

從單元測試到整合測試：
提升專案品質的最佳實踐
Testing Guide

本章學習目標

1. 了解測試的重要性及其在開發過程中的角色。

2. 學習如何設計和撰寫有效的測試。

3. 掌握不同測試工具的使用方法與實踐技巧。

4. 探討如何進行有效的測試策略，以提升專案的穩定性與效率。

撰寫測試是一個很無聊的過程～是嗎？這是你的心聲嗎？是不是有朋友覺得因為公司文化、排程關係時間都不夠了怎麼還有餘力寫測試。真的是你所想的這樣嗎？是不是我們其實不夠了解每個測試的意義，其實還沒有嘗試找到合適的方法來驗證專案？我在這裡先打個問號。希望藉由本章跟大家一起熟悉測試並一起解決心目中的疑惑。

而在程式開發中，測試是確保應用程式穩定性、可維護性和高品質的關鍵。這篇將介紹如何撰寫有效的 Dart 和 Flutter 測試，涵蓋從單元測試到完整應用的整合測試，並分享一些實用的工具和最佳實踐。

範例程式碼與相關資源

- GitHub 範例專案
  https://github.com/chyiiiiiiiiiii/dart_flutter_testing_example

14.1 測試是什麼？

想像一下，你正在開發一款閃閃發亮的 Flutter 應用，功能完善、設計精美，但突然，你的測試用戶告訴你應用在某些設備上運行崩潰，或者某個按鈕根本沒反應。這時你可能會想：「怎麼可能！我不是寫得很認真檢查很多遍了嗎？然後充滿疑惑，接著心中 OS，早知道我應該好好測試一下！」

測試其實就像是應用的保護盾，它不僅能幫助我們避免不必要的問題，還能在修改和重構時給我們信心。這裡，我們來看看測試的重要性，優缺點，還有為什麼它絕對值得投入時間！

14.1.1 除手動測試外，還需要自動化測試

以下是手動測試與自動測試的差異：

	手動測試	自動化測試
操作方式	人工操作，靈活應對意外情況	使用腳本自動執行
時間成本	高，耗費時間長	低，執行速度快
人力成本	高，屬於勞力密集型	低，減少人工操作
初始成本	低，不需投入自動化工具	高，需投入時間與資源建立測試架構
適用規模	不適用於大規模測試	可應對大量測試場景
錯誤風險	容易因疲勞或疏忽產生錯誤	較低，但需注意腳本本身的正確性
技能要求	較低，容易上手	需要一定的自動化知識和維護測試腳本
跨平台測試	難以全面覆蓋	能輕鬆模擬多種設備和解析度場景，確保跨平台的一致性
設置過程	簡單，可立即開始	初次設置過程較複雜

圖 14-1　手動測試與自動化測試的差異

手動測試雖然能夠在早期成本較低，但隨著應用的複雜度增長，這種方式不再具備可擴展性。大規模應用更依賴自動化測試，能通過腳本和工具來執行大量測試用例，從而提升測試效率。自動化測試尤其適合那些經常變動的功能，確保在應用更新時仍然能夠穩定運行。

自動化測試並不能解決所有問題，總是有一些行為最好在實體設備上與現實世界的使用者進行測試。對於這些情況，手動測試和自動整合測試的組合非常有價值。它們進一步增強程式碼在產品中正常運作的信心。

手動測試可能既昂貴又耗時，因此應謹慎且有策略地使用它們。對於一開始完全依賴手動測試的團隊來說，產品可能會發展並達到手動測試可能需要數週時間的臨界點，有時甚至沒有高度的信心。在程式碼發布之前進行手動測試可能是有意義的。在決定依賴手動測試之前，您應該始終問一個問題：這可以自動化嗎？如果是這樣，那要付出多少努力？隨著時間的推移，自動化測試會帶來回報，可以減少對手動測試的依賴，節省時間、壓力並提高產品的整體品質。

14.1.2　測試帶給產品價值

測試不僅是開發過程的一部分，更是確保應用成功的關鍵：

1. **UI 預期的正常呈現**：透過測試，可以確保不管是大螢幕還是小螢幕，元件排列是否一致，顯示是否正確，一切都可以輕鬆驗證。

2. **減少錯誤，維持高標準表現**：經過測試的程式碼，可以幫助我們在應用正式發佈前，發現那些潛伏的 Bug。能有效減少因小失誤導致的大問題，保證應用達到一定的品質標準，讓我們更有信心將應用交到用戶和客戶手上。

3. **跨設備順暢運行**：把握在不同設備、不同解析度和系統配置上，應用運行都能保持流暢體驗。

4. **重構的信心**：當我們修改、重構應用時，測試是我們最大的後盾。如果測試通過，我們就可以一定程度地確保 APP 穩定度不錯。

5. **維持品牌形象**：一個經過良好測試的應用，使用體驗更好，口碑自然也更強，這有助於維持甚至提升品牌形象。

14.1.3　測試的挑戰

當我們談到測試時，常常會聽到「寫測試太耗時」或「太難了」的抱怨。確實，撰寫測試需要時間和技巧，但你有沒有想過，不寫測試的代價可能更高？如果你在產品發佈後發現重大問題，花在修復和處理問題的時間可能比撰寫測試還要更多。與其在問題出現後手忙腳亂，不如提前做好測試，避免未來的麻煩。

14.1.4 測試的範疇與種類

測試範疇可以根據不同的需求進行劃分，包括：

1. **User Journey Test**（用戶旅程測試）：模擬用戶的操作流程，例如驗證登入流程是否正確。這類測試能夠幫助開發者了解應用的使用體驗，並發現整體流程中的問題。

2. **Painting Test**（繪製測試）：針對 UI 元素的渲染進行測試，確保在不同設備上顯示正確。

3. **User Interaction Test**（用戶互動測試）：模擬點擊、滑動等操作，驗證用戶介面是否能正確響應。

4. **Protocol Test**（協議測試）：驗證應用程式是否正確與 API、資料庫等資源互動。

5. **Unit Test**（單元測試）：最基本的測試類型，針對獨立的功能模組進行驗證，確保每個函式、類別或邏輯單元按預期運作。

◆ 產品不要缺少用戶旅程測試

User Journey Test 可以作為測試的起點，因為它能從使用者的角度檢驗整個應用流程是否順暢。嘗試從這裡入手，使用 Widget Test 來驗證關鍵流程（元件測試後面會講到），例如：登入或註冊功能。這類測試能快速指出介面和功能之間的錯誤。

14.2 測試的差異與權衡

在開始之前，需要先了解 Flutter 測試可分為不同層級，每個層級針對應用的不同部分進行測試：

1. **Unit Test**（單元測試）：主要針對邏輯程式碼，單元指的是單一函式。它速度快、可靠，用來測試應用中最基本的功能。

2. **Widget Test**（元件測試）：搜尋 UI 元件和畫面。它能夠模擬用戶的基本操作，例如：點擊、滑動。

3. **Integration Test**（整合測試）：模擬 APP 的用戶操作流程，從啟動應用到完成某個任務，可發現 APP 中各部分之間的潛在問題。

而根據每個測試的特性，會得出一個金字塔，可以讓你快速了解他們的差異點。

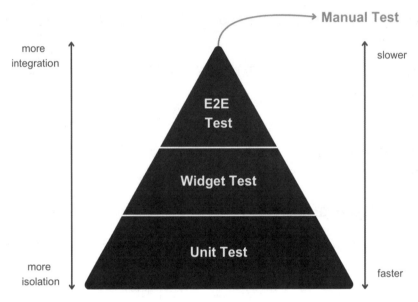

圖 14-2　三種測試的差異

這張測試金字塔圖形展示了不同類型測試在 Flutter 和 Dart 開發中的關係。它強調了單元測試（Unit Test）、元件測試（Widget Test）和端到端測試（E2E Test）三種測試的整合程度、獨立性與執行速度的差異。

從左下角到右上角：

1. **單元測試**：最具獨立性，僅測試單一邏輯，速度最快。這通常是針對 Dart 函式或類進行，測試邏輯非常專注於個別單元，較少依賴外部資源。

2. **元件測試**：介於兩者之間，測試具體的 UI 元件如何在不同情境下運行，會涉及部分整合，但仍保持一定的隔離性。

3. **端到端測試**：依賴整個應用程式的運行，因此需要更多時間，主要測試的是應用的全流程運行情境。

另外，三種測試針對幾個指標的反應，分別有信心程度、撰寫複雜度、維護成本、依賴程度、執行速度、運行環境，還有測試覆蓋率，整理出一個方便瀏覽的表格，讓我們可以很好判斷目前專案適合哪一種方式。

	單元測試	元件測試	整合測試
撰寫複雜度	低	中	高
信心程度	低	中	高
維護成本	低	中	高
依賴程度	少	中	多
執行速度	快	快	慢
測試覆蓋率	低	中	高
運行環境	No	無	模擬器或真實設備

圖 14-3　三種測試的差異

補充：還有一種方式稱為「Golden Test（黃金測試）」，專門用來檢測 UI 視覺變化的方法，通過圖像對比來檢查 UI 元素是否正確排列。這對於設計要求嚴格的應用尤其有幫助。

14.3 Unit Test（單元測試）

Unit Test 是軟體開發的強大武器，專門盯著每個函式和類別的一舉一動，確保它們遵守規則，並且在未來修改時不會「胡作非為」。想像一下，你寫了一段程式碼，就像是打造了一台精密的機器。為了確保這台機器運作無誤，你需要定期進行「體檢」。這時，單元測試就如同這台機器的「體檢報告」，能快速且精準地告訴你，你的程式碼是否健康。

14.3.1 Unit Test 的魅力在哪？

當我們寫軟體時，總希望程式能夠快速、正確地運行。這就是 Unit Test 出場的時候！Unit Test 允許你專注於測試特定的函式或類別，驗證它們的輸入和輸出是否與你的預期一致，很適合驗證邏輯正確性或處理數據的功能。如果將來有人修改了這段程式碼，卻忘了遵守「遊戲規則」，測試就會跳出來抗議、拋出錯誤，讓我們立即發現問題，並能快速修正。

◆ 純粹的 Dart 測試

這些測試只需要依賴 Dart，不需要 Flutter。這意謂著你可以獨立驗證邏輯，而不必處理 UI 或其他繁瑣的部分，測試過程也會更加快速高效。

14.3.2 為什麼需要 Unit Test ？

1. **測試業務邏輯**：當你寫下業務邏輯時，Unit Test 可以幫助你確保邏輯在各種情境下都正確運行。
2. **提供快速回饋**：在我們寫完程式碼後，馬上運行測試就能知道是否一切正常，這種即時回饋能極大提高你對程式碼的信心。

14.3.3 Unit Test 的優勢

1. **低維護成本**：測試獨立於應用程式的大部分內容，修改某些部分不會導致大量的測試需要更新。

2. **低依賴性**：每個測試都專注於單一功能，避免依賴外部環境，因此能夠隔離並快速執行。

3. **速度快**：由於測試範圍小且不依賴 UI，執行速度極快，能迅速獲得回饋。

4. **無順序性**：Unit Test 可以不按順序隨機執行，因為每個測試都彼此獨立。

5. **支援非同步操作**：Dart 的非同步操作，也能輕鬆進行測試，保證處理並發的程式碼片段能夠運行順暢。

14.3.4 Unit Test 的挑戰

當然，沒有一種方式是完美的。它也有一些需要注意的地方：

1. **維護成本可能升高**：隨著專案擴展，你可能會為每個類別寫下數十個測試。隨著程式碼變更，維護這些測試也需要付出一定代價。

2. **低保護性**：單元測試只針對單一功能進行驗證，無法覆蓋到整個系統的運作，可能會忽略一些組合與流程錯誤。

3. **覆蓋率低**：雖然業務邏輯能測試，但 Flutter 的 UI 並不在其測試範圍內。對於涉及畫面、元件的部分，仍需搭配其他測試類型進行更全面的驗證（例如：Widget Test 或 Integration Test）。

14.3.5 撰寫測試

前置作業，我們需要先幫專案匯入測試套件，提供了在 Dart 中編寫測試的核心功能。通常建立完 Flutter 專案都會附帶 **flutter_test**，而 Dart 方面則會需要匯入 **test** 套件。可以簡單透過 CLI 指令協助我們添加：

```
flutter pub add dev:test
```

接著在專案根目錄新增一個 test 資料夾，存放著所有測試檔案，並且需要確保每個檔案的名稱尾巴都是 **test** 後綴，Dart 才能認出它是用來測試。

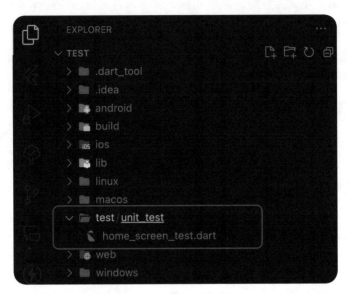

圖 14-4　Unit Test 檔案目錄

◆ 範例一：加法函式

在專案的 **HomeScreen** 主頁面，有個文字元件會顯示使用 **add()** 的結果，我們需要驗證加法函式的邏輯是否正常，所以撰寫了幾個基本案例，包含基本加法、0 數值的操作、複數加法，確保加法邏輯的健全性。

```
import 'package:flutter_test/flutter_test.dart';
import 'package:test/home_screen.dart';

void main() {
  group('add() 加法函式測試', () {
    test(' 加法的基本情況 ', () {
      // 檢查正數相加
      expect(add(2, 3), equals(5));
    });

    test(' 處理零 ', () {
```

```
    // 加法中的零應該不改變結果
    expect(add(0, 5), equals(5));
    expect(add(5, 0), equals(5));
  });

  test(' 處理負數 ', () {
    // 負數相加應該返回正確結果
    expect(add(-2, -3), equals(-5));
    expect(add(-2, 3), equals(1));
  });
 });
}
```

其中的 **group()** 可以作為某個情境或範圍，裡面的每個子案例都能寫成一個 **test()**，盡量將每個測試才成原子，獨立出來後的可讀性與可維護性也比較高。記得，給予他們詳細的說明，協助其他人快速了解這段程式碼在做什麼。

在 IDE 裡的測試區塊旁邊都會有直接運行的按鈕與標示，如範例圖使用 VSCode 進行開發，上方有運行按鈕 **Run**，左邊有每個子案例的三角形運行按鈕。

```
Run | Debug
void main() {
  Run | Debug
  group('加法函數測試', () {
    Run | Debug
    test('加法的基本情況', () {
      // 檢查正數相加
      expect(add(2, 3), equals(5));
    });

    Run | Debug
    test('處理零', () {
      // 加法中的零應該不改變結果
      expect(add(0, 5), equals(5));
      expect(add(5, 0), equals(5));
    });

    Run | Debug
    test('處理負數', () {
      // 負數相加應該返回正確結果
      expect(add(-2, -3), equals(-5));
      expect(add(-2, 3), equals(1));
    });
  });
```

圖 14-5 　VSCode 測試時的側邊操作

圖 14-6　VSCode 測試後的結果

執行測試，使用 Flutter CLI 指令，可以針對目錄或是指定測試檔案：

```
flutter test
flutter test test/unit_test
flutter test test/unit_test/home_screen_test.dart
```

其中，**expect()** 是 Dart 測試框架 (**package:test**) 中的核心函式之一，負責將實際結果與預期結果進行比較。每次我們執行測試時，可以使用 **expect()** 來驗證**測試條件是否成立**，從而確保應用程式的行為符合預期。因為它很重要，需要稍微深入瞭解一下。

expect() 的結構與參數

```
expect(actual, matcher, {String? reason, dynamic skip});
```

- **actual**：實際結果（也就是要檢查的值）。這是函式或程式碼片段的執行結果，例如某個函式返回的值、某個變數的當前狀態等

- **matcher**：Matcher 匹配器。通常是一個與 **actual** 進行比較的條件，來驗證是否符合預期結果。它可以是一個具體的值，也可以使用匹配器（如 **equals()**、**isTrue()** 等等）

- **reason**（可選）：失敗時顯示的原因。當測試失敗時，你可以透過 **reason** 提供自訂的錯誤訊息，幫助更快地定位問題

- **skip**（可選）：允許暫時跳過這個測試。設為 **true** 則該測試會被跳過

在了解完 **expect()** 函式後，我們可以先知道幾種常用的 **Matcher** 匹配器，在後面的範例中都會頻繁出現。

常見的 matcher 使用方式

Dart 提供了多種內建匹配器，可以幫助開發者更方便地驗證 **actual** 值是否符合預期結果。

- **isTrue / isFalse**

  檢查是否為布林值 **true** 或 **false**。

  ```
  expect(isEven(4), isTrue);  // 檢查 isEven(4) 是否返回 true
  ```

- **throwsException / throwsA()**

  檢查某個操作是否拋出了異常。

  ```
  // 檢查是否拋出異常
  expect(() => divide(10, 0), throwsException);

  // 檢查是否拋出特定的錯誤異常
  expect(() => divide(10, 0), throwsA(isA<ArgumentError>()));
  ```

- **contains()**

  檢查是否包含某個子集或專案。這常用於檢查集合或字串。

  ```
  expect([1, 2, 3], contains(2));   // 檢查列表是否包含 2
  expect('Hello Dart', contains('Dart')); // 檢查字串是否包含 'Dart'
  ```

- **hasLength()**

  檢查集合的長度。

  ```
  expect([1, 2, 3], hasLength(3)); // 檢查列表的長度是否為 3
  ```

- **greaterThan() / lessThan()**

  檢查是否大於或小於某個值。

```
expect(10, greaterThan(5)); // 檢查 10 是否大於 5
expect(3, lessThan(10)); // 檢查 3 是否小於 10
```

- **isNull / isNotNull**

    檢查值是否為 **null** 或非 **null**。

```
expect(null, isNull); // 檢查值是否為 null
expect('Non-null', isNotNull); // 檢查值是否非 null
```

◆ 範例二：是否為偶數

這個測試包括了不同類型的整數（正數、零、負數、大數字）來檢驗偶數函式是
否在所有情況下都能正常工作。

```
group(' 偶數判斷函式測試 ', () {
  test(' 檢查正數 ', () {
    expect(isEven(4), isTrue);
    expect(isEven(7), isFalse);
  });

  test(' 檢查零 ', () {
    // 零應該被視為偶數
    expect(isEven(0), isTrue);
  });

  test(' 檢查負數 ', () {
    // 負數也應該正確判斷
    expect(isEven(-2), isTrue);
    expect(isEven(-3), isFalse);
  });

  test(' 檢查大數字 ', () {
    // 測試非常大的數字
    expect(isEven(1000000), isTrue);
    expect(isEven(1000001), isFalse);
  });
});
```

◆ 範例三：類別與方法測試，計數器操作

我們擴展這個測試來檢查計數器類別的邊界情況，如多次增加和減少操作，以及檢查初始狀態。經過自定義方法的呼叫後，使用 **equals()** 確認預期結果。保證計數器類別在各種邏輯下的正確性。

```
class Counter {
  final notifier = ValueNotifier<int>(0); // 通知器，在數值更新時通知監聽者

  void increment() => notifier.value++; // 增加
  void decrement() => notifier.value--; // 減少

  int get value => notifier.value;
}

//

group(' 計數器類別測試 ', () {
  test(' 初始值應為 0', () {
    final counter = Counter();
    expect(counter.value, equals(0));
  });

  test(' 增量操作 ', () {
    final counter = Counter();
    counter.increment();
    expect(counter.value, equals(1));

    counter.increment();
    expect(counter.value, equals(2));
  });

  test(' 減量操作 ', () {
    final counter = Counter();
    counter.decrement();
    expect(counter.value, equals(-1));

    counter.decrement();
    expect(counter.value, equals(-2));
  });

  test(' 增量和減量交替 ', () {
```

```
    final counter = Counter();
    counter.increment();
    counter.increment();
    counter.decrement();
    expect(counter.value, equals(1));
  });
});
```

◆ 範例四：非同步操作

我們進行非同步操作測試，驗證一般情境以及錯誤例外發生。可以使用 **throwsException** 驗證是否拋出例外。

```
Future<int> fetchDataFromApi() async {
  return Future.delayed(const Duration(seconds: 3), () => 42);
}

Future<int> processData() async {
  final data = await fetchDataFromApi();

  return data * 2;
}

Future<int> fetchDataWithApiError() async {
  throw Exception('API 錯誤 ');
}

Future<int> processDataWithError() async {
  final data = await fetchDataWithApiError();

  return data * 2;
}

//

group(' 非同步操作測試 ', () {
  test(' 正常處理 ', () async {
    final result = await processData();
    expect(result, equals(84));
  });

  test(' 模擬資料處理時發生錯誤 ', () async {
```

```
  expect(() => processDataWithError(), throwsException);
  });
});
```

◆ 範例五：模擬 API 結果

我們擴展 Mock 測試，模擬 API 回傳不同的結果，並測試錯誤處理。方便的模擬工具在 **pub.dev** 平台上都找得到，這邊建議一個很方便的工具 mocktail，我們會用它來協助撰寫測試。一樣記得將它匯入到專案：

```
dart pub add mocktail
```

範例裡我們擁有一個 **api_service.dart** 檔案，有 **ApiService** 類別負責 API 相關操作。**fetchData()** 進行遠端請求，不知成功與否，但這裡先假設取得了一個成功結果：

```
// 模擬一個簡單的 API
class ApiService {
  Future<String> fetchData() async {
    // 假設這裡發出了一個 API 請求
    return 'Today\\'s weather is awesome!';
  }
}
```

另外我們建立一個 **api_service_test.dart** 檔案，名稱跟實際 **api_service.dart** 一樣只是多了 test 後綴，這個習慣要記得養成。我們在裡面建立一個 **MockApiService** 類別繼承了 **Mock** 類別（mocktail 套件提供），負責透過它進行模擬。接著再覆寫 **piService** 實際類別，需要在測試時操作相關函式。

前置作業完成後，我們需要在 **setUpAll()** 建立類別實體，給每個子案例使用，共享資源。在模擬時非常簡單，只要記得這句話當…然後結果…，所以在測試裡會寫成 **when()** 裡面呼叫函式，接著後面接上 **thenAnswer()**，設置預期結果。

將模擬情境寫好後就能實際運行相關邏輯並檢查結果，驗證的程式碼跟前面的範例都類似，寫多了其實就很好上手囉。

第二個案例，模擬 API 運行時遇到錯誤的情況，使用 **mocktail** 工具提供的 **thenThrow()** 函式即可，最後進行驗證。

```dart
// 建立 Mock 類別
class MockApiService extends Mock implements ApiService {}

void main() {
  group('API 模擬測試', () {
    late final MockApiService apiService;

    setUpAll(() {
      apiService = MockApiService();
    });

    test('模擬返回資料', () async {
      // 設定當呼叫 fetchData 時，返回模擬資料
      when(() => apiService.fetchData()).thenAnswer(
        (value) async => 'The weather is bad.',
      );

      final data = await apiService.fetchData();

      // 驗證返回的是否是模擬資料
      expect(data, contains('bad'));
    });

    test('模擬錯誤返回', () async {
      // 模擬當呼叫 fetchData 時拋出異常
      when(() => apiService.fetchData())
          .thenThrow(Exception('API 錯誤'));

      // 驗證捕捉到的異常
      expect(() => apiService.fetchData(), throwsException);
    });
  });
}
```

幾種模擬結果的函式：

1. **thenReturn**：適合同步結果，設置單純數值。

2. **thenAnswer**：適合非同步結果，設置函式。

3. **thenThrow**：適合例外錯誤結果。

14.3.6 測試重點

◆ 明確目標

- **單一測試，單一功能**：每個測試案例只測試一個特定的功能或行為
- **清晰的測試名稱**：測試名稱要能準確地描述測試的內容，方便閱讀和維護

◆ 獨立性

- **模擬依賴**：對於外部依賴（如網路請求、資料庫操作），使用模擬物件（Mocks）來隔離測試
- **避免全域狀態**：測試之間不應互相影響，每個測試都應該從一個乾淨的狀態開始

◆ 可讀性

- **簡潔明瞭**：測試程式碼應該易於理解，避免過度複雜的邏輯
- **良好的命名**：變數和函式名稱要具體且有意義

◆ 可維護性

- **避免重複**：提取重複的測試邏輯到輔助函式中
- **保持同步**：當程式碼改動時，相應的測試也需要更新

◆ 覆蓋率

- **全面性**：測試案例要涵蓋所有可能的輸入和輸出
- **邊界值**：特別關注邊界值（最小值、最大值、空值等）的測試

14.3.7 開發技巧

◆ 執行 Isolate 相關操作

在 Dart 或 Flutter 測試中，如果需要進行 Isolate 相關操作，提供了 **tester. runAsync()** 方法。可以執行 **compute** 函式或建立 Isolate。當在測試中處理與 UI 不直接相關的任務時，例如：從資源文件中讀取資料、處理二進制檔案或在背景中進行複雜計算，它能確保這些平行操作順利執行，所有需要等待的部分都正確處理完成，而不會受到 Flutter 測試框架的事件循環或時間控制的干擾。

讓我們來看一個具體範例，它模擬了檔案存取並生成縮圖的過程。在這個測試中，我們使用 **rootBundle.load()** 來讀取本地文件，並使用 **compute** 函式來進行圖像處理：

```dart
import 'package:image/image.dart';

void main() {

  testWidgets('get avatar thumbnail from asset', (tester) async {
    await tester.runAsync(() async {
      // 從資源目錄中載入圖片文件
      final file = await rootBundle.load('assets/images/avatar.png');

      // 使用 compute() 在 Isolate 中生成圖片縮圖
      final jpgData = await compute(getAvatarThumbnail, file);

      // 確認生成的 jpgData 不為 null 或進行其他的測試檢查
      expect(jpgData, isNotNull);
    });
  });

}

// 這會在 Isolate 中執行
Uint8List getAvatarThumbnail(ByteData file) {
    // 使用 image 套件進行圖像處理，返回縮圖資料
  final image = decodeImage(file.buffer.asUint8List());
  final thumbnail = copyResize(image!, width: 120);

  return Uint8List.fromList(encodeJpg(thumbnail));
}
```

在 Flutter 測試中，測試框架會自動管理測試的執行時間，並會在 **Main Isolate** 空閒時嘗試運行各種動作。然而，如果有執行其他隔離的需求（如 **Isolate** 或 **compute**），這些任務並不會自動包含在 Main Isolate 的事件循環中，可能會導致測試提前結束。使用 **runAsync()** 可以強制測試框架等待這些任務完成後再進行後續的測試檢查，確保測試的完整性。

14.3.8 注意事項

獨立的 Unit Test 測試無法涵蓋應用的多方面，例如：組合流程、HTTP 或 UI 互動。所以測試隔離是一種權衡，它可能幫助在出現問題時更快定位，但隨著時間的推移，它可能會使程式碼更複雜、較難重構，也更難維護。

14.4　Widget Test（元件測試）

14.4.1　Widget Test 到底在做什麼？

Widget Test 又稱 Component Test。深入 Widget Tree，驗證實際上用戶看到的內容，識別元件與渲染布局，能夠直接操作 App 的 UI，例如：點擊按鈕、輸入文字、滑動螢幕，任何有關畫面上的操作都能模擬。通常都是在操作後檢查 Widget 狀態，檢查畫面是否按照預期顯示，這就像是你在各種裝置上預覽你的應用，保證每個按鈕、每個動作都運作正常。只要和用戶互動相關的問題，比較容易聚焦和找出錯誤原因。

◆ 高效的動畫測試

你可能會擔心測試動畫需要花費大量時間？這點不用擔心！Flutter 的動畫使用了假時鐘（fake clock）運行，你不需要真正等待動畫結束。通常，一秒或幾毫秒內就能完成，讓你的測試流程迅速且有效率。

14.4.2 Widget Test 的優勢

1. **高保護性**：能夠有效防止 UI 方面的錯誤，確保 App 的使用者介面一直保持穩定。

2. **測試速度快**：相較於實機與模擬器上的測試，Widget Test 可以在開發環境中直接運行，不需要建立整個應用程式，執行速度更快，能快速獲得測試結果。

3. **測試覆蓋率高**：以少量程式碼獲得更高的測試覆蓋率，因為它不僅驗證邏輯，還測試 UI 的實際行為。

4. **支援多裝置尺寸**：可以在不同的裝置尺寸與解析度上進行測試，適配現實中的可能的使用者情境。

14.4.3 Widget Test 的挑戰

1. **維護成本高**：因為 Widget Test 涉及更多的元件與行為，當 UI 設計變更時，測試案例也需要跟著調整，維護成本較高。會影響測試的 Widget Tree 以及操作驗證的流程。

2. **依賴性強**：測試案例對 UI 的結構和狀態非常敏感，任何 UI 的變動都可能導致測試失敗。

3. **不支援非同步**：有些操作無法進行，例如：網路請求、檔案存取，只能自行偽造請求結果或是資料來源

14.4.4 撰寫測試

前置作業，我們需要先確保專案的 **pubspec.yaml** 檔案中擁有 **flutter_test** 套件，它是 Flutter 的內建測試工具包，預設已包含在 Flutter SDK 中，所以在建立 Flutter 專案後都會存在。我們也可以透過以下方式確認：

```
dev_dependencies:
  flutter_test:
    sdk: flutter
```

在專案根目錄新增一個 **widget_test** 資料夾，存放著所有的元件測試檔案，並且確保每個檔案的名稱尾巴都是 **test** 後綴，養成良好習慣。

圖 14-7　Widget Test 檔案目錄

◆ 範例一：基礎元件測試，Button 與 SnackBar

首先擁有一個元件為 **MessageButton**，它很簡單，只有一個 **ElevatedButton**，會在點擊後執行 **showSnackBar()** 顯示 **SnackBar** 元件並顯示訊息「嗨！妳好」。我們需要驗證 **MessageButton** 元件是否有正常的操作行為。

```
class MessageButton extends StatelessWidget {
  const MessageButton({
    super.key,
  });

  @override
  Widget build(BuildContext context) {
    return ElevatedButton(
      key: const Key('message-button'),
      onPressed: () {
        ScaffoldMessenger.of(context).showSnackBar(const SnackBar(
          content: Text('嗨！妳好'),
        ));
      },
      child: const Text('顯示訊息'),
    );
  }
}
```

建立一個 **message_widget_test.dart**，跟 Unit Test 不一樣的是這裡用 **testWidgets()** 方法去撰寫。

```dart
import 'package:flutter_test/flutter_test.dart';
import 'package:flutter/material.dart';

void main() {
  testWidgets(' 測試按鈕點擊後跳出 SnackBar 訊息 ',
      (WidgetTester tester) async {
    // 建構一個簡單的 Widget
    await tester.pumpWidget(
      const MaterialApp(
        home: Scaffold(
          body: MessageWidget(),
        ),
      ),
    );

    // 檢查元件是否存在
    expect(find.byType(ElevatedButton), findsOne);
    expect(find.byKey(const Key('message-button')), findsOne);
    expect(find.text(' 顯示訊息 '), findsOneWidget);
    expect(find.byType(Text), findsAny);

    // 模擬按下按鈕
    await tester.tap(find.byKey(const Key('message-button')));

    // 觸發畫面渲染。因為點擊後會跳出 SnackBar，需要新的畫面資訊
    await tester.pump();

    // 檢查元件與訊息內容是否存在
    expect(find.byType(SnackBar), findsOneWidget);
    expect(find.textContaining(' 妳好 '), findsAtLeastNWidgets(1));
    //✖，按鈕不會隱藏消失
    expect(find.byType(ElevatedButton), findsNothing);
  });
}
```

過程中做了幾件事：

1. 渲染一個指定元件 **MessageWidget**，因為通常 APP 的初始起點會包裹 **MaterialApp** 和 **CupertinoApp**，然後頁面我們會使用 Scaffold 基架元件，需要模擬一個 APP 環境。

2. 透過 **find** 物件搜尋元件，搭配 **Matcher** 進行驗證。

3. 使用 **tester.tap()** 點擊指定按鈕，透過 **Key** 找到按鈕元件。

4. 使用 **tester.pump()** 渲染新一幀成像。

5. 檢查操作過後的結果是否符合期待，完成測試的最終驗證。

在 Widget 測試中，我們會頻繁使用 **WidgetTester** 的 **tester** 物件。它可以模擬用戶的操作，像是點擊、滑動、輸入文字等。它還可以幫助檢查特定的元件是否在樹中渲染。

- **tester.pumpWidget()**：渲染一個 Widget。通常作為開頭使用，渲染整個測試元件

- **tester.tap()**：模擬使用者點擊

- **tester.pump()**：重新渲染 Widget Tree，顯示新的畫面結果

Finder 的使用

Finder 就像是我們在找東西時用的「指南針」，它能根據類型、屬性、Key 等等資訊幫助我們在 Widget Tree 中找到特定的元件。**find** 物件為 **CommonFinders** 類別，其中有許多常用的搜尋方法

- **find.text()**：根據文字內容搜尋

- **find.byType()**：根據元件類型搜尋

- **find.byKey()**：根據指定的 Key 搜尋

Matcher 的使用

Matcher 就像是我們在比對物品時用的「放大鏡」，它能幫助我們檢查 Widget 的屬性是否符合預期。當你打出 **find** 關鍵字後 IDE 編輯器會很方便地跳出一些可能

選項，我們可以用它們來確認元件的屬性或狀態。當然，如果你的開發方式沒有提醒也沒關係，有幾個常用方式你需要知道：

- **findsOne**：找到一個指定元件

- **findsOneWidget**：找到一個指定元件

- **findsAny**：找到任何數量的指定元件

- **findsAtLeastNWidgets(count)**：找到的元件數量至少幾個

- **findsNothing**：沒有找到指定元件

```
// 檢查按鈕是否存在
  expect(find.text('按我'), find.text('');
                                    ×  [⊘] find CommonFinders
                                       [⊘] findsAny Matcher
used [Finder]s and [SemanticsFinder].  [⊘] findsNothing Matcher
r);                                    [⊘] findsOne Matcher
                                       [⊘] findsOneWidget Matcher
                                       [⊘] findsWidgets Matcher
                                        ⬡ findsAtLeast(…) → Matcher
                                        ⬡ findsAtLeastNWidgets(…) → Matcher
                                        ⬡ findsExactly(…) → Matcher
                                        ⬡ findsNWidgets(…) → Matcher
                                        ⚒ find);
                                        ⬡ FinderResult(…) → FinderResult<CandidateType>
                                        ⚒ Finder
                                        ⚒ FinderBase
```

圖 14-8　find 前綴的 Matcher api

執行測試，使用 **Flutter CLI** 指令，可以針對目錄或是指定測試檔案：

```
flutter test test/widget_test
flutter test test/widget_test/quiz_screen_test.dart
```

```
~/Desktop/test  flutter test test/widget_test                                    ✓ 11:57:02
00:01 +0: /Users/yii/Desktop/test/test/widget_test/quiz_screen_test.dart: 測試多選題應用的問題顯示和答案選擇邏輯
00:02 +0: /Users/yii/Desktop/test/test/widget_test/quiz_screen_test.dart: 測試多選題應用的問題顯示和答案選擇邏輯
00:02 +1: /Users/yii/Desktop/test/test/widget_test/widgets/message_widget_test.dart: 測試按鈕點擊後跳出SnackBar訊息
00:02 +2: /Users/yii/Desktop/test/test/widget_test/quiz_screen_test.dart: 檢查編號元件的大小是否正確
00:02 +3: /Users/yii/Desktop/test/test/widget_test/quiz_screen_test.dart: 檢查編號元件的大小是否正確
00:02 +3: All tests passed!
```

圖 14-9　Widget Test 測試過程與結果

◆ 範例二：複雜元件行為與邏輯測試，考試功能

建立一個考試頁面，裡面有一個題目、三個選項，讓使用者選擇題目作答。主要的流程就是選擇後，檢查選項是否正確，將結果記錄下來並執行刷新，最終透過 **Text** 顯示結果訊息。

此範例有一個給功能使用的 **QuizStateModel**，負責管理狀態。所以裡面有題目、選項、結果，以及 **_selectAnswer()** 可操作的函式。結果這裡是 **ValueNotifier** 物件，讓 UI 層進行狀態監聽。**QuizStateModel** 我們注入給元件，模擬 Bloc 等狀態管理框架的共享方式，也方便後續撰寫 Mock 偽造類別，對測試比較友好。

```dart
class QuizStateModel {
  // 問題和答案資料
  final String question = 'Flutter 是哪一年推出的？';
  final List<({String answer, bool isCorrect})> options = [
    (answer: '2015', isCorrect: false),
    (answer: '2017', isCorrect: true),
    (answer: '2019', isCorrect: false),
  ];

  // 用來儲存用戶選擇答案後的反饋
  ValueNotifier<({bool isCorrect, String message})> result =
      ValueNotifier((isCorrect: false, message: ''));

  // 用來處理用戶選擇答案的邏輯
  void selectAnswer(bool isCorrect) {
    if (isCorrect) {
      result.value = (isCorrect: isCorrect, message: '正確！');
    } else {
      result.value = (isCorrect: isCorrect, message: '錯誤，請再試一次。');
    }
  }
}

class QuizScreen extends StatelessWidget {
  const QuizScreen({
    super.key,
    required this.stateModel,
  });

  final QuizStateModel stateModel;
```

```dart
@override
Widget build(BuildContext context) {
  return Scaffold(
    appBar: AppBar(title: const Text('簡單測驗')),
    body: Column(
      mainAxisAlignment: MainAxisAlignment.center,
      children: <Widget>[
        Text(stateModel.question,
            style: Theme.of(context).textTheme.titleLarge),
        // 顯示選項
        ...stateModel.options.map((option) {
          return ElevatedButton(
            onPressed: () => stateModel.selectAnswer(option.isCorrect),
            child: Text(option.answer),
          );
        }),
        ValueListenableBuilder(
          valueListenable: stateModel.result,
          builder: (BuildContext context, final result, Widget? child) {
            return Column(
              children: [
                // 顯示反饋
                if (result.message.isNotEmpty) ...[
                  const SizedBox(height: 20),
                  Text(
                    result.message,
                    style: TextStyle(
                      color: result.isCorrect ? Colors.green
                          : Colors.red,
                      fontWeight: FontWeight.bold,
                    ),
                  ),
                ],
              ],
            );
          },
        ),
      ],
    ),
  );
}
```

在寫測試的時候很直覺地先驗證畫面上原本該有的元件，可以檢查數量與內容。

1. 檢查題目是否正常，只有一個 Text 元件。使用 **expect(find.text())** 來搜尋問題文字。

2. 檢查按鈕選項的內容與數量。使用 **find.text()** 來檢查每個答案的存在。

3. 執行選項點擊並進行 **pump()** 渲染。

4. 檢查結果是正確的，且有顯示對應的訊息。檢查是否顯示「正確！」。

5. 模擬點擊錯誤答案「2015」，檢查是否顯示「錯誤，請再試一次。」。

```
testWidgets('測試多選題的問題顯示和答案選擇邏輯',
    (WidgetTester tester)
async {
  final stateModel = QuizStateModel();

  // 建構測試用的 Widget
  await tester.pumpWidget(
    MaterialApp(
      home: QuizScreen(
        stateModel: stateModel,
      ),
    ),
  );

  // 1. 檢查問題是否正確顯示
  expect(find.text('Flutter 是哪一年推出的？'), findsOneWidget);

  // 2. 檢查是否顯示了所有選項
  expect(find.text('2015'), findsOneWidget);
  expect(find.text('2017'), findsOneWidget);
  expect(find.text('2019'), findsOneWidget);
  expect(find.byType(ElevatedButton), findsAtLeast(3));

  // 3. 模擬點擊正確答案
  await tester.tap(find.text('2017'));
  await tester.pump(); // 觸發重繪

  // 4. 檢查是否顯示正確答案的反饋
  expect(find.text('正確！'), findsOneWidget);
  expect(find.text('錯誤，請再試一次。'), findsNothing);
```

```
// 5. 模擬點擊錯誤答案
await tester.tap(find.text('2015'));
await tester.pump(); // 觸發重繪

// 6. 檢查是否顯示錯誤答案的反饋
expect(find.text('錯誤，請再試一次。'), findsOneWidget);
expect(find.text('正確！'), findsNothing);
});
```

這個範例展示了更豐富的互動行為和邏輯測試，適合需要互動邏輯的情境。你可以基於這個範例進一步發想，測試更多元件的行為。

 開發小提醒

在日常開發中，我們如何規劃測試案例呢？根據你的測試範圍，可以試著列出幾個常見的測試情境：

- **檢查 Widget 是否渲染**：確認某個 Widget 是否出現在頁面中。
- **檢查按鈕互動**：模擬用戶的行為，確保按鈕可以被點擊並觸發相應行為。
- **測試狀態變化**：確保按鈕點擊後，狀態或頁面內容有相應變化。
- **測試滾動和布局**：確保 Widget 能夠正常滾動，並在不同螢幕尺寸下顯示正確。

14.4.5 開發技巧

◆ Pumping Widgets

大家在撰寫測試時如果要模擬渲染會發現有兩種方式，**tester.pump()** 以及 **tester.pumpAndSettle()**，是不是一開始不知道如何選擇，他們的差異是什麼呢？它們的主要區別在於等待的時機和行為。

1. tester.pump()

- 功用說明：觸發 Flutter 框架進行一次重繪，更新當前 Widget Tree，反映前一幀的任何狀態變化，顯示新的畫面結果

- 適合情境：觸發單次的 UI 更新和重新渲染，不需要等待動畫或非同步任務完成
- 支援延遲渲染：我們可以傳遞一個 **Duration** 參數來控制延遲時間，在時間後進行渲染。行為就像應用程式在 **Duration** 時間內卡頓（丟失幀），然後收到「**Vsync**」訊號來繪製

```
await tester.pump();
await tester.pump(const Duration(seconds: 2));
```

2. tester.pumpAndSettle()

在給予的持續時間內重複呼叫 **tester.pumpAndSettle()**，直到 Tree 穩定為止。

- 功用說明：不僅觸發重繪，還會持續呼叫 **pump()** 直到所有的動畫和非同步任務完成。它等待所有需要的 Frame 渲染完成，確保畫面完全穩定後才繼續測試
- 適合情境：當有動畫、轉場或非同步操作（例如：網路請求、進度條）時，需要在所有工作都完成後或等到整個畫面穩定的情況下進行驗證

```
await tester.pumpAndSettle();
await tester.pumpAndSettle(const Duration(milliseconds: 500));
```

◆ Custom Matcher

建立自己的匹配器來幫助處理更具體的測試條件。例如：要檢查元件的大小是否符合預期，我們可以建立一個 Matcher 類別，假設名稱為 SizeMatcher，用它來比較 Widget 的實際大小是否與設計上的預期大小相符。

首先建立一個 Matcher 類別 _SizeMatcher，標示為底線代表私有的，我們只需要公開使用方法就好。裡面的核心是 **matches()** 函式，需要撰寫比對的邏輯，在這個需求下我們要比對兩個 Size 的 **width** 跟 **height** 屬性。很簡單這樣就完成了。

另外，**hasSize()** 函式讓我們在撰寫測試時使用，透過 _SizeMatcher 進行比對，只需要給予期望的 Size 就能得到結果。

```
/// 對外公開的函式，使用 _SizeMatcher 比對 Widget 的大小
Matcher hasSize(Size expectedSize) => _SizeMatcher(expectedSize);

/// 自定義的 SizeMatcher 用來比對畫面 Widget 與預期大小是否符合
class _SizeMatcher extends Matcher {
  final Size expectedSize;

  _SizeMatcher(this.expectedSize);

  @override
  Description describe(Description description) {
    return description.add('$expectedSize');
  }

  @override
  bool matches(item, Map matchState) {
    if (item is! Size) return false;

    return item.width == expectedSize.width &&
        item.height == expectedSize.height;
  }

  @override
  Description describeMismatch(
      item, Description mismatchDescription,
        Map matchState, bool verbose) {
    return mismatchDescription.add('Widget size was "$item"');
  }
}
```

實際上，我們只需要找出 Widget Tree 裡的指定元件，取得元件的當前 Size。接著
使用 **hasSize()** 給予期望大小，進行兩者驗證。

```
/// Widget Test
testWidgets(' 檢查編號元件的大小是否正確 ', (WidgetTester tester) async {
  await tester.pumpWidget(
    MaterialApp(
      home: QuizScreen(
        stateModel: stateModel,
      ),
    ),
  );
```

```
  // 使用 hasSize() 函式檢查大小是否正確
  expect(
    tester.getSize(find.byKey(const ValueKey('number-0'))),
    hasSize(const Size(32.0, 32.0)),
  );
});

/// UI - Widget
Container(
  key: ValueKey('number-$index'),
  width: 32.0,
  height: 32.0,
  decoration: BoxDecoration(color: Colors.amberAccent.shade100),
  child: Text('${index + 1}'),
),
```

當測試運行時，環境將建構 Widget Tree，裡面含有 **Container** 元件，並檢查這個元件是否具有 32x32 的大小。如果大小不符合預期，測試將失敗並列印出具體的錯誤訊息。

透過撰寫自定義的 **Custom Matcher**，我們可以方便地更進一步地檢查元件，符合常用情境，這對於方便性與可讀性都幫助很大，對於 Widget Test 測試時非常有用。

14.4.6 撰寫 Widget Test 的顧慮

- **冗長的 setup()**：初始設定的建構冗長，尤其是在大型應用中，可能需要搭建龐大的 Widget Tree。可以使用 **factory builder** 或 **helper method** 等方式來簡化測試環境的初始工作

- **管理所需資料來源**：如果有許多模擬的資料，可能需要管理對應 Json 檔案

- **無法看到測試畫面**：Widget Test 主要用來驗證 UI 的邏輯，無法在模擬器中直接看到測試的畫面，這有時候讓測試顯得抽象。如果需要視覺測試，可以考慮撰寫 Integration Test

14.4.7 小結

Widget Test 是 Flutter 測試中的一個核心部分,雖然剛開始可能看起來相對複雜,但通過 SDK 提供的豐富工具包,我們可以輕鬆確保 UI 畫面在不同場景下表現一致且穩定,且能有效檢測並避免潛在的 UI 問題。總而言之,隨著測試案例的擴展,這些測試還可以成為回歸測試的一部分,確保未來的更新不會破壞現有功能。

14.5 Integration Test（整合測試）

14.5.1 何謂 Integration Test？

Integration Test 就像是應用的「全面體檢」,它不僅僅是測試單一元件或邏輯,還包括與後端伺服器的互動、網路請求、文件存取等,具有真實後端和 Client 端的端到端體驗,所以也稱為 **End-to-End Test**。模擬的是使用者從打開應用到完成操作的整個過程,確保每個部分結合在一起時仍然運作流暢。這是開發者確保應用在真實環境中表現正確的關鍵工具。

◆ 真實情境的測試

為了達到最接近真實使用情境的效果,Integration Test 通常會在模擬器或真實裝置上運行。這樣可以最大程度地模擬出產品在真實環境中的表現,讓你知道 APP 在不同硬體、不同網路條件下是否依然穩定。

◆ 非工程人員也能參與

Integration Test 不僅限於開發者的工具。使用像 **Mobile.dev** 或 **Honey** 這樣的測試框架,非工程人員也能撰寫和參與測試,檢查應用的使用者體驗是否達到預期。

14.5.2 Integration Test 的優勢

1. **高保護性**：相比 Unit Test 和 Widget Test，**Integration Test** 提供了最高的保護，因為它涵蓋了應用的全貌，確保每個組件、每個流程都能夠正常運作。

2. **符合實際使用情境**：在真實裝置或模擬器上運行測試，保證與實際用戶的使用體驗相符，從而大幅提升應用的可靠性。

3. **網路請求與檔案存取測試**：與 Unit Test 和 Widget Test 不同，Integration Test 可以執行實際的網路請求、存取檔案，驗證應用在這些方面的表現。

14.5.3 Integration Test 的挑戰

Integration Test 有著許多優點，但也伴隨著一些挑戰：

1. **高維護成本**：因為通常會測試整個流程、情境，甚至是整個應用功能，測試可能變得非常複雜，而隨著應用更新，維護測試也需要投入更多精力。

2. **耗時長速度慢**：需要經過編譯到運行整個應用，前置時間就比較長，再來因為模擬操作還有裝置的運行環境，這些都是導致速度慢的因素。

3. **多依賴性**：經常需要依賴多個程式模組和服務，因此過程容易受外部條件影響，例如：網路狀況、裝置性能等等。搜尋問題根源的難度也會提升。

14.5.4 開發技巧

在執行 Integration Test 時，有一些技巧可以讓你的測試更加高效：

1. **將測試運行在 Production App 上**：這樣可以進行實際的驗證，確保應用在正式環境中的表現。

2. **檢查內容的類型**：有時候你不需要精確比對每個細節，而是檢查內容的類型是否正確。例如，當你檢查一段文字時，可以驗證它是否包含預期的片段，而不必要求完全一致。

3. **檢查每個步驟的 UI 元件**：在每一步操作後，都檢查當前畫面上是否有預期的 UI 元件存在，這可以幫助發現流程中的問題。

4. **滾動畫面尋找**：有時候，應用畫面過長，無法一次顯示所有內容。這時可以模擬用戶滾動畫面，來尋找預期中的元素。

5. **處理文字溢出**：當文字太長時，Flutter 可能會用「...」來截斷顯示。這時可以檢查文字內容的片段是否符合預期，而不必要求完全比對。

14.5.5 撰寫測試

前置作業，我們需要先確保專案的 **pubspec.yaml** 檔案中擁有 integration_test 套件，它是 Flutter 的整合測試工具。可以透過 CLI 指令方式添加：

```
flutter pub add 'dev:integration_test:{"sdk":"flutter"}'
```

添加後確認存在 **pubspec.yaml** 檔案。

```
dev_dependencies:
  integration_test:
    sdk: flutter
```

我們需要在專案根目錄新增一個 **integration_test** 資料夾，存放著所有測試檔案，並且一樣需要保持每個檔案的名稱尾巴都是 **test** 後綴。

圖 14-10　Integration Test 檔案目錄

在主程式裡，運行 APP 前需要初始化整合測試工具，確保相關 API 與功能都能正常運行。

```
void main() {
  IntegrationTestWidgetsFlutterBinding.ensureInitialized();

  // Writing Test...
}
```

◆ 範例一：貼文牆測試，滾動並定位到指定清單元件

範例建立了 **post_screen.dart** 檔案，包含一個 **PostScreen** 頁面元件。透過它撰寫了一個貼文列表，裡面有 30 筆資料，這裡貼文來源是偽造的，在你的實際應用可能是從雲端或是本地資料庫取得，沒關係我們先不理會。

從以下 Object Array 了解，偽造資料裡面每個 Object 代表一個貼文資訊，使用 **Record** 紀錄。前面為是否請更新處理中，後面則為詳細資料。

```
var postData = [
  (false, const Post(postName: "Post 1", likeCount: 10, isLiked: false)),
  (false, const Post(postName: "Post 2", likeCount: 23, isLiked: false)),
  (false, const Post(postName: "Post 3", likeCount: 5, isLiked: false)),
  (false, const Post(postName: "Post 4", likeCount: 12, isLiked: false)),
  (false, const Post(postName: "Post 5", likeCount: 9, isLiked: true)),
  ...
];
```

在這個測試，我們要測試列表可以滑動，並且找到指定的 Item 元件。先看一下 UI 層面如何撰寫，很多待檢查的元件設置了 **ValueKey** 幫助識別，後面範例會使用到。在這裡我們主要關注 **ListView** 元件。

```
@override
Widget build(BuildContext context) {
  return Scaffold(
    appBar: AppBar(title: const Text('貼文列表')),
    body: Center(
        child: ListView.builder(
      padding: const EdgeInsets.symmetric(horizontal: 20),
      itemCount: postData.length,
      itemBuilder: (BuildContext context, int index) {
        final data = postData.elementAt(index);
        final isLoading = data.$1;
        final post = data.$2;
```

```
    return Row(
      key: ValueKey('item-$index'),
      children: [
        Text(post.postName),
        const SizedBox(width: 20),
        Text(
          key: ValueKey('like-count-$index'),
          '讚數：${post.likeCount}',
        ),
        const SizedBox(width: 20),
        IconButton(
          key: ValueKey('icon-button-$index'),
          icon: Icon(
            key: ValueKey('icon-$index'),
            post.isLiked ? Icons.favorite :
                Icons.favorite_border,
            color: post.isLiked ? Colors.red : Colors.grey,
          ),
          onPressed: () => isLoading ? null :
              _toggleLike(index, post),
        ),
      ],
    );
  },
)),
);
}
```

那測試我們如何撰寫呢？跟 Widget Test 不同的是，初始啟動是從完整的 APP 開始，因為需要將完整流程運作在模擬器上方。

1. 一開始執行 **app.main()**，app 為 **main.dart** 檔案的別名。

2. 從主頁跳轉到貼文頁面，記得這時候需要 **tester.pumpAndSettle()** 渲染，因為畫面更新了。

3. 開始檢查此頁面的初始 UI 狀態，先確認標題，再確認是否存在 ListView 元件。

4. 接著我們使用了新的 API **find.descendant()**，它可以透過指定元件找到後裔（子元件）。所以這邊定位到畫面上第一個 Scrollable 元件。

5. 執行 **tester.scrollUntilVisible()** 進行滑動。第一個參數為指定的清單專案，這裡可以透過稍早設定的 ValueKey 身份進行辨識；第二個參數為滑動距離；第三個參數為滾動元件的 Finder。

```
testWidgets(' 跳轉到貼文頁，進行貼文牆清單滾動，找到第 30 個貼文 ',
    (WidgetTester tester) async {
  // 啟動應用
  app.main();
  await tester.pumpAndSettle();

  await tester.tap(find.text('Go to Post'));
  await tester.pumpAndSettle();

  // 1. 檢查頁面標題
  expect(find.text(' 貼文列表 '), findsOneWidget);

  // 2. 檢查 ListView 元件
  expect(find.byType(ListView), findsOneWidget);

  // 3. 定位 Scrollable 元件
  // final scrollableFinder = find.byType(Scrollable);
  final scrollableFinder = find
    .descendant(
      of: find.byType(ListView),
      matching: find.byType(Scrollable),
    )
    .first;

  // 4. 滑動清單，尋找到第 30 個專案
  await tester.scrollUntilVisible(
    find.byKey(const ValueKey('item-29')),
    500,
    scrollable: scrollableFinder,
  );
});
```

圖 14-11　Integration Test 測試開始

圖 14-12　Integration Test 測試過程

第一個範例使用了很多在測試裡用到的 API，我們一起來快速複習：

1. **tester.pumpAndSettle()**：等待所有動畫和非同步操作結束。它在 Integration Test 中幫助應用程式完成必要的渲染和處理，使測試進入穩定狀態。

2. **find.text()**：找到特定文字元件。它用來驗證頁面上的文字是否正確顯示。

3. **find.byType()**：用於搜尋某種類型的元件。例如，在測試範例中用來檢查 **ListView** 是否存在。

4. **find.descendant()**：尋找一個父元件中的子元件。在測試中，它被用來找到 **ListView** 的可滾動子元件 Scrollable。針對於定位到深層元件來說，是個很好的幫手。

5. **tester.tap()**：模擬點擊事件。在這裡用來模擬用戶點擊「Go to Post」按鈕以導航到貼文頁。

6. **tester.scrollUntilVisible()**：用於滾動清單列表，直到指定的專案變得可見。在測試範例中，它被用來滾動至第 30 個貼文。這能確保應用程式的滾動行為正常。

7. **expect()**：用來進行比對元件、狀態，確認條件是否成立，例如：頁面上的某個元件是否存在。

執行測試，使用 **Flutter CLI** 指令，可以針對目錄或是指定測試檔案：

```
flutter test integration_test
flutter test test/widget_test/quiz_screen_test.dart
```

注意事項

1. 等待非同步操作完成

對撰寫 Widget Test 或 Integration Test 來說，使用 **pumpAndSettle()** 非常重要，確保應用的狀態穩定後再進行下一步，避免任務未完成而導致測試失敗。

2. 滾動性能問題

在使用 **scrollUntilVisible()** 進行滾動測試的時候，需要合理設置滾動偏移量（第二個參數，例如範例中的的 500 像素）。過大的滾動範圍可能導致測試耗時過長，過小則可能會導致無法快速找到指定專案元件。

3. Key 的使用

為清單中的專案元件設置唯一識別的 Key（例如：**ValueKey('item-29')**、**ObjectKey**）有助於精確定位元件，特別是在動態生成的清單列表中。

◆ 範例二：貼文牆測試，找到指定貼文並點擊愛心，更新 UI 狀態

這個情境測試，主要驗證使用者在貼文牆上給予喜歡的貼文愛心，過程中執行網路請求，成功後保持紅色愛心的狀態，並且案讚數 +1。完整地涵蓋從 UI 互動到 API 呼叫的流程，確保功能在 UI 和邏輯層面上都能正常運作。

此範例我們使用到了點擊愛心時會執行的方法，負責執行請求並重新刷新。稍微瞭解一下程式碼：裡面主要就是在一開始先改變 UI 為新的狀態並刷新 UI，執行遠端 API 請求跟資料庫同步，根據狀態碼再次確認 UI 狀態，重新刷新 UI。

```
Future<void> _toggleLike(int index, Post post) async {
  bool newLikeStatus = !post.isLiked;
  int newLikeCount = post.likeCount + (newLikeStatus ? 1 : -1);

  setState(() {
    final newPostInfo = (
      true,
      post.copyWith(isLiked: newLikeStatus, likeCount: newLikeCount)
    );
    postData[index] = newPostInfo;
  });

  try {
    final response = await apiService.likePost(
      postName: post.postName,
      newLikeStatus: newLikeStatus,
    );

    if (response.statusCode != 200) {
      newLikeStatus = post.isLiked;
      newLikeCount = post.likeCount;

      setState(() {
        final newPostInfo = (
          false,
          post.copyWith(isLiked: newLikeStatus, likeCount: newLikeCount)
        );
        postData[index] = newPostInfo;
      });
    }
  } catch (error) {
    newLikeStatus = post.isLiked;
    newLikeCount = post.likeCount;

    setState(() {
      final newPostInfo = (
        false,
        post.copyWith(isLiked: newLikeStatus, likeCount: newLikeCount)
      );
      postData[index] = newPostInfo;
    });
  }
}
```

詳細的測試步驟該如何撰寫呢，指令比較多但一步一步拆解後其實不會很困難，一起來了解細節：

1. 模擬的 ApiService 物件

因為測試期間要忽略實際網路環境，使用了 MockApiService 來模擬後端 API 的行為，避免在測試中實際呼叫伺服器。這使得測試更快且不依賴網路狀態。

```
class MockApiService extends Mock implements ApiService {}

apiService = MockApiService();
```

2. 偽造 API 請求結果

使用了 **Mocktail** 測試工具。其中 **when()** 和 **thenAnswer()** 為 **likePost()** 方法建立一個成功的假回應（status: success, 200 OK）。當這個 API 被呼叫的時候，模擬回傳成功的 HTTP 結果。

```
when(
  () => apiService.likePost(
    postName: any(named: 'postName'),
    newLikeStatus: any(named: 'newLikeStatus'),
  ),
).thenAnswer(
  (_) async => http.Response(
    '{"status": "success"}',
    200,
  ),
);
```

3. 啟動測試應用程式

呼叫 **app.main()** 啟動應用程式，並使用 **tester.pumpAndSettle()** 讓應用進入穩定狀態。因為通常在第一次啟動時會初始化許多服務，執行非同步任務。

```
app.main();
await tester.pumpAndSettle();
```

4. 導航到貼文頁面

模擬點擊按鈕，它擁有「Go to Post」文字，確保是正確元件。然後再次使用
pumpAndSettle() 來持續渲染到穩定狀態。

```
await tester.tap(find.text('Go to Post'));
await tester.pumpAndSettle();
```

5. 檢查初始頁面內容

檢查第二個貼文專案是否存在，並且有顯示正確的貼文名稱和按讚數量。

```
const firstItemKey = ValueKey('item-$postIndex');
expect(find.byKey(firstItemKey), findsOneWidget);
expect(find.text(secondPost.postName), findsOneWidget);
expect(find.text(' 讚數：${secondPost.likeCount}'), findsOneWidget);
```

6. 點擊貼文愛心按鈕

透過 **find.byKey()** 搜尋第二個貼文的 **IconButton** 元件。模擬點擊愛心按鈕來觸發
貼文「愛心」的點擊邏輯。最後使用 **pumpAndSettle()** 等待非同步邏輯完成。

```
final iconButtonFinder =
    find.byKey(const ValueKey('icon-button-$postIndex'));
await tester.tap(iconButtonFinder);
await tester.pumpAndSettle();
```

7. 驗證 UI 更新

首先透過 **ValueKey** 找到指定 Text 元件，檢查顯示的讚數是否正確更新，應該為
原始數字加 1。從愛心按鈕中取出對應的子元件 **Icon**，檢查按鈕內的圖示是否變
成愛心（Icons.favorite）且顏色是否變為紅色，這代表貼文已經成功點讚。

```
// 檢查 Text 元件的內容
expect(
  tester
      .widget<Text>(find.byKey(const ValueKey('like-count-$postIndex')))
      .data,
```

```
    equals(' 讚數：${secondPost.likeCount + 1}'),
);
// 從指定 IconButton 取出 Icon 元件
final iconFinder = tester.widget<Icon>(
  find.descendant(
    of: iconButtonFinder,
    matching: find.byType(Icon),
  ),
);
// 檢查 Icon 元件的內容
expect(iconFinder.icon, equals(Icons.favorite));
expect(iconFinder.color, equals(Colors.red));
```

8. 驗證 API 方法有呼叫

使用 **verify()** 來確認 **likePost()** 方法被呼叫過 1 次，執行 **called(1)** 方法。並且帶有請求時的正確參數，包含貼文名稱和點擊愛心後新狀態。

完整測試程式碼：

```
testWidgets(' 跳轉到貼文頁，找到第 2 個貼文點擊愛心，愛心更新為紅色 ',
    (WidgetTester tester) async {
  // 使用模擬的 ApiService 類別
  apiService = MockApiService();

  // 偽造資料，執行 likePost() 時給予成功結果
  when(
    () => apiService.likePost(
      postName: any(named: 'postName'),
      newLikeStatus: any(named: 'newLikeStatus'),
    ),
  ).thenAnswer(
    (_) async => http.Response(
      '{"status": "success"}',
      200,
    ),
  );

  const postIndex = 1;
  final secondPost = postData.elementAt(postIndex).$2;

  // 啟動應用
```

```
app.main();
await tester.pumpAndSettle();

// 跳轉到貼文頁面
await tester.tap(find.text('Go to Post'));
await tester.pumpAndSettle();

// 檢查頁面標題
expect(find.text('貼文列表'), findsOneWidget);

// 檢查初始元件的存在與內容
const firstItemKey = ValueKey('item-$postIndex');
expect(find.byKey(firstItemKey), findsOneWidget);
expect(find.text(secondPost.postName), findsOneWidget);
expect(find.text('讚數：${secondPost.likeCount}'), findsOneWidget);

// 點擊指定 IconButton，觸發相關邏輯
final iconButtonFinder =
    find.byKey(const ValueKey('icon-button-$postIndex'));
await tester.tap(iconButtonFinder);
await tester.pumpAndSettle();

// 從指定 IconButton 取出 Icon 元件
final iconFinder = tester.widget<Icon>(
  find.descendant(
    of: iconButtonFinder,
    matching: find.byType(Icon),
  ),
);
// 檢查 Text 與 Icon 元件的內容
expect(
  tester
      .widget<Text>(find.byKey(const ValueKey(
          'like-count-$postIndex')))
      .data,
  equals('讚數：${secondPost.likeCount + 1}'),
);
expect(iconFinder.icon, equals(Icons.favorite));
expect(iconFinder.color, equals(Colors.red));

// 驗證 likePost() 方法呼叫過 1 次
verify(() => apiService.likePost(
    postName: secondPost.postName,
```

```
        newLikeStatus: !secondPost.isLiked,
    )).called(1);
});
```

以上測試帶你驗證了 UI 互動的過程、執行了方法和相關邏輯，在等待任務完成後進行完整驗證。針對這個貼文頁的功能還看撰寫更多案例，情境你可以這樣定義「跳轉到貼文頁，找到第 5 個貼文點擊愛心，取消點讚，按讚數 -1」或者是「跳轉到貼文頁，找到第 10 個貼文點擊愛心，遇到網路請求錯誤，愛心跟按讚數沒有改變」。針對使用者實際上可能遇到的情境都進行測試，讓你對新版產品的信心更高，添加一層強力保護。

所有情境的測試通過後就能看到全綠燈，是不是很有成就感呀！

圖 14-13　Integration Test 測試結果

14.6　測試技巧

14.6.1　隨機測試（Random Tests）

透過隨機化測試執行順序來檢驗產品穩定性和可靠性的方式，有助於發現潛在的測試依賴性問題。依賴其他測試的執行順序或狀態，可能在實際情況中導致測試結果的不穩定。

```
// Unit Test
flutter test --test-randomize-ordering-seed=12345
```

```
flutter test --test-randomize-ordering-seed=34125
flutter test --test-randomize-ordering-seed=random

// Widget Test
flutter test widget_test --test-randomize-ordering-seed=random

// Integration Test
flutter test integration_test --test-randomize-ordering-seed=random
```

14.6.2　分片測試（Sharding Tests）

Sharding 是一種將所有測試案例分割成幾個部分並平行執行的方式。主要用來加快大規模測試套件的執行速度，特別是當有大量測試需要運行時，可以縮短總測試時間。除此之外，我們也可以指定只運行某些測試範圍，進一步節省時間。

每次執行 Sharding 時，需要告訴測試：

- **-total-shards**：要將測試拆成幾等分。不能超過你撰寫的案例數量
- **-shard-index**：指定等份的索引（從 0 開始），也就是這次要執行的測試範圍

```
// Unit Test
flutter test --total-shards 3 --shard-index 0
flutter test --total-shards 3 --shard-index 1
flutter test --total-shards 3 --shard-index 2

// Widget Test
flutter test widget_test --total-shards 2 --shard-index 0
flutter test widget_test --total-shards 2 --shard-index 1

// Integration Test
flutter test integration_test --total-shards 2 --shard-index
```

圖 14-14　分片測試的 Log 資訊

使用分片測試可以注意兩點：

- Sharding 適用於具有大量測試的場景，對於小規模測試效果可能不明顯。

- 當測試執行存在依賴性時（某些測試依賴其他測試的執行結果），需要確保這些測試在 Sharding 時被分配到同一 Shard 中。

使用平行化和分片的方式能顯著提升測試效率，特別是在大型專案中進行完整測試時，有助於更快地獲得回饋並保持高生產力。

14.6.3　分析程式碼覆蓋率

在進行測試時，程式碼覆蓋率（Code Coverage）能夠幫助我們了解程式中有哪些部分已經被測試覆蓋，以及哪些部分尚未被測試觸及。透過蒐集和分析覆蓋率資料，你可以確保測試覆蓋了足夠的程式碼，掌握應用的品質。

在分析程式碼時會需要兩個重要工具，LCOV 與 genhtml：

1. **LCOV**：是一個 GNU 工具，常用於分析和呈現程式碼的覆蓋率資料。

2. **genhtml**：是其中的一個子工具，能夠將覆蓋率資料生成視覺化的 HTML 報告，讓我們更方便地了解程式碼覆蓋情況。

分析報告主要是呈現專案檔案的測試覆蓋資訊，不會額外說明測試是否通過，也不會為變數、類別產生覆蓋率數據。

在執行程式碼分析前我們要先在 Terminal 使用幾個指令，下載相關工具到電腦。以下是在 macOS 上的範例：

1. 下載 **LCOV** 工具。

```
brew install lcov
```

2. 啟用 **coverage** 套件，協助格式化並解析測試所生成的覆蓋率資料。

```
dart pub global activate coverage
```

3. 將覆蓋率資料格式化為 **LCOV** 格式，這是一種常用於顯示程式碼覆蓋率的格式

   - **-report-on=lib**：表示只針對 **lib** 目錄內的程式碼生成覆蓋率報告

   - **o ./coverage/lcov.info**：表示將 **LCOV** 格式化的資料輸出到 **lcov.info** 檔案

   - **i ./coverage**：表示使用先前收集的覆蓋率資料來生成報告

```
dart pub global run coverage:format_coverage --packages=.dart_tool/
package_config.json --report-on=lib --lcov -o ./coverage/lcov.info
-i ./coverage
```

等待前置工作完成後，我們就可以為專案進行程式碼分析，以下相關步驟：

1. 執行測試並收集覆蓋率資料

   - **./coverage**：是存放覆蓋率資料的目錄

- 如果該目錄不存在，系統會自動建立。若目錄已存在，覆蓋率資料會被最新的測試結果覆寫

```
dart run test --coverage=./coverage
```

2. 生成 **LCOV** 視覺化報告，使用 genhtml 工具來生成 HTML 格式的覆蓋率報告
   - **./coverage/report**：是生成的 HTML 覆蓋率報告所在的目錄
   - **./coverage/lcov.info**：是用來儲存報告的 **LCOV** 資料檔案

```
genhtml -o ./coverage/report ./coverage/lcov.info
```

3. 檢視 HTML 覆蓋率報告

```
open ./coverage/report/index.html
```

如果很常執行相關操作，不仿將他們寫成一個 script，透過自動化幫我們節省時間。省下來的時間要拿來休息呀 XD。

```
flutter test --coverage
genhtml coverage/lcov.info -o coverage/html/
open coverage/html/index.html
```

開啟網頁後，你可以透過瀏覽程式碼覆蓋率的詳細資訊，看到哪些部分的程式碼已經被測試覆蓋。包含總數量、覆蓋數量、目錄佔比，以及檔案佔比等等。

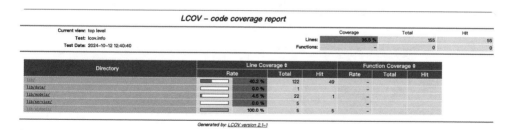

圖 14-15　LCOV 視覺化報告

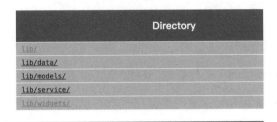

Current view: top level
Test: lcov.info
Test Date: 2024-10-12 12:40:40

Directory
lib/
lib/data/
lib/models/
lib/service/
lib/widgets/

圖 14-16　Html 目錄瀏覽

LCOV – code coverage report

	Coverage	Total	Hit
Lines:	35.5 %	155	55
Functions:	–	0	0

Line Coverage ⬍			Function Coverage ⬍		
Rate	Total	Hit	Rate	Total	Hit
40.2 %	122	49	–		
0.0 %	1		–		
4.5 %	22	1	–		
0.0 %	5		–		
100.0 %	5	5	–		

Generated by: LCOV version 2.1-1

圖 14-17　測試覆蓋率資訊

Current view: top level – lib/widgets – **message_widget.dart** (source
Test: lcov.info
Test Date: 2024-10-12 22:22:33

	Coverage
Lines:	100.0 %
Functions:	–

```
     Line data    Source code
 1          :     import 'package:flutter/material.dart';
 2          :
 3          :     class MessageButton extends StatelessWidget {
 4        1 :       const MessageButton({
 5          :         super.key,
 6          :       });
 7          :
 8        1 :       @override
 9          :       Widget build(BuildContext context) {
10        1 :         return ElevatedButton(
11          :           key: const Key('message-button'),
12        1 :           onPressed: () {
13        2 :             ScaffoldMessenger.of(context).showSnackBar(const SnackBar(
14          :               content: Text('嗨！妳好'),
15          :             ));
16          :           },
17          :           child: const Text('顯示訊息'),
18          :         );
19          :       }
20          :     }
```

圖 14-18　程式碼覆蓋範圍　　　　圖 14-19　檔案覆蓋率

最後給大家一個小小技巧，**聚合指令**。將上述或是你常用的測試與分析指令整合成一句，將所有工作一次完成。以下範例就是作者在專案裡隨機抽測的 script 內容，給大家參考：

1. 執行不按順序的隨機測試。

2. 產生測試覆蓋率報告。

3. 打開測試覆蓋率網頁。

```
flutter test --coverage --test-randomize-ordering-seed random &&
genhtml -o ./coverage/report ./coverage/lcov.info && open coverage/
html/index.html
```

14.7 測試注意與建議

◆ 避免過度測試

雖然單元測試和其他測試非常重要，但過度的測試會導致維護成本上升，並且可能影響開發進度。應該專注於測試關鍵業務邏輯和高風險流程，而不是試圖覆蓋所有可能的情況。

可以採取「測試金字塔」的概念，幫助平衡不同層次的測試（單元測試、元件測試、整合測試），以便達到最佳效果。例如佔比為 Unit Test(60%)、Widget Test(25%)、Integration Test(15%)，根據產品進行規劃。

◆ 有測試不保證沒有問題

測試是一個發現問題的過程，但它不能覆蓋所有可能的情況，尤其是那些事先未考慮到的邊界情況或互動行為。測試能夠有效地捕捉到開發者已經意識到的業務邏輯或功能中的潛在問題，但這並不代表程式碼完全沒有 Bug。

舉例來說，假設我們在開發一個電子商務應用，測試覆蓋了結帳流程，但可能忽略了少數情境，例如高流量下的性能問題或極端的邊界狀況。這時候，即使通過了所有測試，仍然有可能在真實世界中發現 Bug。因此，測試的目標不應該是追求「無 Bug」，而是為程式碼質量建立一個穩定的檢查機制，盡早發現潛在問題並改進。

```
void main() {
  test('Add to cart', () {
    var cart = Cart();
    cart.add(Product(id: 1, name: 'Laptop'));
    expect(cart.items.length, 1);
  });
}
```

這個測試檢查產品是否能正確加入購物車，但它不會檢查高流量下的性能問題。因此，這樣的測試只能保證特定邏輯正確，無法覆蓋所有可能的系統問題。

◆ 設置質量門檻（Quality Gates）

為了確保專案中的程式碼質量，我們可以設置質量門檻，決定測試覆蓋率的最低標準。這個門檻有助於團隊堅持測試的覆蓋範圍，並作為程式碼是否合併的依據。例如，可以設置一個測試覆蓋率為 80% 的初始目標，並隨著時間的推移逐漸提高標準，最終目標是達到接近 100% 的覆蓋率。這不僅能提升程式碼的可維護性，還能降低隨著專案擴展而出現的技術債務風險。

◆ 參考 TDD 原則

測試驅動開發（TDD）是一種軟體開發流程，它強調先編寫測試，再編寫程式碼。通過這種方法，開發者可以確保每段程式碼在撰寫之時已經通過了測試，從而減少後期的錯誤。TDD 的核心在於，開發者在實現功能之前先定義其預期行為，然後編寫測試來檢驗這些行為是否達到標準。這不僅能提升程式碼的質量，還能確保每個功能模組的設計符合需求。

```
// 1. 先寫測試
void main() {
  test('Sum of two numbers', () {
    expect(sum(2, 3), 5);
  });
```

```
}

// 2. 再實現功能
int sum(int a, int b) {
  return a + b;
}
```

到這裡，我們在撰寫 **sum()** 函式之前，先完成測試來驗證其行為，這就是 TDD 的典型做法。

◆ 將測試整合到 CICD 流程中

測試不應該是事後才進行的工作，它應該與開發過程密切結合，特別是在每次提交程式碼變更的時候。這就是為什麼將測試自動化並整合到 CI/CD 流程中至關重要。當每次拉取請求（PR）或合併請求（MR）被提交時，CI/CD 管道可以自動運行測試，確保新加入的程式碼不會引入新的錯誤。這不僅提高了團隊的效率，還能讓開發者在早期就發現問題，避免了在發布之前進行大量的錯誤修復工作。

使用像 **CodeCover** 和 **SonarQube** 這樣的工具，可以提升程式碼的測試覆蓋率並確保程式碼質量。

✎ **14.8** 複習測試觀念

◆ 尊重測試覆蓋率

始終爭取 100% 的測驗覆蓋率，雖然不代表程式碼 100% 沒有錯誤、100% 完美，或涵蓋 100% 的可能場景。它只是告訴團隊發布的每一行程式碼都由一個或多個測試執行。不能解決所有問題，但可以為專案的品質帶來一定程度的信心。這是很高的門檻，但盡可能堅持這一點並養成習慣。

◆ 測試應該融入開發過程中

有時候，編寫測試似乎是件費時費力的事，特別是在面臨緊迫的時限時，但這種投入能夠換取長遠的效益。把測試當成一項日常工作，而非在發布應用之前的「臨時救火」，能夠讓團隊避免在最後關頭陷入修復嚴重錯誤的壓力中。透過同步編寫功能和測試，團隊能夠更有條理地進行開發，並且在每次修改程式碼時都能確信其穩定性。

理想的情況下，測試不僅是開發流程中的一部分，而是讓專案隨時都能保持高品質的狀態。這樣，無論何時需要發佈產品，團隊都可以有信心地按下那個「發佈」按鈕，因為測試已經替你解決了潛在問題。

◆ 測試對於團隊至關重要

測試是開發團隊的強大工具，讓團隊在開發過程中更加自信和高效。當每位貢獻者在提交請求時附帶測試，這不僅僅是為了確保自己的變更不會影響他人，還代表了團隊中每個人對程式碼庫的共同責任。這種方式營造了一個相互信任的環境，使每個人都知道自己的貢獻不會破壞現有的功能，從而提升團隊協作的質量。

當每個開發者都將測試融入他們的工作流程，維護程式碼質量不再是一個人的負擔，而是整個團隊的共同責任。這也強化了預測性行為——當團隊開始擴展或面臨複雜挑戰時，這種一致性尤為重要。測試的存在讓程式碼持續保持穩定，並幫助團隊在專案進行過程中更加專注於創新，而不是擔心潛在的問題。

> **提醒**
>
> 重要的是讓個人感到有能力並有責任交付高品質的產品，而不是將這種責任推卸給專門的測試團隊。

◆ 測試可以讓程式碼審查變得更容易

測試的價值不僅僅在於發現問題，還可以作為程式碼審查過程中的好幫手。當團隊成員在提交 PR 時附上測試，這不僅可以展示其邏輯的意圖，還能幫助審查者快速理解這段程式碼的用途和影響。對於新加入的團隊成員或是初級開發者，這更是寶貴的學習資源，能夠幫助他們快速熟悉專案並逐步成為該專案的維護者。

測試還能讓程式碼審查更加高效。團隊成員可以使用他們選擇的 IDE 來查看測試結果，並檢查更改如何影響現有的測試。這不僅縮短了 PR 的審查時間，還減少了開發人員之間不必要的溝通和反覆修改。

此外，為專案的特定子目錄分配程式碼擁有者，當該部分有變更時自動添加相關人員進行審查，能夠有效提升專案管理效率。最終，隨著測試逐漸成為團隊文化的一部分，程式碼審查將變得更有預測性，從而加速專案的整體開發流程。

◆ 只有當程式碼中存在錯誤或產品需求改變時，測試才應該失敗

測試的核心作用在於讓開發團隊安心，不過當測試失敗時，這往往是程式碼中存在問題的信號。這並不是要指責某個人犯錯，而是系統本身需要改進或調整。透過強化測試基礎設施，如使用 linter 或是自動化效能測試工具，團隊可以防止類似錯誤在未來再度發生。

有時候，測試的失敗也可能揭示產品需求的不明確。在這種情況下，開發人員應該感到有權利重新評估需求，而不是急於修復錯誤。例如，如果測試失敗，你應該問自己：「我是否真的引入了一個 bug，或者需求是否不清楚，或者測試是否可以改進？」。有時，這表明規劃不完善或測試基礎設施存在差距。失敗的測試是一個寶貴的反思機會，讓團隊可以討論可能的最佳步驟。如果沒有這些測試機制，團隊可能錯失這樣的機會，導致未來出現更多模糊的需求和行為不一致的情況。

◆ 測試可以節省公司的時間和金錢

如果編寫測試變得困難或耗時，這可能表示底層架構存在問題。測試應該是一個早期預警系統，告訴你在建構的初期是否有潛在的技術債務需要解決。未經測試的程式碼是脆弱的，不易擴展，並且在未來可能產生更多隱藏的問題。

測試的價值在於它為整個開發週期節省了時間和成本。根據經驗，專案覆寫往往源於缺乏測試支持，導致對程式碼庫缺乏信心和穩定性。覆寫專案比早期實施測試系統要昂貴得多。因此，早期投資測試可以避免將來更大的開發成本，並讓專案穩步成長。

14.9 結論

測試不是負擔，它是開發過程中最值得的投資！測試就像為你的應用買一份保險，花少量的時間，能換來大量的安全感，你會更有信心進行修改和優化。無論是使用單元測試進行快速檢驗，還是透過整合測試來模擬完整用戶操作，採用適當的測試策略和工具都能使產品更強壯且易於維護，讓產品走得更遠。

總之，Dart 和 Flutter 測試不僅能確保應用運行流暢，還能提高開發過程中的穩定性和效率，確保在競爭的市場中脫穎而出。趕緊讓測試成為你開發流程中的好夥伴吧！

範例程式碼與相關資源

- GitHub 範例專案

  https://github.com/chyiiiiiiiiiiii/dart_flutter_testing_example

15
CHAPTER

AI 時代來臨：讓生成工具成為你的競爭優勢
Generative AI

本章學習目標

1. 探索生成式 AI 的基本概念和應用場景。

2. 學習在 Flutter 中整合生成式 AI 技術，提升應用的智慧化。

3. 了解 **google_generative_ai** 和 **firebase_vertexai** 套件的功能與使用。

4. 掌握在 Flutter 應用中實現對話助手和多模態 AI 互動。

自從 ChatGPT 誕生後，世界發生了顯著的變化，無論是在生活還是工作層面，生成式 AI 技術都帶來了極大的好處。這項技術不僅能夠提升我們的工作效率，還能讓我們專注於更有深度和更具創造性的任務。對於各個行業來說，AI 可以用來改善原有的工作流程。通過將無意義、重複性和無聊的任務分配給 AI。這種分工合作的模式大幅提升了生產力與效率。

對於工程師來說，將 AI 整合到現有產品中，或是開發一個非熟悉領域的應用，變得更加容易。這不僅能大幅提升產品的用戶體驗和市場價值，還能讓工程師在市場上脫穎而出，成為決定性的競爭優勢。

15.1 生成式 AI 的基礎知識

15.1.1 什麼是生成式 AI？

生成式 AI 是一種利用大量文字數據訓練出來的人工智慧模型，也就是大家常聽到的 **LLM**（Large Language Model）。它能夠生成文字、翻譯語言、寫不同風格的創意內容、化身為特定人個的角色互相聊天，以及回答我們的任何問題，甚至是程式小助手。簡單來說，LLM 就是一個非常聰明的聊天機器人，能夠理解和生成人類語言。

主流的 LLM 選項常見的有幾種，Gemini、GPT、Llama、Claude 等等。每種都各自有強項與適合的場景，實際上根據個人的偏好去選擇即可。通常都包含了這些能力：

1. **高效訓練**：使用先進的訓練技術和大規模數據集，提升模型的準確性和生成質量。

2. **多模態處理**：能夠同時處理和生成多種形式的數據，生成高品質、連貫且有創意的，包含文字、圖像、音訊等等，提供更豐富的應用元素。

3. **上下文理解**：能夠理解和生成與前後對話相關的內容，提供更自然的回覆。

4. **多語言支持**：支持多種語言，能夠進行跨語言的互動和即時翻譯。

它們就像一個百科全書、一個助手，能很大的幫助開發者。常見且能幫助 Flutter 開發的情境有幾種：

1. **自動生成程式碼**：AI 可以根據我們的描述，自動生成對應情境的 Flutter 程式碼，大幅提高開發效率。在人工快速的參考判斷後，就能使用它，融入現有專案。

2. **提供程式碼建議**：在撰寫程式碼時，AI 可以提供程式碼建議，給我們幾種解決方案。幫助我們改善其中的 Bug、風險，甚至讓給予一些演算法的點子。

3. **生成測試案例**：對於專案現有的每個元件、方法、類別，有相關性的功能，AI 都可以自動生成測試案例，並在其中包含所有可能的情境，幫助確保應用程式的質量。

身為 Flutter 開發者，生成式 AI 帶來了全新的可能性。透過將它整合到的跨平台應用中，我們可以打造出更智慧、更個性化的應用，提升使用者體驗。

現在對於開發者來說，要整合這些主流的 AI 服務已經沒有任何阻礙。我們要想的是能夠透過它實現什麼樣的功能和應用提供給使用者，創意與行動力才是關鍵。那如何在 Flutter 使用它呢，本章會完整的跟大家說明。

15.1.2 生成式 AI 在不同領域的應用

在不同領域的應用多樣性，尤其是在行動裝置上的應用具有獨特的優勢。以下是生成式 AI 在 Mobile 上的一些典型應用場景：

◈ 內容生成器

- **文字產生**：AI 可根據使用者輸入或偏好自動產生文字內容，如新聞摘要、社群媒體貼文或個人化通知。這在內容推薦系統中尤其常見

- **圖像生成**：根據使用者描述產生圖片或圖像素材，建立個人化的桌布、頭像或其他視覺內容

◆ 電玩遊戲

支援動態劇情，生成獨特的遊戲場景與環節。其中 NPC 對話還能根據使用者個性回覆給予差異性內容，增加遊戲的互動性。

◆ 聊天機器人與虛擬助手

AI 可以用於建立智慧**聊天機器人**或**虛擬助手**，與用戶進行自然語言對話，就是根據熟悉語言的交流，提供即時資訊、完成任務、回答問題或進行客戶支援。

◆ 擴增實境（AR）

AI 可用於擴增實境應用，幫助即時產生或改進虛擬元素，與真實世界的背景完美融合。例如，在相機應用程式中，生成式 AI 可以產生與使用者環境相符的 3D 物件。

◆ 個人化廣告與推薦

AI 可以分析使用者的瀏覽和使用習慣，產生高度個人化的廣告內容或產品推薦，這在行動電商、購物平台上特別重要。

◆ 影像和影片編輯

在手機上的圖片或影片編輯應用程式中，AI 可以自動化一些複雜的編輯任務，如背景移除、風格轉換、濾鏡作用，甚至是產生全新的影片片段。

◆ 語音合成與翻譯

行動裝置上的語音助理或翻譯應用可以利用生成式 AI 進行更自然流暢的語音合成，甚至運行特定場景下的多語言翻譯，使得跨語言交流更加順暢。

◆ 教育學習輔助

AI 產生個人化的學習資料、練習題或答案解析，幫助使用者在行動端進行個人化學習。例如：可以根據使用者的學習進度和興趣，即時產生適合的練習題。

◆ 設計工具

為使用者提供設計創意產生工具，使用者可以在行動端上產生不同風格的 Logo、介面設計或廣告素材，這對非專業設計師特別有幫助。

15.2 在 Flutter 整合生成式 AI

15.2.1 常用的套件和工具

Google 很貼心地幫開發者準備了 **google_generative_ai** 與 **firebase_vertexai** 套件，對於開發者來說真的極度方便，輕鬆就能整合相關的 AI 服務。以下介紹這兩個套件

google_generative_ai 是一個 Dart 套件，也就是在 Dart 與 Flutter 環境都能運行，不一定是 Flutter 跨平台應用，連後端伺服器與單純的 Dart 程式都能使用。這個套件讓我們能夠利用 Google 的大型語言 AI 模型，實現如文字生成、對話處理等其他 AI 功能。使用上只需要將 API Key 設置後，就能馬上存取服務。官方也提供了簡單易用的 API，大家都能很快速地整合現有應用，給予用戶不同以往的體驗。

firebase_vertexai 套件是 Google Firebase 提供的一款強大工具，它將 Google Cloud 的 Vertex AI 帶到了 Flutter 應用開發中。讓開發者能夠輕鬆地將各種 AI 模型，整合到他們的應用程式中。API 用法跟 google_generative_ai 差不多，可以進行無縫轉移。

兩者差異的地方是**安全性**，firebase_vertexai 本身由 Google Cloud IAM 授權（而不是使用 API Key）。金鑰的缺點是需要儲存在本地或是遠端抓取，這兩者都可能被有心人士破解或是捕捉，最終導致非法使用。

使用官方套件的優勢：

1. **簡單易用**：提供直觀的 API，讓開發者快速上手。
2. **性能優異**：使用 Google 強大的 AI 模型，提供高品質的生成結果。

3. **多樣化功能**：支援多元的生成任務，滿足不同開發需求。

4. **與 Flutter 無縫整合**：可以快速在 Flutter 應用中使用。

注意事項：

1. **API 限制**：Google 對 API 的使用有一定配額限制，包括請求頻率、字數限制等。

2. **成本考量**：根據模型與 API 存取流量可能會產生費用，特別是對於高頻率或大規模的使用。

3. **模型選擇**：Google 提供多種模型，選擇適合你應用場景的模型，例如：gemini-1.5-flash。

4. **數據隱私**：注意使用者數據的隱私，掌握跟 AI 溝通時的界線。

15.2.2 使用 google_generative_ai 套件開發

我們將使用 google_generative_ai 套件在 Flutter 中**開發 ChatGPT 聊天室**，了解開發一個對話助手其實很簡單。這將包括套件的安裝、API 基本使用方法以及整個過程的細節。

1. 安裝套件

首先，打開 Flutter 專案中的設定檔 **pubspec.yaml**，在 dependencies 部分添加 **google_generative_ai**，然後運行 **flutter pub get** 安裝套件。

```
dependencies:
  flutter:
    sdk: flutter

  google_generative_ai: ^0.4.5
```

（以書籍撰寫的時間點取得最新版本，為 v0.4.5）

2. 取得 API Key

在使用 Google Generative AI 之前，需要獲取 API Key。需前往 **Google AI Studio** 建立一把新的金鑰，是我們使用服務的入場券。選擇已存在的 Google Cloud 專案即可建立。

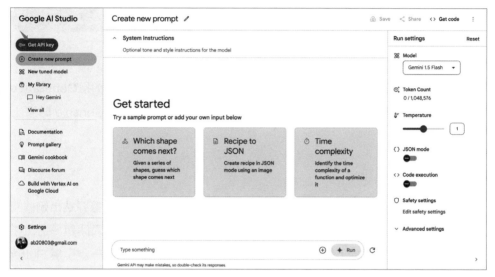

圖 15-1　從 Google AI Studio 取得 API Key

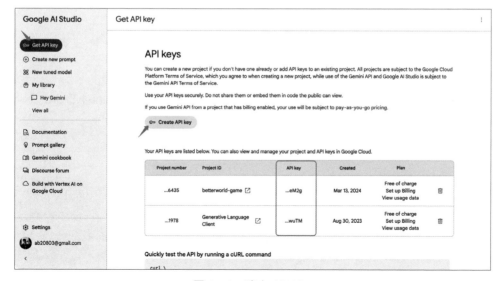

圖 15-2　建立 API Key

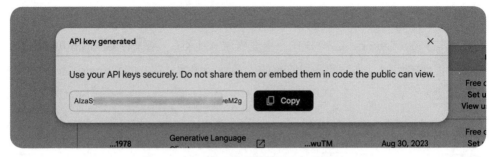

圖 15-3　取得 API Key 並提供給專案使用

通常會需要在你的 Google Cloud Console 建立一個新的專案並啟用 **Generative Language API** 服務，Google AI Studio 實際上背後就是 Cloud Console 專案上操作。

3. 開發 Flutter 應用

以我們要學習的範例為問與答，實現一個基本的解惑小助手。由目標歸納出幾個關鍵元素，需要幾個步驟，包含了 AI 服務的初始化、畫面需要能輸入問題、送出後交給 AI 處理、小助手給予解答回覆，最終更新 UI 顯示結果。一步一步了解 Flutter 開發細節：

◆ AI 服務初始化

匯入 **google_generative_ai.dart**，建立 **GenerativeModel** 物件，需要透過它跟 AI 互動。其中基本的會設置兩個參數：

1. **model**：讓我們指定 LLM 模型，例如：gemini-1.5-flash、gemini-1.5-pro 等，依照需求選擇。
2. **apiKey**：從 Google AI Studio 取得的金鑰。

```
final model = GenerativeModel(
  model: 'gemini-1.5-flash-latest',
  apiKey: const String.fromEnvironment('AI_API_KEY'),  // 從環境變數
存取金鑰
);
```

◆ 輸入框元件

建立 **TextEditingController** 物件，負責管理輸入框，存取輸入內容。並與 TextField
進行綁定：

```
final _inputController = TextEditingController();

...

TextField(
  controller: _inputController,
  decoration: const InputDecoration(
    labelText: 'Enter a prompt',
  ),
)
```

◆ AI 處理內容並顯示

首先，再請 AI 處理之前，我們要告訴它 Prompt 來源有哪些資料。在來源部分可
以設定的有幾種，包含 text（文字）、data（圖片、影片、文件）等等，還能一次
給與多個來源。它們都是所謂的 Part 類型。

1. 文字使用 **Content.text()** 設置。

2. 檔案使用 **Content.data()** 設置。

此範例使用了基本的一個 Part 物件，使用 **Content.text(prompt)** 產生，prompt
就是輸入框文字內容。接著使用 model 的 **generateContent()** 方法，設置來源
後，將在接下來取得一個 AI 回應。這裡為 **response** 物件，當中的 **text** 屬性就是
我們要的字串結果。

```
try {
  final content = [Content.text(prompt)];
  final response = await model.generateContent(content);

  setState(() {
    _generatedText = response.text ?? '';
  });
} catch (e) {
```

```
  debugPrint('Error - failed to generate text: $e');
}
```

使用 **setState()** 刷新 UI，呈現結果到畫面上。

◆ 運行 App

最基礎的金鑰保護，不要將金鑰直接寫死在程式碼裡，應該透過環境變數進行傳遞。不管是使用 Flutter CLI 命令還是 VSCode launch.json 等其他運行方式，都以變數設置 API Key。以此範例，使用了 **AI_API_KEY** 做為代表：

```
flutter run --dart-define=AI_API_KEY=AIzaSyBC7DneSSDAYPQg3Uno9Awy
Ze3_haweM2g
```

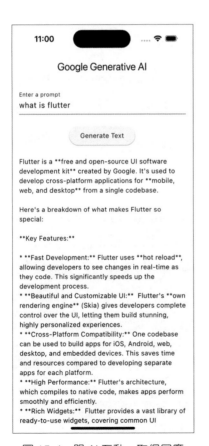

圖 15-4　跟 AI 互動，取得回應

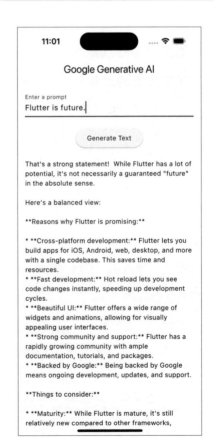

圖 15-5　跟 AI 互動，取得回應

4. 範例程式碼

```
class HomePage extends StatefulWidget {
  const HomePage({super.key});

  @override
  State<HomePage> createState() => _HomePageState();
}

class _HomePageState extends State<HomePage> {
  final model = GenerativeModel(
    model: 'gemini-1.5-flash-latest',
    apiKey: const String.fromEnvironment('AI_API_KEY'),
  );
  final _inputController = TextEditingController();
  String _generatedText = '';

  Future<void> _generateText(String prompt) async {
    try {
      final content = [Content.text(prompt)];
      final response = await model.generateContent(content);

      setState(() {
        _generatedText = response.text ?? '';
      });
    } catch (e) {
      debugPrint('Error - failed to generate text: $e');
    }
  }

  @override
  void dispose() {
    _inputController.dispose();

    super.dispose();
  }

  @override
  Widget build(BuildContext context) {
    return Scaffold(
      appBar: AppBar(
        title: const Text('Google Generative AI'),
      ),
```

```
      body: Padding(
        padding: const EdgeInsets.all(16.0),
        child: SingleChildScrollView(
          child: Column(
            children: [
              TextField(
                controller: _inputController,
                decoration: const InputDecoration(
                  labelText: 'Enter a prompt',
                ),
              ),
              const SizedBox(height: 20),
              ElevatedButton(
                onPressed: () => _generateText(_inputController.text),
                child: const Text('Generate Text'),
              ),
              const SizedBox(height: 20),
              Text(_generatedText),
            ],
          ),
        ),
      ),
    );
  }
}
```

5. 實現 Stream 流式的回覆逐漸生成

首先準備三個 **_responseText** 字串變數，以及 **_responseStreamSubscription** 和 **_responseStreamController**，這兩者負責 Stream 的相關操作，處理持續文字流的部份。

```
String _responseText = '';
StreamSubscription<GenerateContentResponse>? _responseStreamSubscription;
final StreamController<String> _responseStreamController =
    StreamController<String>.broadcast();
```

當輸入文字送出後，呼叫 **_generateResponseStream()** 方法，負責與 AI 互動，並持續監聽它給予的回覆，將他們組裝後陸續更新到畫面中。結果就像我們在使用 ChatGPT 和 Gemini 一樣，文字持續增加直到完整。

```
/// 生成流回應的非同步方法
Future<void> _generateResponseStream({
  required String prompt,
}) async {
  try {
    // 取消上一個在處理的流訂閱，避免影響當前的回覆內容
    _responseStreamSubscription?.cancel();

    // 清空上一個對話的回覆內容
    _responseText = '';
    // 清空流控制器，刷新 UI
    _responseStreamController.add('');

    // 將輸入文字轉換為 prompt 來源
    final content = [Content.text(prompt)];

    // 監聽回覆的每個文字切斷，將他們依序組裝起來，最後形成一個完整回覆
    _responseStreamSubscription =
        model.generateContentStream(content).listen((response) {
      // 上一段文字組合最新文字段落
      final newText = _responseText + (response.text ?? '');
      _responseText = newText;

      // 將新的文字段落添加到流控制器，刷新 UI
      _responseStreamController.add(newText);

      // 將列表滾動到底部，好像 AI 持續在跟我們說話一樣
      _scrollDown();
    });
  } catch (e) {
    debugPrint('Error - failed to generate text: $e'); // 錯誤處理
  }
}
```

範例程式碼與相關資源

- GitHub 範例專案

  https://github.com/chyiiiiiiiiiii/generative_ai_example

通過使用 **google_generative_ai** 套件，大家可以輕鬆地在 Flutter 中整合 Google 的生成式 AI 技術。不僅能提升應用的智慧化程度，還能為用戶提供更豐富的功能和更好的體驗。

15.2.3 使用 firebase_vertexai 套件開發（推薦）

瞭解 **google_generative_ai** 套件的使用方式後，要學習改用 **Vertex AI in Firebase SDK**。為什麼呢？因為跟 Firebase 結合可以透過 APP 的 Bundle ID、apiKey 等資訊進行多層驗證，對於應用來說安全性提升非常多，不需要害怕金鑰遺失的風險。另外 Firebase，還有許多對行動和網頁應用程式至關重要的功能，例如使用 Firebase App Check 等技術。

 開發小提醒

- 確認開發環境和 Flutter 應用程式為 **Dart 3.2.0** 以上版本。

◆ 前置作業

在進行開發之前，首先需要將 Firebase 相關配置都導入專案，所以這裡會需要 Firebase CLI 以及 FlutterFire CLI。透過這兩個服務的命令工具，輕鬆地將前置作業完成。

第一步：安裝 Firebase CLI

它負責測試、管理和部署 Firebase 專案，大部分主流的前後端框架都能使用，不侷限於 Flutter。

```
curl -sL firebase.tools | bash
```

可以使用 **firebase --version** 命令驗證是否安裝成功。

第二步：安裝 FlutterFire CLI

FlutterFire 是一組 Flutter 工具，可將 Flutter 應用程式連接到 Firebase，自動化處理所有配置流程。

```
dart pub global activate flutterfire_cli
```

第三步：綁定 Flutter 專案與 Firebase

首先我們需要在 Firebase 平台裡擁有一個專案，給予 APP 使用。可以透過平台上建立也可以透過 FlutterFire CLI 建立，都非常方便。以範例來看，我先前已經在 Firebase 後台上建立了，現在只需要透過指令進行綁定。

Firebase 範例專案的名稱為 flutter-book（根據自己的喜好命名即可）：

圖 15-6　建立 Firebase 專案

也可以透過 flutterfire 命令建立以及綁定，兩個操作都是透過 **configure** 命令。

```
flutterfire configure
```

選擇專案後可以持續案 **enter** 進行到最後一步，中間會輸入你的 APP Bundle ID，選擇需要的平台。

```
~/Desktop/vertex_ai_example   flutterfire configure
i Found 8 Firebase projects.
? Select a Firebase project to configure your Flutter application with ›
  cc              T)
  en              terworld-game)
  fc              e8 (FCMFirebaseProject)
  fl              )
  fl              )
> flutter-book-60f66 (flutter-book)
  he              )
  ud              ldon App Dev)
  <create a new project>
```

圖 15-7　使用 flutterfire cli 綁定 Firebase 專案

```
~/Desktop/vertex_ai_example  flutterfire configure
i Found 8 Firebase projects.
✔ Select a Firebase project to configure your Flutter application with · flutter
? Which platforms should your configuration support (use arrow keys & space to s
✔ android
✔ ios
✔ macos
✔ web
✔ windows
```

圖 15-8　使用 flutterfire cli，支援多平台存取 Firebase

```
Firebase configuration file lib/firebase_options.dart generated successfully with the following Firebase apps:

Platform  Firebase App Id
web       1:112                            aa80
android   1:112                           l535eaa80
ios       1:112                           eaa80
macos     1:112                           eaa80
windows   1:112                           eaa80

Learn more about using this file and next steps from the documentation:
 > https://firebase.google.com/docs/flutter/setup
```

圖 15-9　使用 flutterfire cli，綁定 Firebase 完成

完成後即可在 Flutter 專案的 **lib** 目錄裡面看到 **firebase_options.dart**。它非常重要，是存取 Firebase 服務的鑰匙，也是我們使用 Vertex AI 的入口。

```
∨ VERTEX_AI_EXAM...       lib >  firebase_options.dart > ...
> .dart_tool                      class DefaultFirebaseOptions {
> .idea
> android                           static const FirebaseOptions web = FirebaseOptions(
> ios                                 apiKey: 'AIzaSyD_wBD4              ViCG8',
∨ lib                                 appId: '1:11262768934             5eaa80',
    app.dart            U            messagingSenderId: '1
   firebase_options.dart            projectId: 'flutter-b
    home_page.dart      U            authDomain: 'flutter-           com',
    main.dart           U            storageBucket: 'flutt           om',
                                     measurementId: 'G-8NR          ',
                                   );
```

圖 15-10　瀏覽 Flutter 端的 Firebase 設定資訊

這樣我們就不需要傳遞任何的 API Key，使用 Firebase 的保護網。

開發小提醒

- 因為 **firebase_options.dart** 檔案裡記錄著一些敏感資料，可以將它保存在安全性高的地方，或是有負責的管理人員。當其他開發者有需要時再給予檔案。
- 如果希望安全性更好，可以啟用 Firebase 的 **AppCheck** 服務。透過 Firebase 存取 AI 服務已經比將 API 金鑰放置在專案更好，但它仍然無法提供完美的安全保護。為了完全保護金鑰，Firebase 團隊建議開發者啟動 **AppCheck**，使用各種檢查與驗證來防止未經授權的使用。

在完成專案設定後，Flutter 專案還需要匯入相關套件。使用 Firebase 服務會需要 **firebase_core**。而 Vertext AI 會需要 **firebase_vertexai** 套件。將它們一併添加到 **pubspec.yaml** 並執行安裝指令，使用：

```
dart pub get
```

另外，需要確保 GCP 的專案有啟用 **Firebase ML API**，AI 相關的操作都需要 Firebase ML。可以直接透過 Firebase 後台點擊 **Build with Gemini**，點擊「開始使用」。如果沒添加，在專案開發時就會遇到相關的錯誤訊息，無法正常運作 AI。

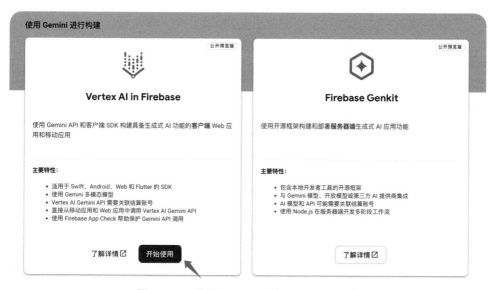

圖 15-11　啟用 Firebase 的 Vertex AI 服務

第四步：Flutter 啟動 Firebase 服務

在主程式 **main()** 之前必擁有一個關鍵程式碼，**WidgetsFlutterBinding.ensureInitialized()**，負責將 Flutter Framework 和 Flutter Engine 綁定。簡單來說，可以讓套件相關操作都能正常運行，是必須準備好的部分。

```
void main() {
  WidgetsFlutterBinding.ensureInitialized();

  runApp(const App());
}
```

終於到了前置作業的最後一步，Firebase 服務初始化。需要使用 **initializeApp()** 方法，載入先前準備好的配置 **DefaultFirebaseOptions.currentPlatform**，取得 FirebaseOptions。

此範例將初始化的動作與首頁結合，當完成後畫面才會顯示正常，並能繼續操作；反之則顯示對應的資訊提醒用戶。很簡單地我們能用 **FutureBuilder** 來處理非同步操作。

```
// Firebase 初始化
late final initializeFirebaseFuture =
    Firebase.initializeApp(
        options: DefaultFirebaseOptions.currentPlatform);

@override
Widget build(BuildContext context) {
  return Scaffold(
    appBar: AppBar(
      title: const Text('Firebase Vertex AI & Chat'),
    ),
    body: FutureBuilder(
        future: initializeFirebaseFuture,
        builder: (context, snapshot) {
          // 根據 connectionState 顯示 UI，讓使用者清楚當前的狀態
          return switch (snapshot.connectionState) {
            ConnectionState.done => const _ChatBody(),
            ConnectionState.none => const Text('Firebase 初始化失敗 '),
            _ => const CircularProgressIndicator(),
          };
        },
    ),
  );
}
```

初始化階段，根據 Future 操作的 **ConnectionState** 狀態來決定顯示什麼 UI。分成三種，載入中、載入成功、載入失敗，使用者可以隨時知道目前的狀況。

◆ 開發 Flutter 應用

這裡使用了 **_ChatBody()** 元件包裝聊天室的 Widget Tree，包含訊息清單、Prompt 輸入框、Token 評估按鈕、圖片訊息按鈕，以及訊息送出按鈕。

它本身是有狀態的元件，所以使用 StatefulWidget。在 initState 建立時進行啟動相關服務，包含 AI 模型物件以及在聊天室會使用到的 Chat 對話物件。

針對生成式模型，範例使用 **gemini-1.5-pro** 版本，它支援文字、圖檔、文件等來源。當然還有其他選擇，例如：**gemini-1.5-flash**。

此範例我們需要增加與 AI 的互動性，所以使用了 Chat 多輪對話，就像是使用 ChatGPT，每次參考之前說過的話，讓 AI 記憶性回覆。

```
@override
void initState() {
  super.initState();

  // 建立模型
  _model = FirebaseVertexAI.instance.generativeModel(
    model: 'gemini-1.5-pro',
  );

  // 開始多輪對話，取得 Chat
  _chat = _model.startChat();
}
```

◆ 第一個情境

首先，在輸入 Prompt 送出後，AI 根據我們給的來源給予回覆。過程中的流程：

1. 從輸入框取得文字，組成訊息物件，物件包含了編號、圖片、文字、傳送者四種資訊。將它新增到 List 儲存，並優先刷新 UI。

2. 使用 _chat 對話的 **sendMessageStream()** 方法，將文字傳遞給 AI，並取得 Stream 事件流的回覆。Stream 代表會不斷取得一段一段的資訊。

3. 拿到 Stream 之後，將每一段根據訊息編號組裝起來，更新訊息清單，接著刷
   新 UI。不斷重複直到結束，這時候會發現 AI 的回覆不斷變長，很像它正在跟我
   們對話一樣。

```
// 1. 我的傳送文字
int messageNumber = _generatedContent.length;
_generatedContent.add(
  (number: messageNumber, image: null, text: message, fromUser: true));
_scrollDown();

// 2. 將文字交給 AI，並取的 Stream 回覆
messageNumber = _generatedContent.length;
final response = _chat.sendMessageStream(
  Content.text(message),
);

// 處理 Stream 回覆，一段一段處理
await for (final chunk in response) {
  final text = chunk.text ?? '';

  //3. 文字組裝
  final lastContent = _generatedContent.isNotEmpty
    ? _generatedContent
        .where((element) => element.number == messageNumber)
        .lastOrNull
    : null;
  _generatedContent.remove(lastContent);

  final lastText = (lastContent?.text ?? '') + text;

  // 刷新 UI
  setState(() {
    _generatedContent.add((
      number: messageNumber,
      image: lastContent?.image,
      text: lastText,
      fromUser: false
    ));
    _scrollDown();
  });
}
```

圖 15-12　與 Vertex AI 進行聊天互動

◆ 第二個情境

除了文字 Prompt 還要提供圖片來源，可以是經由拍照、圖庫而來。想像一下，你可以在拍照後，詢問 AI 這個照片裡有什麼東西。或是如以下範例，提供了一張拉麵圖片給 AI，跟它請求食譜，或是根據圖片進行對話、聊天。

在專案裡已經準備了一張圖像，內容是一碗拉麵。在輸入 Prompt 後，點擊右下角的圖片 Icon，請求 AI 根據我們的需求給予回覆。

這裡我寫了一個 **_sendImagePrompt()** 方法，用來處理相關操作，來看一下裡面的流程：

1. 有兩個 Prompt 資訊，一個是輸入文字，一個是本地圖像，將他們組成訊息物件，物件包含了編號、圖片、文字、傳送者四種資訊。將它新增到 List 儲存，並優先刷新 UI。

2. 組裝 Prompt 來源 **Content**，包含 **TextPart** 和 **DataPart**，分別儲存文字以及圖像，將它們透過 **Content.multi()** 組成 **Content** 物件。也就是要給 AI 的東西。

3. 使用 _chat 對話的 **sendMessageStream()** 方法，將文字傳遞給 AI，並取得 Stream 的回覆。Stream 代表會不斷取得一段一段的資訊。

4. 拿到 Stream 之後，將每一段根據訊息編號組裝起來，更新訊息清單，接著刷新 UI。不斷重複直到結束，這時候會發現 AI 的回覆不斷變長，很像它正在跟我們對話一樣。

以上跟傳遞文字訊息差不多，只是多了圖像內容，需要做一些小處理而已。

```
// 取得本地 assets 目錄的圖像
ByteData imageBytes = await rootBundle.load('assets/images/ramen.jpg');
// 組合多種資料來源
final content = Content.multi([
  // 文字資訊
  TextPart(message),
  // 圖像資訊，只允許 image/* 相關類型
  DataPart('image/jpeg', imageBytes.buffer.asUint8List()),
]);
...
```

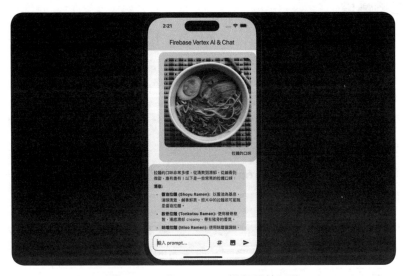

圖 15-13　與 Vertex AI 進行圖片互動

關於 UI 方面，訊息泡泡框的外觀使用了 **switch expression** 協助處理訊息物件的判斷，決定要哪種呈現方式。主要檢查物件裡的 **text**、**image**、**isFromUser**，根據不同視角以及內容來決定，分別有四種：

1. 有文字，有圖片。

2. 有文字，沒有圖片。

3. 沒文字，有圖片。

4. 兩種都沒有。

```
switch ((text, image)) {
  // 1.
  (final text?, final image?) => Column(
    crossAxisAlignment: isFromUser
      ? CrossAxisAlignment.end
      : CrossAxisAlignment.start,
    children: [
      ClipRRect(
        borderRadius: BorderRadius.circular(16),
        child: image,
      ),
      const SizedBox(height: 12),
      MarkdownBody(data: text)
    ],
  ),
  // 2.
  (final text?, _) => MarkdownBody(data: text),
  // 3.
  (_, final image?) => ClipRRect(
    borderRadius: BorderRadius.circular(16),
    child: image,
  ),
  // 4.
  _ => const SizedBox.shrink()
}
```

◆ 第三個情境

關於使用 Vertex AI 的額外操作，計算 **Token**。你是否知道我們所使用的生成式 AI 模型（例如：Gemini、GPT 模型）會將輸入、輸出的資料轉換為 Token，一種流量單位。它的使用多寡代表著消耗成本，以及能評估當前的 AI 互動能不能正常運作，是個很重要的指標。

根據我們輸入的 Prompt，可以計算 **Token** 和它會被計費的字元。字元數量有助於瞭解及控制花費，是 Vertex AI 價格計算的一部分。

以下是每個模型的詳細資訊，包含允許的資料上限：

屬性	Gemini 1.5 Flash / Gemini 1.5 Pro	Gemini 1.0 Pro Vision	Gemini 1.0 Pro
符記總上限 (結合輸入和輸出) *	100 萬個符記	16,384 個符記	32,760 個符記
輸出符記數量上限 *	8,192 個符記	2,048 個符記	8,192 個符記
每項要求的圖片數量上限	3,000 張圖片	16 張圖片	不適用
Base64 編碼圖片大小上限	7 MB	7 MB	不適用
PDF 大小上限	30 MB	30 MB	不適用
每個要求的影片檔案數量上限	10 個影片檔案	1 個影片檔案	不適用
影片長度上限 (僅限影格)	60 分鐘的影片	2 分鐘	不適用
影片長度上限 (影格和音訊)	約 45 分鐘的影片	不適用	不適用
每個要求的音訊檔案數量上限	1 個音訊檔案	不適用	不適用
音訊長度上限	約 8.4 小時的音訊	不適用	不適用

圖 15-14　Google 提供的生成式 AI 模型資訊表

在 Flutter 應用端，建立一個名為 **_getPromptToken()** 的方法，根據 **Content** prompt 取得 **CountTokensResponse** 物件，裡面的 totalTokens 屬性代表 Token 消耗數量，而 totalBillableCharacters 代表計費的字元數量。

```
// 1. 文字計算
final response = await _model.countTokens(
  [Content.text(prompt)],
);

final textPart = TextPart(message);
final dataPart = DataPart(
  'image/jpeg', imageBytes.buffer.asUint8List()
);
// 2. 多模態計算，包含文字和圖像
final response = await model.countTokens([
```

```
  Content.multi([textPart, dataPart])
]);

// 顯示結果
_showMessage(
    message:' 消耗 token: ${response.totalTokens}\n
        計費 character:${response.totalBillableCharacters}',
);
```

圖 15-15　為資料來源計算 Token 與 Character

 開發小提醒

- 官方提到，在 Gemini 模型中，Token 等同 4 個半形字元。所以 100 個 Token 約為 60-80 個英文字。
- 使用 CountTokens API 不會被收費。

範例程式碼與相關資源

- GitHub 範例專案

  https://github.com/chyiiiiiiiiiiii/flutter_vertex_ai_chat_example

15.3 總結

本章説明了生成式 AI 的特點以及使用方式，包含 Flutter 與 **google_generative_ai** 和 **firebase_vertexai** 的整合，如何透過 AI 讓產品與眾不同，提供使用者不一樣的體驗。如果我們在乎使用這些 API 的流量以及營運成本，還有另一個選擇是使用輕量的邊緣模型，將先進的 AI 功能無縫整合到您的 iOS 和 Android 應用程式中，而無需依賴外部的雲端伺服器，例如：**Gemma**。而隨著 AI 技術的不斷進步，Flutter 與 AI 的結合將為產品開發帶來更多創新機會和挑戰。實現更智慧、更安全和更高效的應用，為用戶提供更優質的體驗。

另外，在應用中整合 AI 技術時，隱私和安全問題尤其重要。AI 模型需要大量數據進行訓練和推理，這些數據可能包含敏感的個人資訊。開發者在使用這些 API 時，必須確保數據的匿名化和加密，並遵守相關隱私法規，如 **GDPR** 和 **CCPA**，以保護用戶的隱私和數據安全。這點非常重要，不僅保護自己也保護使用者。

範例程式碼與相關資源

- 教學課程：開始使用 Gemini API

  https://ai.google.dev/gemini-api/docs/get-started/tutorial?lang=dart&hl=zh-tw

- Gemini API 使用 Vertex AI in Firebase

  https://firebase.google.com/docs/vertex-ai?hl=zh-tw

16

學習無止境：
開發者不可錯過的優質教材
Study Resource

本章學習目標

1. 獲得 Flutter 推薦閱讀資源，讓你在不同領域中持續學習和成長。

本章節主要針對希望持續精進的開發者，分享了許多筆者收藏的優質資源和學習教材。要成為一位優秀的開發者，閱讀外部社群的文章是必不可少的。儘管技術知識已經掌握，對於不同觀點的吸收仍然至關重要。透過不同人的經驗分享，開發者能夠在短時間內獲得寶貴的見解，這是一項值得的投資。

16.1 推薦閱讀

16.1.1 Flutter 開發者成長路線

◈ Flutter Roadmap

Flutter Roadmap 提供了一個詳細的學習指南，幫助大家系統地掌握 Flutter。內容涵蓋了環境設置、Dart 基礎知識、基礎與進階元件、設計模式與原則等。同時介紹了架構、狀態管理、網路連接、測試、安全性、分析、CICD 等領域。每個章節附有相關資源與工具的連結，方便深入學習。

連結：https://github.com/olexale/flutter_roadmap

16.1.2 Flutter 底層知識

◈ Flutter architectural overview

官方介紹了 Flutter 的核心和工作原理。探討了引擎、布局系統和原生平台通訊等關鍵機制。它跟我們描述 Widget 層次結構、渲染細節，並說明了如何有效管理狀態和性能優化。本篇文章能作為打好 Flutter 基礎的入口，值得好好閱讀。

連結：https://docs.flutter.dev/resources/architectural-overview

◈ Understanding constraints

Flutter 的布局約束系統規定了每個 widget 如何根據父 widget 提供的最小和最大寬高範圍來決定其大小和位置。widget 必須在這些約束範圍內選擇大小，並在確定自身大小後根據相同的約束規則對其子 widget 進行布局。

掌握 UI 布局的規則對開發者來説太重要，它能很大程度地幫助你開發 UI 上的準確性。而約束是設計響應式布局的關鍵，因為它確保元件在不同螢幕尺寸上能夠正確適應並呈現。

連結：https://docs.flutter.dev/ui/layout/constraints

◈ Flutter internals

「Flutter Internals」文章深入探討了 Flutter 框架的內部運作機制。內容涵蓋渲染引擎如何與平台互動、框架的事件處理與布局系統，以及元件的生命週期與狀態管理。另外，還分析了 Flutter 的性能優化策略，幫助開發者更好地理解應用程式如何在不同平台上運行。

連結：https://www.flutteris.com/blog/en/flutter-internals

◈ The Mahogany Staircase - Flutter's Layered Design

講者説明為什麼我們會以此方式來設計 Flutter。不會是關於「什麼是 Flutter」的分享，而是「如何以及為什麼以這種方式建構 Flutter」。

連結：https://www.youtube.com/watch?v=dkyY9WCGMi0&ab_
channel=GoogleTechTalks

◈ Flutter's Rendering Pipeline

本演講將描述 Flutter 如何透過布局、繪製、合成和最終光柵化的 Pipeline 傳遞數據，將 Widget Tree 轉換為螢幕上 60 Hz 的具體細節。

連結：https://www.youtube.com/watch?v=UUfXWzp0-DU&ab_
channel=GoogleTechTalks

◆ A pragmatic guide to BuildContext in Flutter

本篇文章 Daria 探討了 Flutter 的運作方式，特別是 BuildContext 在 UI 系統中扮演的角色。作者解釋了 Flutter 如何使用 Widget 建立一個 Widget Tree。還指出了開發者在使用 BuildContext 時常見的錯誤，並提供了有關其範圍、生命週期和正確使用的見解，強調瞭解 Flutter 的內部運作對避免錯誤的重要性。

連結：https://blog.codemagic.io/a-pragmatic-guide-to-buildcontext-in-flutter/

16.1.3 InheritedWidget

◆ Inheriting Widgets

這篇文章介紹了如何使用 Flutter 的 InheritedWidget 減少在多層級 widget 之間傳遞參數時產生的樣板程式碼。透過 InheritedWidget，你可以有效管理 widget 樹中的上下文，並提高效能，因為它只會重建使用該上下文的 widget，而不會重建整個子樹。此外，文章還強調了合理使用 const 和控制 InheritedWidget 範圍的重要性，以及建議在頁面導航時通過參數化路由來管理上下文。

連結：https://medium.com/@mehmetf_71205/inheriting-widgets-b7ac56dbbeb1

16.1.4 Widget

◆ Slivers Explained - Making Dynamic Layouts

Filip 和 Ian 一起說明 Slivers 以及如何建立精美的滾動操作和動態布局，它們涵蓋了從 Sliver 是什麼到如何使用它的所有內容。

連結：https://www.youtube.com/watch?v=Mz3kHQxBjGg&ab_
channel=GoogleforDevelopers

16.1.5 State Restoration

◆ State Restoration in Flutter: Practical and Comprehensive Guide

本篇強調狀態恢復（State Restoration）的重要性，通常我們在談論狀態管理時，卻很少提到這個概念。狀態恢復在某些應用中非常重要，因為它能提升用戶體驗，避免用戶因為應用被置於背景而重新開始之前的操作，造成不必要的挫折。狀態恢復能確保用戶在返回應用時，不必重新開始之前的操作，提供更流暢的體驗。

連結：https://www.flutteris.com/blog/en/state_restoration

16.1.6 Security

◆ TOP 10 Security Risk for mobile

Majid 這段演講介紹了 OWASP 行動裝置應用程式的十大安全風險，強調資料加密的重要性以及如何防範逆向工程等攻擊，並建議開發者使用 Flutter 相關工具來提升應用程式的安全性。安全意識是開發者都必須保有的重要能力。

連結：https://www.youtube.com/watch?v=Gokw8pQRA1g&ab_
channel=FlutterHeroes

16.1.7 Accessibility

◆ Exploring Accessibility and Digital Inclusion with Flutter

作者 Ana 在這篇文章分享了使用 Flutter 實現數位無障礙應用。包含數位無障礙的定義、數位包容性的重要性、WCAG 2.1 標準等。當中指出，技術團隊應關注開發可供所有人使用和享受的產品，無論用戶是否有殘疾，並鼓勵開發者利用 Flutter 的工具來無縫整合無障礙設計。

連結：https://verygood.ventures/blog/exploring-accessibility-and-
digital-inclusion-with-flutter?utm_campaign=digital_incl&utm_
source=twitter&utm_medium=social

16.1.8 Deep Linking

◆ Flutter 實作 DeepLink 完整指南

作者 Yii 發布了一個完整指南，如果讀者好奇連結跟產品如何互動、希望使用者透過連結開啟指定頁面、期待應用擁有絲滑的導購體驗，那這個系列可以協助你對 Deep Link 有所了解。從基礎認識到雙平台設定、Flutter 實作，以及對於社交平台的適配，其中有許多細節值得注意，你也會知道如何善用一些工具來實現功能，進而讓自身 APP 的完整性更高。

系列：

- Flutter 實作 DeepLink 完整指南　Part 1: 基本介紹
- Flutter 實作 DeepLink 完整指南　Part 2: Android 與 iOS 設定
- Flutter 實作 DeepLink 完整指南　Part 3: Flutter 開發
- Flutter 實作 DeepLink 完整指南　Part 4: 適配與掌握社交平台

連結：https://medium.com/flutter-taipei/flutter- 實作 -deeplink- 完整指南 -part-1-
　　　基本介紹 -75d2a7156202

◆ Flutter Deep Linking: The Ultimate Guide

作者 Alicja 透過該指南在幫助開發者理解和實現 Flutter 中的深度連結，涵蓋了從原生 Android 和 iOS 的設置到使用 GoRouter 處理導航的所有內容。深度連結不僅簡化了導航過程，還能提升用戶回訪率和參與度。

連結：https://codewithandrea.com/articles/flutter-deep-links/

🖇 **16.2 延伸閱讀**

除了本書包含的 16 個學習章節，如果讀者覺得意猶未盡想繼續專研 Dart 與 Flutter，可以到筆者的部落格和相關網站學習。每日每月的持續記錄以及經驗分享，希望能有效地幫助到開發者與社群，保持著共榮、開源的心態，藉此與大家一起成長，持續提升自身價值。最重要的是，透過 Flutter 我們能創造出好的產品，幫助這個社會與每位使用者，為這個世界貢獻一點。

🔷 **Yii Chen**

Medium：https://medium.com/@yiichenhi

iThome：https://ithelp.ithome.com.tw/users/20120687

Github：https://github.com/chyiiiiiiiiiii

Others：https://linktr.ee/yiichenhi

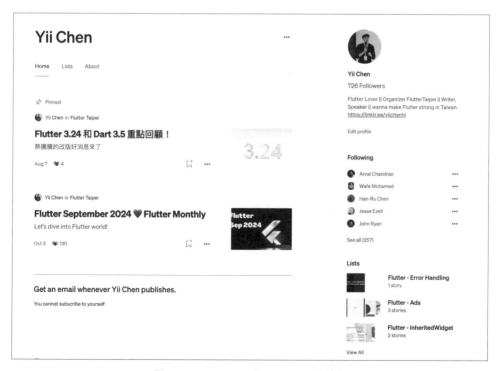

圖 16-1　Yii Chen 的 Medium 部落格

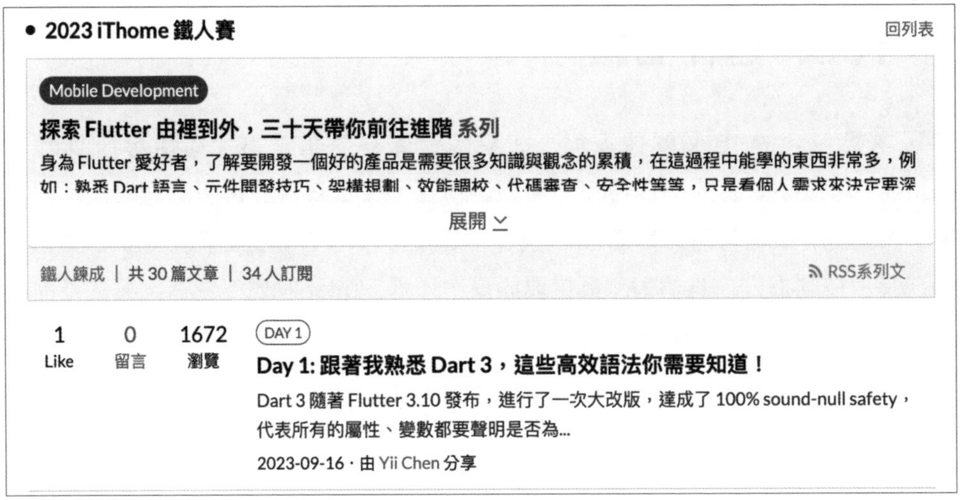

● **2023 iThome 鐵人賽**　　　　　　　　　　　　　　　　　　　回列表

Mobile Development

探索 Flutter 由裡到外，三十天帶你前往進階 系列

身為 Flutter 愛好者，了解要開發一個好的產品是需要很多知識與觀念的累積，在這過程中能學的東西非常多，例如：熟悉 Dart 語言、元件開發技巧、架構規劃、效能調校、代碼審查、安全性等等，只是看個人需求來決定要深

展開 ∨

鐵人鍊成｜共 30 篇文章｜34 人訂閱　　　　　　　　　　　　🔊 RSS系列文

1　　**0**　　**1672**　　DAY 1
Like　留言　瀏覽　**Day 1: 跟著我熟悉 Dart 3，這些高效語法你需要知道！**

Dart 3 隨著 Flutter 3.10 發布，進行了一次大改版，達成了 100% sound-null safety，代表所有的屬性、變數都要聲明是否為...

2023-09-16・由 Yii Chen 分享

圖 16-2　Yii Chen 的鐵人文章

◆ Dorara Hsieh

● **2023 iThome 鐵人賽**　　　　　　　　　　　　　　　　　　　回列表

Mobile Development

Senior 工程師的入門指南：Flutter 進擊之路 系列

歡迎來到 Senior 工程師的入門指南，工作 3~5 年發現基本技能已經很熟悉，但卻不知道如何往 Senior 的方向邁進，這篇指南包含了我自己的經驗與教訓，內容並不會拘泥在 Flutter 本身，更多的是想與你們分享我所學到的東

展開 ∨

鐵人鍊成｜共 30 篇文章｜25 人訂閱　　　　　　　🔊 RSS系列文　　🔖 已訂閱系列文

1　　**0**　　**785**　　DAY 1
Like　留言　瀏覽　**Day 1：好想成為 Senior 工程師 😶**

Hi 各位 it 幫的朋友們！我是 Dorara，目前任職於 KryptoGO，負責區塊連錢包的開發工作。希望透過這系列的文章，總結目前學到的技術，也希望讓更...

2023-09-16・由 Dorara 分享

圖 16-3　Dorara Hsieh 的鐵人文章

16.3 開發利器

隨著 Flutter 普及，Google 官方提供了幾個線上 IDE 讓開發者使用，擁有更方便、快速的開發體驗。以下將跟補充兩款主流選項，建議開發者可以習慣它們，對於練習或應用開發來說非常重要。

16.3.1 DartPad

DartPad 是 Google 官方提供的線上編譯器，專為快速測試 Dart 和 Flutter 程式碼而設計。

◆ 特色

- **簡單易用**：介面直觀，無需安裝任何軟體，直接在瀏覽器中撰寫和執行程式碼。適合學習與分享程式碼，方便用於教學或快速原型設計。
- **即時編譯**：程式碼修改後，點擊「Run」會立即運行並顯示結果，方便驗證想法。
- **內建範例**：提供豐富的範例程式碼，幫助初學者快速上手。

圖 16-4　DartPad 上測試 Dart 程式碼

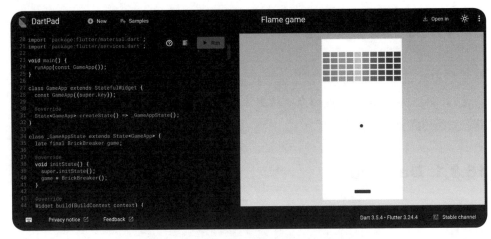

圖 16-5　DartPad 上運行 Flutter 應用

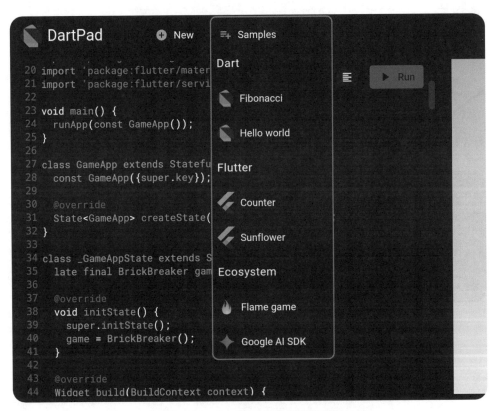

圖 16-6　DartPad 提供多種範例

16.3.2 Project IDX

Project IDX 是一個人工智慧輔助編輯器，用於在雲端進行全端、跨平台應用程式開發。支援廣泛的框架、語言和服務，並與熱門的 Google 產品整合，可大大簡化開發流程，讓開發者能夠快速發布應用程式。

◆ 特色

- **完整環境**：內建程式碼編輯器、除錯工具、版本控制等功能，滿足專業開發需求
- **支援全端**：創建各種主流語言、框架的專案
- **雲端協作**：支援多人協同開發，方便團隊合作
- **擴充性強**：可透過擴充套件增加功能，客製化自己的開發環境
- **多裝置運行**：支援 Android、Web 同時在線運行，iOS 未來釋出（此時為 2024 年 11 月）

開發上就跟 VSCode 編輯器體驗相同，沒有任何學習成本。允許全局搜尋、測試輔助、版本控制、擴充安裝等等，甚至提供文件與 Google 服務整合。而當開發者完成開發後可以將專案直接分享給其他人，對方直接透過瀏覽器就能觀看你的作品。對於我們來說是一大福音。

圖 16-7　Project IDX 的專案儀表板

圖 16-8　在 Android 模擬器上運行 Flutter Flame 專案

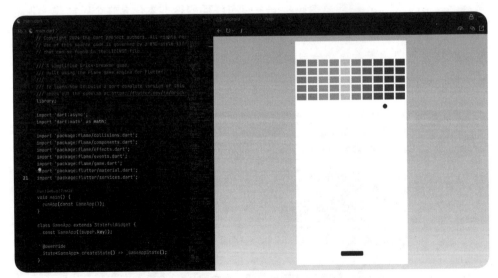

圖 16-9　在 Web 模擬器上運行 Flutter Flame 專案